· Dialogues Concerning Two New Sciences ·

伽利略的发现以及他所应用的科学的推理方法是人类思想史上最伟大的成就之一，标志着物理学的真正开端。

——爱因斯坦

伽利略也许比任何一个人对现代科学的诞生作出的贡献都大。

——斯蒂芬·霍金

本书列入“十三五”国家重点图书出版规划

科学元典丛书

The Series of the Great Classics in Science

科学元典是科学史和人类文明史上划时代的丰碑，是人类文化的优秀遗产，是历经时间考验的不朽之作。它们不仅是伟大的科学创造的结晶，而且是科学精神、科学思想和科学方法的载体，具有永恒的意义和价值。

关于两门新科学的对谈

Dialogues Concerning Two New Sciences

[意] 伽利略 著　戈革 译

图书在版编目(CIP)数据

关于两门新科学的对谈/（意）伽利略著；戈革译. —北京：北京大学出版社，2016. 5

（科学元典丛书）

ISBN 978-7-301-26771-4

Ⅰ. ①关… Ⅱ. ①伽… ②戈… Ⅲ. ①科学普及－物理学 Ⅳ. ①O4

中国版本图书馆 CIP 数据核字（2016）第 009774 号

Galileo Galilei

(Translated from the Italian and Latin into English by

Henry Crew and Alfonso de Salvio)

DIALOGUES CONCERNING TWO NEW SCIENCES

New York: Macmillan, 1914

书　　名　关于两门新科学的对谈

Guanyu Liang Men Xin Kexue de Duitan

著作责任者　[意] 伽利略　著　戈　革　译

从 书 策 划　周雁翎

从 书 主 持　陈　静

责 任 编 辑　李淑方

标 准 书 号　ISBN 978-7-301-26771-4

出 版 发 行　北京大学出版社

地　　址　北京市海淀区成府路 205 号　100871

网　　址　http://www.pup.cn　新浪微博：@ 北京大学出版社

微信公众号　科学与艺术之声（微信号：sartspku）

电 子 信 箱　zyl@pup.edu.cn

电　　话　邮购部 010-62752015　发行部 010-62750672　编辑部 010-62767857

印 刷 者　北京中科印刷有限公司

经 销 者　新华书店

787 毫米 × 1092 毫米　16 开本　16. 5 印张　16 插页　300 千字

2016 年 5 月第 1 版　2020 年 5月第 3 次印刷

定　　价　49. 00 元

弁　言

· *Preface to the Series of the Great Classics in Science* ·

这套丛书中收入的著作，是自古希腊以来，主要是自文艺复兴时期现代科学诞生以来，经过足够长的历史检验的科学经典。为了区别于时下被广泛使用的"经典"一词，我们称之为"科学元典"。

我们这里所说的"经典"，不同于歌迷们所说的"经典"，也不同于表演艺术家们朗诵的"科学经典名篇"。受歌迷欢迎的流行歌曲属于"当代经典"，实际上是时尚的东西，其含义与我们所说的代表传统的经典恰恰相反。表演艺术家们朗诵的"科学经典名篇"多是表现科学家们的情感和生活态度的散文，甚至反映科学家生活的话剧台词，它们可能脍炙人口，是否属于人文领域里的经典姑且不论，但基本上没有科学内容。并非著名科学大师的一切言论或者是广为流传的作品都是科学经典。

这里所谓的科学元典，是指科学经典中最基本、最重要的著作，是在人类智识史和人类文明史上划时代的丰碑，是理性精神的载体，具有永恒的价值。

一

科学元典或者是一场深刻的科学革命的丰碑，或者是一个严密的科学体系的构架，或者是一个生机勃勃的科学领域的基石，或者是一座传播科学文明的灯塔。它们既是昔日科学成就的创造性总结，又是未来科学探索的理性依托。

哥白尼的《天体运行论》是人类历史上最具革命性的震撼心灵的著作，它向统治西方思想千余年的地心说发出了挑战，动摇了"正统宗教"学说的天文学基础。伽利略《关于托勒密与哥白尼两大世界体系的对话》以确凿的证据进一步论证了哥白尼学说，更直接地动摇了教会所庇护的托勒密学说。哈维的《心血运动论》以对人类躯体和心灵的双重关怀，满怀真挚的宗教情感，阐述了血液循环理论，推翻了同样统治西方思想千余年、被"正统宗教"所庇护的盖伦学说。笛卡儿的《几何》不仅创立了为后来诞生的微积分提供了工具的解析几何，而且折射出影响万世的思想方法论。牛顿的《自然哲学之数学原理》标志着 17 世纪科学革命的顶点，为后来的工业革命奠定了科学基础。分别以惠更斯的《光论》与牛顿的《光学》为代表的波动说与微粒说之间展开了长达 200 余年的论战。拉瓦锡在《化学基础论》中详尽论述了氧化理论，推翻了统治化学百余年之久的燃素理论，这一智识壮举被公认为历史上最自觉的科学革命。道尔顿的《化学哲学新体系》奠定了物质结构理论的基础，开创了科学中的新时代，使 19 世纪的化学家们有计划地向未知领域前进。傅立叶的《热的解析理论》以其对热传导问题的精湛处理，突破了牛顿的《自然哲学之数学原理》所规定的理论力学范围，开创了数学物理学的崭新领域。达尔文《物种起源》中的进化论思想不仅在生物学发展到分子水平的今天仍然是科学家们阐释的对象，而且 100 多年来几乎在科学、社会和人文的所有领域都在施展它有形和无形的影响。《基因论》揭示了孟德尔式遗传性状传递机理的物质基础，把生命科学推进到基因水平。爱因斯坦的《狭义与广义相对论浅说》和薛定谔的《关于波动力学的四次演讲》分别阐述了物质世界在高速和微观领域的运动规律，完全改变了自牛顿以来的世界观。魏格纳的《海陆的起源》提出了大陆漂移的猜想，为当代地球科学提供了新的发展基点。维纳的《控制论》揭示了控制系统的反馈过程，普里戈金的《从存在到演化》发现了系统可能从原来无序向新的有序态转化的机制，二者的思想在今天的影响已经远远超越了自然科学领域，影响到经济学、社会学、政治学等领域。

科学元典的永恒魅力令后人特别是后来的思想家为之倾倒。欧几里得的《几何原本》以手抄本形式流传了 1800 余年，又以印刷本用各种文字出了 1000 版以上。阿基米德写了大量的科学著作，达·芬奇把他当作偶像崇拜，热切搜求他的手稿。伽利略以他的继承人自居。莱布尼兹则说，了解他的人对后代杰出人物的成就就不会那么赞赏了。为捍卫《天体运行论》中的学说，布鲁诺被教会处以火刑。伽利略因为其《关于托勒密与哥白尼两大世界体系的对话》一书，遭教会的终身监禁，备受折磨。伽利略说吉尔伯特的《论磁》一书伟大得令人嫉妒。拉普拉斯说，牛顿的《自然哲学之数学原理》揭示了宇宙的最伟大定律，它将永远成为深邃智慧的纪念碑。拉瓦锡在他的《化学基础论》出版后5年被法国革命法庭处死，传说拉格朗日悲愤地说，砍掉这颗头颅只要一瞬间，再长出这样的头颅100年也不够。《化学哲学新体系》的作者道尔顿应邀访法，当他走进法国科学院会议厅时，院长和全体院士起立致敬，得到拿破仑未曾享有的殊荣。傅立叶在《热的解析理论》中阐述的强有力的数学工具深深影响了整个现代物理学，推动数学分析的发展达一个多世纪，麦克斯韦称赞该书是“一首美妙的诗”。当人们咒骂《物种起源》是“魔鬼的经典”“禽兽的哲学”的时候，赫胥黎甘做“达尔文的斗犬”，挺身捍卫进化论，撰写了《进化论与伦理学》和《人类在自然界的位置》，阐发达尔文的学说。经过严复的译述，赫胥黎的著作成为维新领袖、辛亥精英、“五四”斗士改造中国的思想武器。爱因斯坦说法拉第在《电学实验研究》中论证的磁场和电场的思想是自牛顿以来物理学基础所经历的最深刻变化。

在科学元典里，有讲述不完的传奇故事，有颠覆思想的心智波涛，有激动人心的理性思考，有万世不竭的精神甘泉。

二

按照科学计量学先驱普赖斯等人的研究，现代科学文献在多数时间里呈指数增长趋势。现代科学界，相当多的科学文献发表之后，并没有任何人引用。就是一时被引用过的科学文献，很多没过多久就被新的文献所淹没了。科学注重的是创造出新的实在知识。从这个意义上说，科学是向前看的。但是，我们也可以看到，这么多文献被淹没，也表明划时代的科学文献数量是很少的。大多数科学元典不被现代科学文献所引用，那是因为其中的知识早已成为科学中无须证明的常识了。即使这样，科学经典也会因为其中思想的恒久意义，而像人文领域里的经典一样，具有永恒的阅读价值。于是，科学经典就被一编再编、一印再印。

早期诺贝尔奖得主奥斯特瓦尔德编的物理学和化学经典丛书“精密自然科学经典”从1889年开始出版，后来以“奥斯特瓦尔德经典著作”为名一直在编辑出版，有资料说目前已经出版了250余卷。祖德霍夫编辑的“医学经典”丛书从1910年就开始陆续出版了。也是这一年，蒸馏器俱乐部编辑出版了20卷“蒸馏器俱乐部再版本”丛书，丛书中全是化学经典，这个版本甚至被化学家在20世纪的科学刊物上发表的论文所引用。一般把1789年拉瓦锡的化学革命当作现代化学诞生的标志，把1914年爆发的第一次世界大战称为化学家之战。奈特把反映这个时期化学的重大进展的文章编成一卷，把这个时期的其他9部总结性化学著作各编为一卷，辑为10卷“1789—1914年的化学发展”丛书，于1998年出版。像这样的某一科学领域的经典丛书还有很多很多。

科学领域里的经典，与人文领域里的经典一样，是经得起反复咀嚼的。两个领域里的经典一起，就可以勾勒出人类智识的发展轨迹。正因为如此，在发达国家出版的很多经典丛书中，就包含了这两个领域的重要著作。1924年起，沃尔科特开始主编一套包括人文与科学两个领域的原始文献丛书。这个计划先后得到了美国哲学协会、美国科学促进会、科学史学会、美国人类学协会、美国数学协会、美国数学学会以及美国天文学学会的支持。1925年，这套丛书中的《天文学原始文献》和《数学原始文献》出版，这两本书出版后的25年内市场情况一直很好。1950年，沃尔科特把这套丛书中的科学经典部分发展成为“科学史原始文献”丛书出版。其中有《希腊科学原始文献》《中世纪科学原始文献》和《20世纪(1900—1950年)科学原始文献》，文艺复兴至19世纪则按科学学科(天文学、数学、物理学、地质学、动物生物学以及化学诸卷)编辑出版。约翰逊、米利肯和威瑟斯庞三人主编的“大师杰作丛书”中，包括了小尼德勒编的3卷“科学大师杰作”，后者于1947年初版，后来多次重印。

在综合性的经典丛书中，影响最为广泛的当推哈钦斯和艾德勒1943年开始主持编译的“西方世界伟大著作丛书”。这套书耗资200万美元，于1952年完成。丛书根据独创性、文献价值、历史地位和现存意义等标准，选择出74位西方历史文化巨人的443部作品，加上丛书导言和综合索引，辑为54卷，篇幅2 500万单词，共32 000页。丛书中收入不少科学著作。购买丛书的不仅有“大款”和学者，而且还有屠夫、面包师和烛台匠。迄1965年，丛书已重印30次左右，此后还多次重印，任何国家稍微像样的大学图书馆都将其列入必藏图书之列。这套丛书是20世纪上半叶在美国大学兴起而后扩展到全社会的经典著作研读运动的产物。这个时期，美国一些大学的寓所、校园和酒吧里都能听到学生讨论古典佳作的声音。有的大学要求学生必须深研100多部名著，甚至在教学中不得使用最新的实验设备，而是借助历史上的科学大师所使用的方法和仪器复制品去再现划时代的著名实验。至20世纪40年代末，美国举办古典名著学习班的城市达300个，学员50 000余众。

相比之下，国人眼中的经典，往往多指人文而少有科学。一部公元前300年左右古希腊人写就的《几何原本》，从1592年到1605年的13年间先后3次汉译而未果，经17世纪初和19世纪50年代的两次努力才分别译刊出全书来。近几百年来移译的西学典籍中，成系统者甚多，但皆系人文领域。汉译科学著作，多为应景之需，所见典籍寥若晨星。借20世纪70年代末举国欢庆“科学春天”到来之良机，有好尚者发出组译出版“自然科学世界名著丛书”的呼声，但最终结果却是好尚者抱憾而终。20 世纪 90 年代初出版的“科学名著文库”，虽使科学元典的汉译初见系统，但以 10 卷之小的容量投放于偌大的中国读书界，与具有悠久文化传统的泱泱大国实不相称。

我们不得不问：一个民族只重视人文经典而忽视科学经典，何以自立于当代世界民族之林呢？

三

科学元典是科学进一步发展的灯塔和坐标。它们标识的重大突破，往往导致的是常规科学的快速发展。在常规科学时期，人们发现的多数现象和提出的多数理论，都要用科学元典中的思想来解释。而在常规科学中发现的旧范型中看似不能得到解释的现象，其重要性往往也要通过与科学元典中的思想的比较显示出来。

在常规科学时期，不仅有专注于狭窄领域常规研究的科学家，也有一些从事着常规研究但又关注着科学基础、科学思想以及科学划时代变化的科学家。随着科学发展中发现的新现象，这些科学家的头脑里自然而然地就会浮现历史上相应的划时代成就。他们会对科学元典中的相应思想，重新加以诠释，以期从中得出对新现象的说明，并有可能产生新的理念。百余年来，达尔文在《物种起源》中提出的思想，被不同的人解读出不同的信息。古脊椎动物学、古人类学、进化生物学、遗传学、动物行为学、社会生物学等领域的几乎所有重大发现，都要拿出来与《物种起源》中的思想进行比较和说明。玻尔在揭示氢光谱的结构时，提出的原子结构就类似于哥白尼等人的太阳系模型。现代量子力学揭示的微观物质的波粒二象性，就是对光的波粒二象性的拓展，而爱因斯坦揭示的光的波粒二象性就是在光的波动说和粒子说的基础上，针对光电效应，提出的全新理论。而正是与光的波动说和粒子说二者的困难的比较，我们才可以看出光的波粒二象性说的意义。可以说，科学元典是时读时新的。

除了具体的科学思想之外，科学元典还以其方法学上的创造性而彪炳史册。这些方法学思想，永远值得后人学习和研究。当代诸多研究人的创造性的前沿领域，如认知心理学、科学哲学、人工智能、认知科学等，都涉及对科学大师的研究方法的研究。一些科学史学家以科学元典为基点，把触角延伸到科学家的信件、实验室记录、所属机构的档案等原始材料中去，揭示出许多新的历史现象。近二十多年兴起的机器发现，首先就是对科学史学家提供的材料编制程序，在机器中重新做出历史上的伟大发现。借助于人工智能手段，人们已经在机器上重新发现了波义耳定律、开普勒行星运动第三定律，提出了燃素理论。萨伽德甚至用机器研究科学理论的竞争与接受，系统研究了拉瓦锡氧化理论、达尔文进化学说、魏格纳大陆漂移说、哥白尼日心说、牛顿力学、爱因斯坦相对论、量子论以及心理学中的行为主义和认知主义形成的革命过程和接受过程。

除了这些对于科学元典标识的重大科学成就中的创造力的研究之外，人们还曾经大规模地把这些成就的创造过程运用于基础教育之中。美国几十年前兴起的发现法教学，就是在这方面的尝试。近二十多年来，全球兴起了基础教育改革的浪潮，其目标就是提高学生的科学素养，改变片面灌输科学知识的状况。其中的一个重要举措，就是在教学中加强科学探究过程的理解和训练。因为，单就科学本身而言，它不仅外化为工艺、流程、技术及其产物等器物形态，直接表现为概念、定律和理论等知识形态，更深蕴于其特有的思想、观念和方法等精神形态之中。没有人怀疑，我们通过阅读今天的教科书就可以方便地学到科学元典著作中的科学知识，而且由于科学的进步，我们从现代教科书上所学的知识甚至比经典著作中的更完善。但是，教科书所提供的只是结晶状态的凝固知识，而科学本是历史的、创造的、流动的，在这历史、创造和流动过程之中，一些东西蒸发了，另一些东西积淀了，只有科学思想、科学观念和科学方法保持着永恒的活力。

然而，遗憾的是，我们的基础教育课本和不少科普读物中讲的许多科学史故事都是误讹相传的东西。比如，把血液循环的发现归于哈维，指责道尔顿提出二元化合物的元素原子数最简比是当时的错误，讲伽利略在比萨斜塔上做过落体实验，宣称牛顿提出了牛顿定律的诸数学表达式，等等。好像科学史就像网络上传播的八卦那样简单和耸人听闻。为避免这样的误讹，我们不妨读一读科学元典，看看历史上的伟人当时到底是如何思考的。

现在，我们的大学正处在席卷全球的通识教育浪潮之中。就我的理解，通识教育固然要对理工农医专业的学生开设一些人文社会科学的导论性课程，要对人文社会科学专业的学生开设一些理工农医的导论性课程，但是，我们也可以考虑适当跳出专与博、文与理的关系的思考路数，对所有专业的学生开设一些真正通而识之的综合性课程，或者倡导这样的阅读活动、讨论活动、交流活动甚至跨学科的研究活动，发掘文化遗产、分享古典智慧、继承高雅传统，把经典与前沿、传统与现代、创造与继承、现实与永恒等事关全民素质、民族命运和世界使命的问题联合起来进行思索。

我们面对不朽的理性群碑，也就是面对永恒的科学灵魂。在这些灵魂面前，我们不是要顶礼膜拜，而是要认真研习解读，读出历史的价值，读出时代的精神，把握科学的灵魂。我们要不断吸取深蕴其中的科学精神、科学思想和科学方法，并使之成为推动我们前进的伟大精神力量。

任定成
2005 年 8 月 6 日
北京大学承泽园迪吉轩

伽利略（Galileo Galilei，1564—1642）
意大利物理学家、天文学家，经典力学和实验物理学的先驱。

伽利略的一生在三个城市度过：比萨、帕多瓦、佛罗伦萨。现在，这三个城市都保留有伽利略的印迹。

1564年，伽利略出生在比萨一个不太富裕的家庭。父亲是位杰出的音乐家，同时经营纺织品贸易。

1581年，17岁的伽利略遵父命考入比萨大学学习医学，但他的兴趣还是在物理学和数学方面。他特别崇拜古希腊科学家阿基米德，阿基米德的物理实验和数学推理相结合的方法使他深受感染，他深情地说："阿基米德是我的老师。"

▲油画《沉思的阿基米德》。

▲现在的比萨斜塔顶上有几颗石球，图书室里还收藏了一封伽利略叙述重力定律的信。

▲今日比萨大学的植物园。1581—1585年，伽利略在比萨大学度过了大学时光。

1592年，伽利略离开比萨，受聘为帕多瓦大学数学教授。

17世纪初，帕多瓦是意大利人民精神生活的中心。帕多瓦大学是欧洲一座非常古老的学府，在这里，人们经常自由讨论。在那个只要有人发表“偏激”（当时称为异端）言论，就会遭到宗教法庭无情搜捕的时代，像帕多瓦这样一个自由的地方，是难能一见的。伽利略在帕多瓦大学度过一生中最幸福的、最有成果的18年。

◀上图的左半部分的桌上放着伽利略的用书和仪器，有望远镜，摆锤、计时沙漏等。右半部分是帕多瓦大学的木制讲台，可以想像，伽利略可能为了授课而登过此台。当时，既没有粉笔也没有黑板，教授不必多挪动身体。

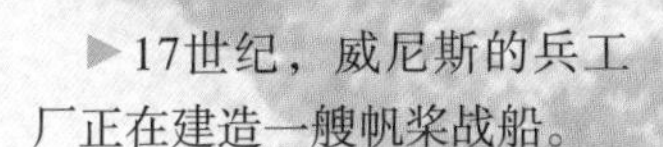

▶17世纪，威尼斯的兵工厂正在建造一艘帆桨战船。

伽利略在帕多瓦是一位与众不同的教授，他认为物理学定律应当以实验为基础，所以他亲自去兵工厂工地观察一种机械，因为这种机械是他授课内容的一部分。这在伽利略时代是难以想象的，当时人们普遍认为，大学教授不应该去关注这类生产和生活的实际问题。

1603年，由荷兰光学仪器商制造的望远镜问世。这种望远镜只能放大两到三倍，而且物像显示模糊变形，被学者们认为是一种没有前途的玩具，但伽利略不这么认为，他改进了前人的设计方案，重新设计了望远镜。

◀图中央是威尼斯圣马可（San Marco）广场钟楼（王直华/摄）。

1609年8月21日，伽利略在此钟楼上向元老们展示望远镜：帕多瓦教堂距离钟楼32千米，透过望远镜，它似乎近在3.5千米之处。威尼斯北部的穆拉诺（Murano）岛，离钟楼2.5千米，望远镜把它拉近到300米，连屋里人的模样都清晰可辨。

▼伽利略时代绘制的威尼斯鸟瞰图。图上可以看到兵工厂（右半部中心）、圣马可广场和广场上的钟楼（图中心），穆拉诺岛位于图上方。

▶为了纪念伽利略，圣马可大教堂阳台上，摆着几件伽利略发明的仪器。大教堂的圆柱上有一只张开双翼的狮子，是威尼斯城的城标。画面远处的背景是圣乔治修道院所在的小岛。

伽俐略首先将望远镜应用于研究天空，并得到了一系列重要发现，甚至革新了整个天文学和物理学。

伽利略用望远镜细致地观察了星空。他在《星际使者》一书中说："我曾想把整个猎户星座描绘出来，但此星座包含500颗以上的星星。数量如此多又缺乏时间，我退却了。"因此，他只画了猎户星座的"腰带"和"剑"。

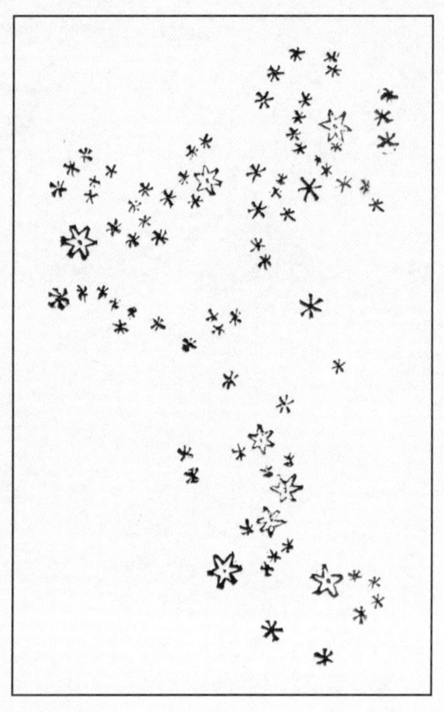

▲伽利略在《星际使者》一书中所描绘的猎户星座。

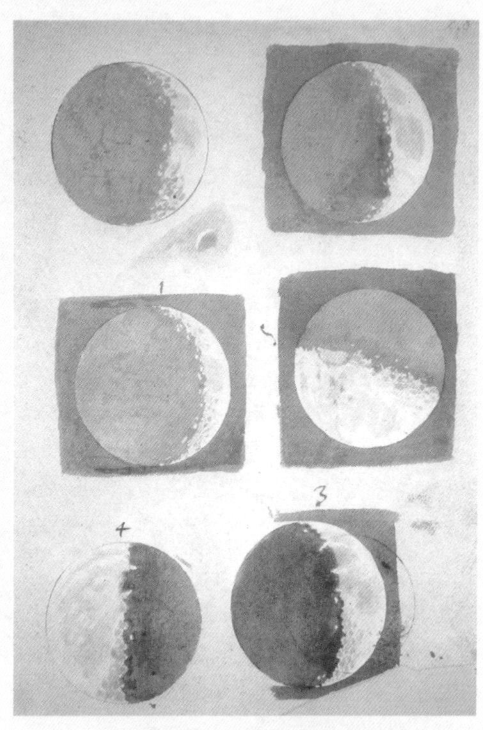

▲月球盈亏素描图，此图系伽利略根据其本人设计制造的望远镜所观测到的现象绘制而成。

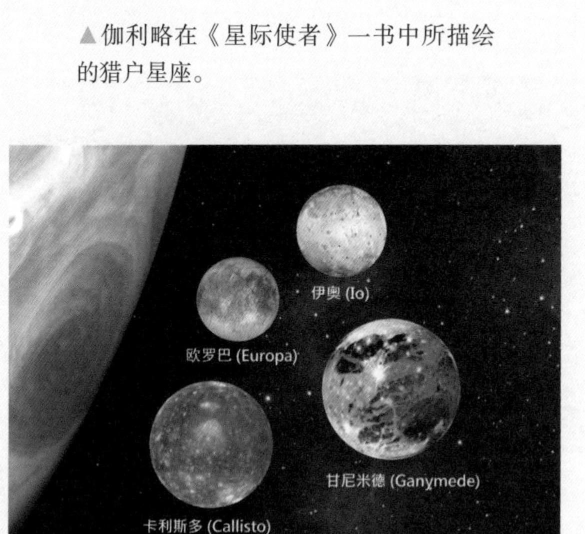

▲伽利略卫星（Galilean satellites）是木星的四个大型卫星，由伽利略于1610年1月7日首度发现，所以将它们称为伽利略卫星。

▲300年后的1969年，美国阿波罗11号（Apollo 11）的载人航天飞船拍下的月球照片。

自从伽俐略改进望远镜400多年以来，望远镜经历了一次又一次的变革。从小口径望远镜到大口径望远镜，从折射望远镜到反射望远镜，从用来观察遥远物体到探索浩瀚太空，威力不断增大，天文学也随之取得长足进步。

▲颂扬伽利略的寓意画：他敬重数学、光学和天文学，把望远镜献给代表这三项科学的人物。

▲这台位于美国威斯康星州的耶基斯天文台的口径102cm望远镜建于1897年，是当时建造的最大体积折射望远镜。

▲哈勃太空望远镜，以著名天文学家埃德温·哈勃（Edwin Powell Hubble，1889—1953）命名，1990年成功发射。它极大地弥补了地面观测的不足。2013年10月，哈勃望远镜发现了可能是宇宙中测量距离上最遥远的星系。

▲詹姆斯·韦伯空间望远镜（JWST）是美国宇航局、欧洲航天局和加拿大航天局联合研发的红外空间观测望远镜，研究人员计划用其接续哈勃太空望远镜的天文任务。它将能够更好地“看清”宇宙更遥远、更暗淡的天体。

佛罗伦萨是伽利略待过的第三个城市。

1610年11月1日，伽利略在佛罗伦萨住下。他的朋友萨格雷多（Sagredo）旅行归来，得知伽利略即将离开帕多瓦，给他写下预言式的话："威尼斯遮掩的自由，您还能在何处找到？阁下这时返回贵国，但却是离开了一个您什么都不缺的地方。现在您选择回国报效本国的王子（伽利略确实出生于佛罗伦萨大公国），一位年轻有为、品德高尚的伟大王子，但世事难料，在充满邪恶和妒意的人们的干涉下，谁知道会发生怎样的变化？"当时伽利略没有料到，他会在佛罗伦萨度过他一生中最可怕的时期——被审判。

◀圣玛丽修道院，伽利略遭受审判的地方。

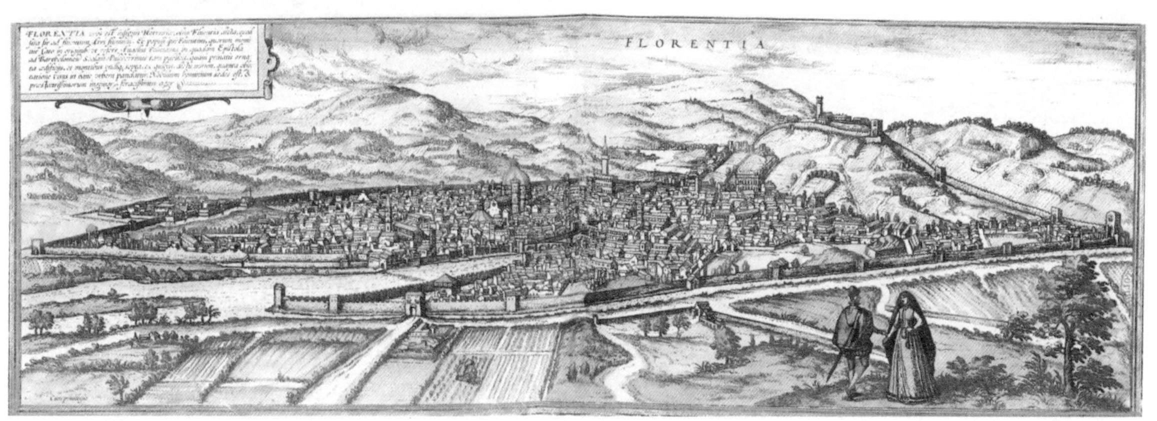

▲阿尔诺（Arno）山谷为托斯卡纳少有的平地，佛罗伦萨便在这个山谷中建成。当时人们认为此地气候潮湿，对身体不利，有条件的人都住在近郊的山冈上。伽利略的住宅坐落在城外的阿特切里（Areetri）山冈上，现在这座住宅已由当地政府整修成伽利略纪念馆向公众开放。

▶佛罗伦萨博物馆。三层楼整整一层辟为伽利略纪念馆，主陈列室墙上有几幅描摹伽利略当年科学活动的壁画以及一些图文说明，室内陈列着几件伽利略的珍贵文物：一架伽利略曾经使用过的望远镜的原型，伽利略亲手磨制的透镜，一台单摆计时仪的复制件，伽利略斜面实验原件。

德国戏剧家布莱希特，于1938年创作了历史哲理剧《伽利略传》。该剧以伽利略的事迹为题材，把历史的经验教训和20世纪的现实结合起来，表现在新旧社会交替时，科学与愚昧、变革与反动之间的生死搏斗。1978年，中国青年艺术剧院首次将此剧搬上中国舞台。

▲ 德国戏剧家、诗人布莱希特（Bertolt Brecht，1898—1956）。

▲《伽利略传》早期剧照。

▲1979年3月31日《伽利略传》在北京公演，这是“文化大革命”之后在中国上演的第一个外国戏。

▲2011年北京国际青年戏剧节期间在国家大剧院演出的《伽利略传》剧照。

目 录

导　读

王渝生　　　　　　　　关洪

（中国科学院研究员）　　（中山大学物理系教授）

· Introduction to Chinese Version ·

> 请各位神学家注意，在你们企图把关于太阳不动或地球不动的命题看成是关系到信仰的问题时，就存在着一种危险，即总有一天你们会把那些声称地球不动而太阳在改变位置的人判为异端。但是，终究有一天会被物理学或逻辑学证明：地球在运动，而太阳是静止的。
>
> 伽利略

上　篇

(一)

伽利略(Galileo Galilei,1564—1642年),意大利物理学家和天文学家。他开创了以观察和实验的事实为基础,并具有严密逻辑推理和数学表述形式的近代科学,因此被誉称为"近代科学之父"。

1564年2月15日,伽利略诞生于比萨一个布商的家里,他的父亲喜欢音乐,而他从小就酷爱机械、数学、诗画,喜欢做水磨、风车、船舶模型。然而他的父亲还是把他送到修道院学习哲学和宗教。

1581年,17岁的伽利略遵父命考入比萨大学学习医学,但他的兴趣还是在物理学和数学方面。他特别崇拜古希腊科学家阿基米德,阿基米德的物理实验和数学推理相结合的方法使他深受感染,他深情地说:"阿基米德是我的老师。"

伽利略善于观察客观世界,发现事物运动的规律。他认为"运动的问题非常古老,而有意义的研究竟如此可怜。"所以,当他在比萨大教堂做礼拜时,看到悬挂在教室顶端的大吊灯在摆动,有时摆弧大一些,有时摆弧小一些,他就思考摆动的大小与时间长短是否有关?在大吊灯有规律地摆动时,他利用自己脉搏的跳动,以及唱诗班音乐的节拍,计算不同摆弧摆动的时间,发现它们的时间是完全一样的。

伽利略并不满足于观察所得到的结论,他还要回到家里去做实验验证。

第一个实验:他用两根同样长的线绳各系一个铅球作自由摆动,他把两个摆拉到偏离铅垂线不同的角度,例如30°和10°,然后同时放手。他看到这两个摆在同一时间间隔内摆动次数准确相等。第二个实验:他

◀宗教裁判所焚烧禁书时的情景。

用两根长度不同的线绳各系上一个铅球作自由摆动，他把两个摆拉到偏离铅垂线相同的角度，然后放开，发现在同一时间间隔里短摆摆动的次数比长摆摆动的次数多，而且在大角度和小角度的情况下，多出的次数都相同。

通过以上两个实验，伽利略得出单摆的周期只与摆长有关而与振幅无关的结论。这时是 1583 年，伽利略只有 19 岁。他还利用单摆绳长的调节和标度自己做了第一件实用仪器——脉搏计。

1585 年，21 岁的伽利略因家庭生活困难不得不退学回家。他在佛罗伦萨担任家庭教师并努力自学。他从学习阿基米德《论浮体》和杠杆定律以及称金冠的故事中受到启发，把纯金、银的重量与体积列表后刻在秤上，利用它们比重的不同，在合金制品的称量时以快速读出金银的成色。这种“浮力天平”用于金银交易十分方便。1586 年他的第一篇论文《天平》记述了这一杰作，这在当时引起轰动，伽利略被誉称为“当代的阿基米德”，其时他年仅 22 岁。

（二）

1589 年，25 岁的伽利略又写了一篇论文《论固体的重心》，这使他获得了新的荣誉。他被母校比萨大学聘请为数学教授，在那里，他执教了 3 年。

比萨是意大利西部的古城，在阿尔诺河河口西岸，距利古里亚海仅 10 千米。比萨城有许多中世纪的古迹。著名的比萨斜塔始建于 1174 年，但直到 1350 年才最后完成。这是一座由白色大理石砌成、外观呈圆柱形的钟塔，直径约 16 米、高约 55 米，分为 8 层。因奠基不慎，致使塔身倾斜，成为斜塔。比萨斜塔和比萨主教堂及洗礼堂组成的建筑群，是意大利中世纪最重要的建筑群之一。比萨大学建于 1343 年，在伽利略时代，它同比萨斜塔一起已经经历了 200 多年的历史沧桑。

比萨斜塔的著名，不仅在于它的“斜”，而且还在于它建成 240 年后，身为比萨大学数学教授的伽利略，传说在它上面进行了一项亘古未有的自由落体实验。

事情源于年轻的伽利略对古希腊哲学家亚里士多德关于下落物体运动学说的怀疑。一向被奉为权威的亚里士多德认为，下落物体在下落过程中其速度保持不变，而且下落的速度同物体的重量成正比。

按照亚里士多德的学说，从同一高度上下落，重的物体将比轻的物体先落地。尽管这个结论看上去似乎合乎逻辑，并且上千年以来已经被人们所接受，但是如不进行实验，伽利略就不会接受亚里士多德的学说。伽利略说："一个真理要成为真理，除非我们对可以测量的真理进行了测量，并使不能测量的真理能够测量。"

带着这样的信念，伽利略勇敢地爬上比萨斜塔的塔顶。他把一个轻的木球和一个重得多的铁球，在塔顶同一高度水平处同时放手，发现它们几乎同时落地。他又把同样的木球和铁球用绳子拴在一起，同单个的木球和单个的铁球一起放手，发现三者也几乎同时落地。而按照亚里士多德的观点，它们应该是有明显的先后差别的——例如，5 千克重的木球、10 千克重的铁球和 15 千克重的木球和铁球，后者的速度分别是前者和中者的 3 倍和 1.5 倍，但事实并非如此。

不过，科学史家认为，伽利略从未在比萨斜塔上做过这个实验，这个故事是后人为了提高比萨城的知名度而杜撰的。但伽利略的确多次做过落体实验，又用实验证明物体在下落的过程中，速度一直在增加并具有相同的加速度，从而建立了落体定律，成为经典力学和实验物理学的先驱。

伽利略在比萨大学进行著名的比萨斜塔自由落体实验，这使他声名大噪，但也因此得罪了保守的权贵们，使他最终在人身攻击和恶意中伤中不得不被迫辞职。

1592 年，28 岁的伽利略在帕多瓦大学谋到一个教授职位，再次登上讲坛。该校所在地属于威尼斯共和国管辖，学术空气比较浓厚，思想比较自由。伽利略在这里安心工作达 18 年之久，进入他在物理学特别是力学研究的黄金时代，同时在天文学研究方面也崭露头角。

伽利略不仅发现了摆振动的等时性、自由落体定律，还发现了物体的惯性定律、抛体运动规律，并确定了力学相对性原理，即一切力学定律在不同惯性参考系中具有相同的形式，这一力学的基本原理后来被称为"伽利略相对性原理"，它是更为普遍的"爱因斯坦相对性原理"的一个特例，反映了人们在认识时间、空间和物质运动性质上的一个阶段，具有里程碑意义。

(三)

1604 年 10 月,当伽利略正在完善他的力学论著时,一颗超新星出现在傍晚的天空,这使 40 岁的伽利略对天文学发生了兴趣。

伽利略发现,天文学一直依赖于精心细致的测量,而此前的物理学常常只有定性的描述,缺乏实验测量和数学归纳。从此,他更加把观察、实验、测量、数学作为他从事科学研究的基础。

1608 年,荷兰一位眼镜匠的儿子在玩耍时偶然发现,透过两块眼镜镜片可以使远处的物体显得很近。眼镜匠根据这一现象,将两块镜片装在一根长管的两头,制成了最初的望远镜。

1609 年 7 月,伽利略访问威尼斯时才得知这个消息。他当即认识到,一架这样的望远镜对于威尼斯的重要性并不亚于一支海军,因为利用它监视海上的入侵船只可以比训练有素的瞭望员用肉眼观察要好。伽利略立即从眼镜铺里买来凸镜片和凹镜片,制成可以放大两三倍的望远镜。1 个月后,他制作的第 2 架望远镜已经可以放大七八倍了。

伽利略把这架望远镜安置在威尼斯最大的教堂,邀请当时的专家学者和贵族前往参观,新奇的科学创造获得人们极大的赞赏,当然也使那些在没有关好窗户的房间里洗浴的贵妇们产生了极大的惊恐。

经过伽利略的继续改进,第 3 架望远镜可以放大到 20 倍;到了 1609 年年底,他完成的第 4 架望远镜已经可以放大 30 倍了。从此,人们获得探索星空世界的强有力工具,人类的视线得以深向宇宙。

伽利略首先将望远镜对准月亮。在晴朗的夜空,他发现光亮圆美的月亮上竟然有平原、山脉和火山口。他高兴得难以自持,激动地绘出第一幅月面图。

1610 年 1 月 7 日,伽利略将望远镜对准木星,发现有 4 个光点伴随木星运动,他很快便意识到这是木星的卫星。他断言,木卫绕木星运转,而木星又绕太阳公转,就如同月亮绕地球运转,而地球带着月亮又绕太阳公转一样。这一发现震动了整个欧洲,它为哥白尼学说找到了有力的证据,是哥白尼学说胜利的开端。

当伽利略把望远镜对准金星时,观测到金星也有成娥眉月的形状,这使他感到十分惊讶。后来,他终于弄清这是金星位相的变化。内行星也存在位相变化这一观测事实,再次为哥白尼学说提供了令人信服的证据。

伽利略还观测到土星呈橄榄状,他开始认识到这说明土星有卫星,后来才知道它是土星的光环。

伽利略斗胆将望远镜对准太阳,竟然发现太阳黑子在太阳圆面上的位置朝着一个方向连续变化,这说明太阳本身也具有类似于地球自转的旋转运动。

当伽利略把望远镜指向更遥远的星空时,发现天上星星的数目比肉眼看到的多得多;而从望远镜里看到的银河也不再是一条光带,是若干独立的小星。

伽利略把他在天文学上的这些发现,写成《星体通报》向社会上报道,并于1610年3月汇集成《星际使者》一书,在知识界引起极大反响。虽然当时大多数哲学家和天文学家声称那只是光学幻影并嘲笑他,甚至谴责他在作假,但像开普勒那样的天文学家,通过使用望远镜进行天文观测,最终证实了伽利略的发现,也肯定了伽利略在开辟近代天文学中的重要作用。

(四)

1610年,46岁的伽利略离开他任教达18年之久的帕多瓦大学,移居佛罗伦萨,任托斯康大公爵的首席数学家兼哲学家(即物理学家),一直到1642年他去世时为止,整整32年。

在这期间,伽利略的研究重点从物理学转向天文学。他进行天文观测、编制星表,研究太阳黑子现象和潮汐理论,还在各种场合对各种学术团体宣讲哥白尼的日心学说,反对亚里士多德和托勒密的地心学说。

1616年,宗教法庭把哥白尼的《天体运行论》列为禁书,并警告伽利略必须放弃哥白尼学说,不得为它辩护,否则将被监禁。但是,伽利略并没有被吓倒,他用很长时间思考、分析、研究,最终写成著作《关于托勒密和哥白尼两大世界体系的对话》,于1632年正式出版发行。这是近代天文学文献三部最伟大的杰作之一。另外两部是此前哥白尼的《天体运行论》(公元 1543 年)和此后牛顿的《自然哲学之数学原理》(公元 1687 年)。

《关于托勒密和哥白尼两大世界体系的对话》采用对话体裁,由两位分别代表托勒密地心说和哥白尼日心说的学者去争取无偏见的第三种力量。对话分 4 天进行。第 1 天以讨论亚里士多德对天上物质和元素物质的分类,以及它们相关的运动拉开序幕,所讨论的新的天文发现——主要是月球表面的地貌以及山脉和火山口光照的连续变化。第 2 天主要证明地球自转的假说,伽利略以运动的相对性和守恒性为依据。第 3 天谈到地球绕太阳公转,伽利略在这里做了动力学解释。第 4 天讨论潮汐,如果没有地球运动,除祈求发生奇迹外,再也没有别的办法可以解释大海周而复始的潮汐运动。

《对话》于 1632 年 3 月出版,该年 8 月就被罗马宗教法庭下令停售,伽利略也被传受审。其实,这个结果伽利略早就预料到了,他在《对话》中说:

"请各位神学家注意,在你们企图把关于太阳不动或地球不动的命题看成是关系到信仰的问题时,就存在着一种危险,即总有一天你们会把那些声称地球不动而太阳在改变位置的人判为异端。但是,终究有一天会被物理学或逻辑学证明:地球在运动,而太阳是静止的。"

(五)

伽利略于 1633 年 2 月到达罗马,3 月 12 日开始接受审判。

请看审判者是怎样驳斥伽利略的观点的,这是当时的记录:

伽利略:"太阳是宇宙的中心。"

驳:"大家一致认为,根据《圣经》经文和神父、神学博士的解释,这个命题在哲学上是愚蠢的和荒谬的,它与《圣经》所表达的意见相抵触,因此在形式上是异端。"

伽利略:"地球既不是宇宙的中心,也不是不动的,而是做整体和周日运动。"

驳:"大家一致认为,这个命题在哲学上也是愚蠢的和荒谬的,考虑到神学的真实性,它在信仰上是错误的。"

天文学的问题不是从科学上，而是从哲学、宗教和信仰上受到责难，真是奇怪！但也不奇怪，因为中世纪欧洲的神学统治，使科学成为神学的奴婢。1633 年 6 月 22 日，年近 7 旬的伽利略在严刑审讯下被迫在“悔过书”上签字，他一边用颤抖的右手签字，一边喃喃地嘟囔道：“但是，地球仍然在转动。

伽利略被判终身监禁。后来他被软禁在指定的住所。他的精神受到了很大的打击，但他的女儿鼓励他，写信对他说：

“不要说你的名字已从世人中消失，因为事实并非如此。你的名字无论是在你的祖国，还是在世界其他各国都是不可磨灭的。而且在我看来，如果你的名誉和声望一时受到损害，那么不久你就会享有更高的声誉。”

这使伽利略受到很大鼓舞。他在软禁中又开始进行科学写作，这次不是天文学，而是回到他早年感兴趣的物理学领域。

1638 年，伽利略出版了《关于两门新科学的对谈》，讨论了物质结构和运动定律这两个物理学的基本问题，并奠定了物质运动的数学基础。

当《关于两门新科学的对谈》在荷兰出版时，伽利略已完全失明。对他而言，丧失视力是一种特殊的折磨，因为他不仅再也不能读书或写作，而且再也不能观察宇宙和世界。他感伤地自述道：

“我再也看不到光明了，以致这天空、这大地、这由于我的惊人发现和清晰证明之后比以前智者所相信的世界扩大了千百倍的宇宙，对我来说，这时已变得如此狭小，只能留在我的感觉中了。”

1642 年 1 月 8 日，78 岁的伽利略因热病逝世。

几天以后，当年曾拒绝在伽利略判决书上签字的红衣主教巴贝里尼的管家霍尔斯特，在一封写给朋友的信中说：

“今天传来了伽利略去世的噩耗，这噩耗不仅会传遍佛罗伦萨，而且会传遍全世界。这位天才人物给我们这个世纪增添了光彩，这是几乎所有平凡的哲学家都无法比拟的。现在，嫉妒平息了，这位智者的伟大开始为人们所知，他的精神将引导子孙后代去追求真理。”

300 多年后的 1979 年，罗马教皇约翰 · 保罗二世提出为伽利略恢复名誉，1980 年由他任命的一个委员会承认当时宗教裁判对伽利略的判决是错误的。今天，为伽利略“平反”似乎是荒唐之举，但它表明了人类对于自身的反省。人们会从伽利略的命运中得到有益的启示。

（王渝生）

下 篇

伽利略于1632年出版了《关于托勒密和哥白尼两大世界体系的对话》，1636年写成了另一部著作《关于两门新科学的对谈》。由于罗马教廷那时候已经给他判了罪，这部书在意大利出版有困难，伽利略于是请朋友把手稿带出去，并于1638年、即他逝世前六年在荷兰莱顿首次出版。这也是他最后和最重要的一部著作，《关于两门新科学的对谈》仍采用三人对话的形式写成，三位对话者与《关于托勒密和哥白尼两大世界体系的对话》相同，即萨耳维亚蒂（作为伽利略本人的代言人）、辛普里修（一位亚里士多德学说的诠释者）和萨格利多（一位开明的受教育的普通人），全书共分4个部分，即“四天”。在书中，伽利略改进了他以前对运动以及力学原理的研究，集中讨论了两门科学，即材料强度的研究和运动的研究。

（一）“材料力学”的先声

伽利略这部著作的“第一天”里，包括了许多个内容。他一开始谈的是材料的强度，这个论题在“第二天”里有详细的论述，实际上是“材料力学”这门学科的先声。然后是关于真空的讨论，他在这里记载了用水泵抽水只能够抽到一个极限高度的经验事实，表示了对于亚里士多德“自然拒斥真空”信条的怀疑。接着，在关于物体是无限可分还是有限可分的讨论之后，他又叙述了他自己设计并且实行过的一种测定光的传播速度是无限还是有限的实验。

在“第一天”里，伽利略着重讨论了亚里士多德关于重的物体下落得比轻的物体快得多的说法。他说自己曾经做过实验，观察到从高处下落的一个100磅的炮弹和一颗半磅的子弹是差不多同时落地的，不过他没有讲是不是像传说那样在比萨斜塔上扔下来的。伽利略还用一个重的物体可以看作是由两个较轻的物体组合而成的例子，成功地在逻辑上反驳了亚里士多德。然而，他也没有简单地完全否定亚氏的说法，而是试图解释为那是在稠密介质中落下的规律。

在"第一天"的最后，伽利略还从观察教堂里的吊灯摆动的等时性开始，进一步讨论共振现象，并且由他自己设计的一个在不同的激发条件下，从容器里的水面(或者铜板上)纹波疏密比例与先后发出的声音对比的实验，判定描写音高的物理量应当是频率。这真是一项了不起的成就。其实，我国在伽利略之前几百年，早就制造出如今在许多旅游景点都不难见到其踪影的"鱼洗"，它实际上是与伽利略的实验器具性质类似的一种声学仪器。我曾经亲自观察到一具仿古鱼洗，当其振动模式频率变化的比例为 2∶3 时，先后发出的嗡声音高差一个五度音程。那么，假如我们的祖先具有伽利略的头脑，本来也是可以发现这一规律的。

爱因斯坦在为伽利略的《关于托勒密和哥白尼两大世界体系的对话》英译本写的序言里特别指出："常听人说，伽利略之所以成为近代科学之父，是由于他以经验的、实验的方法来代替思辨的、演绎的方法。但我认为，这种理解是经不起严格审查的。任何一种经验方法都有其思辨概念和思辨体系……把经验的态度同演绎的态度截然对立起来，那是错误的，而且也不代表伽利略的思想。"

所以，真正重要的不在于伽利略做了什么实验，而在于他为什么想到要做这些实验。因为，伽利略既然是近代科学的开创者，他手上就不可能有什么近代的科学仪器。唯一的例外是伽利略听到荷兰人发明了望远镜之后，自己动手制作的天文望远镜。不过在他的望远镜提供了《两大世界体系》的不少论据之时，同《关于两门新科学的对谈》却没有多少关系。上面提到的落体实验、声学实验、对摆动的观察，以及在"第三天"里谈到的斜面实验等等，需要的器材是那么简单，任何一个同时代的、甚至是早得多的文明古国都可以办得到，问题是有没有人想得到而已。

伽利略关于测量光速的实验原理上完全正确，只是由于当时不掌握高精度的测量手段而没有得到确定的结论。还有一个类似的例子，两百年前数学家和测量师高斯为了验证我们所处的空间是否为欧几里得空间，曾经测量过以三座山峰为顶点的一个三角形的内角和是否等于 180

度，也是因为仪器的精确度不够而没有得到确定的结论。他们为什么要做这种事，正是受到探究自然界奥秘的科学精神的驱使。如果仅仅把科学定位成用来制造产品的生产力，那是不可能想到要做这一类实验的。我以为，这应该是我们从《关于两门新科学的对谈》里得到的最重要的思想上的启迪。

（二）铺平"动力学"道路的先驱

《关于两门新科学的对谈》的"第三天"的标题是"位置的变化　地上的运动"。按照伽利略自己的介绍，这里依次谈了"定常的或匀速的"运动，"在自然界发现的加速运动"即匀加速运动，以及"抛射运动"。其中最后一部分即"抛体的运动"，实际上是在"第四天"里讨论的课题。

法瓦罗写的《序言》里把伽利略这方面的论述仅仅称为"运动理论"或者"运动的科学"，但在《英译者前言》里却说是"动力学"，而《中译者的话》里更是说"伽利略是开创动力学的第一人"和"这本书的大部分是他关于落体、抛体和动力学基本规律方面研究的总结"。

我以为，法瓦罗的说法更接近于伽利略的原意。例如，上面已经提到，伽利略没有把匀加速运动称为"在重力作用下的加速运动"，而仅仅说是"在自然界发现的加速运动"，就不像是一种动力学的表述，因为"动力学"的现代意义不仅仅是关于运动的描写，而是研究"物体受到相互作用时的运动变化"。而且，伽利略还在书中明确地宣称"现在看来还不是研究自然运动加速原因的合适时机……当前本书作者的目的，仅在于研究和证实加速运动的某些性质（而不管这一加速度的原因是什么）。"

伽利略这样小心翼翼地尽量避免谈论加速的原因，显然是为了与亚里士多德的"四因说"划清界限。不过，伽利略关于几种运动形式的研究，已经把读者带到了真正的动力学的大门。他们走到这里，只需要再迈出一步，就可以进入动力学的领域。所以，与其把伽利略称为动力学的创始人，不如说他是铺平了通向动力学的道路的先驱。

还有一个有趣的问题。在伽利略寻求"自然加速运动"的规律时，做出了从静止出发的这种运动的速度不可能与经过的路程成比例的逻辑论证。可是，这种论证是不对的，因为路程与时间的指数成比例的运动就具有这种性质。不过这也不能怪伽利略，因为那时候还没有发明在后一种推导里需要用到的微积分，所以他在论证中未能区别平均速度和瞬时速度这两个概念。除此之外，伽利略在这部著作里关于几种运动形式的讨论还是比较清楚的，读者们不难自行阅读和领会。而且，伽利略也没有把上述逻辑论证作为唯一的依据，最后还是用自己设计的斜面实验来验证他关于在“自然加速运动”里速度与时间成比例的假定的。

（关洪）

关于英文文本的说明

· *About English Version* ·

本书所选的英文文本均译自业已出版的原始文献。我们无意把作者本人的独特用法、拼写或标点强行现代化，也不会使各文本在这方面保持统一。

伽利略·伽利莱的《关于两门新科学的对谈》(*Dialogues Concerning Two New Sciences*)1638 年由荷兰出版商 Louis Elzevir 首版，出版时的标题为 *Discorsi e Dimostrazioni Matematiche, intorno àdue nuoue scienze*。这里选的是 Henry Crew 和 Alfonso de Salvio 的译本。

原编者

第一天

· The First Day ·

世界是一本以数学语言写成的书。——伽利略

你无法教别人任何东西,你只能帮助别人发现一些东西。——伽利略

对话人：萨耳维亚蒂（简称“萨耳”）
萨格利多（简称“萨格”）
辛普里修（简称“辛普”）

萨耳：你们威尼斯人在你们颇负盛名的兵工厂中所显示的经常活动，向有研究精神的人提示了一个广大的探索领域，特别是工厂中涉及力学的那一部分。因为在那一部分中，所有类型的仪器及机器正在不断地由许多技师制造出来，其中必定有些人，部分地由于固有的经验而部分地由于他们自己的观察，已经在解释方面变得高度地熟练和精明了。

萨格：你说得完全不错。事实上，我自己由于生性好奇，常常只因喜欢观察一些人的工作而到那地方去；那些人，由于比其他工匠更高明，被我们视为“头等的人”。和他们的商讨已经多次在探索某些效应方面帮助过我；那些效应不仅包括一些惊人的，而且包括一些难以索解的和难以置信的东西。有些时候，为了解释某些东西，我曾经被弄得糊里糊涂或不知所措；那些东西我无法说出，但是我的感觉告诉我那是真的。而且，尽管某一事物是老头儿在不久以前告诉我们说它是众所周知的和普遍接受了的，但是在我看来那却完全是虚假的，正如在无知人士中流行着的许多别的说法那样，因为我认为他们引用这些说法，只是为了给人一种外表，就仿佛他们知道有关某事的什么东西一样，而事实上他们对那事是并不理解的。

萨耳：你也许指的是他刚才那句话？当我们问他，他们为什么要用尺寸较大的平台、支架和支柱来使一艘大船下水，即比使小船下水时用的东西更大时，他回答说，他们这样做，是为了避免大船在它自己的“vasta mole”（意即“很重的重量”）下破裂的危险，而小船是没有这种危险的。

萨格：是的，这就是我所指的。而且我特别指的是他那最后的论断，我一直认为那是一种虚假的意见，尽管它是很流行的。就是说，在谈论这些机器和另一些相似的机器时，你不能从小的推论到大的，因为许

◀16世纪印刷厂的排版车间。

多在小尺寸下成功的装置在大尺寸下却不能起作用。喏，既然力学在几何学中有其基础，而在几何学中，单纯的大小是不影响任何图形的，我就看不出圆、三角形、圆柱体、圆锥体以及其他的立体图形的性质将随其尺寸的变化而变化。因此，如果一个大机器被造得各部件之间的比例和在一部较小机器中的比例相同，而且如果小的在完成它所预计的目的时是足够结实的，我就看不出较大的机器为什么不能经受它可能受到的严格而有破坏性的考验。

萨耳：普通的见解在这儿是绝对错的。事实上，它错得如此厉害，以致正好相反的见解竟是正确的；就是说，许多机器在大尺寸下造得甚至比在小尺寸下更加完美，例如，一个指示时间和报时的钟可以在大尺寸下造得比在小尺寸下更加准确。有些很理智的人也持有这一相同的见解，但却依据的是更加合理的理由；当他们脱离了几何学的束缚而论证说，大机器的较好性能是由于材料的缺陷和变化时，他就是更合理的。[①] 在这儿，我[51][②]相信你不会责我为傲慢，如果我说，材料中的缺陷，即使那些大得足以破坏清楚的数学证明的缺陷，也不足以说明所观察到的具体的机器和抽象的机器之间的偏差。不过，我还是要这样说并且将断定说，即使那些缺陷并不存在而物质是绝对理想的、不改变的和没有任何意外的改变的，单单它是物质这一事实，就会使得用相同的材料、按和较小机器相同的比例造成的较大的机器在每一方面都严格地和较小机器相对应，只除了它将不是那么结实或那么能抵抗强烈的对待；机器越大，它就越软弱。既然我假设物质是不变的和永远相同的，那就很显然，我们也同样可以用一种比它属于简单而纯粹的数学时更加僵固的方式来对待这种恒定的和不变的性质。因此，萨格利多，你将很容易改变你以及或许还有许多其他研究力学的人们在机器和结构抵抗外界扰乱方面所曾抱有的那种见解，即认为当它们是用相同的材料而各部件之间保持着相同的比例被制成时，它们就会同样地或者不如说是成比例地反抗或抵不住这样的外界干扰或外界打击。因为我们可以利用几何学来演证，大机器并不是成比例地比小机器更结实的。最后我们可以说，对于每一种机器或结构来说，不论是人造的还是天然的，都存在一个

① 这句话在逻辑上是讲不通的，恐英文（也是译文）有误。——中译者

② 方括号中的数字为《关于两门新科学的对谈》首次出版时的页码。下同。——中译者

人工和天然都不能越过的必然界限;这里我们的理解当然是,材料相同而比例也得到保持。

萨格:我的头已经晕了。我的思想像一片突然被一道闪电照亮的云那样在片刻之间充满了不寻常的光,它现在时而向我招手,时而又混入并掩映着一些奇特的、未经雕饰的意念。根据你所说的,我觉得似乎不可能建造两个材料相同而尺寸不同的相似的结构并使它们成比例地结实;而且假如真是这样,那就会无[52]法找到用同样木材做成的两根单独的杆子,而它们在强度和抵抗力方面是相似的而其尺寸却是不同的。

萨耳:正是如此,萨格利多。而且为了确保我们互相理解,我要说,如果我们拿一根长度和粗细都已知的木棒,而把它例如成直角插入墙中,即和水平面平行,它可以减短到一个长度,使它恰恰可以支持住它自己;因此,如果把它的长度再增加一根头发丝的宽度,它就会在自己的重量影响下断掉。而这就会是世界上唯一的一根这样的木棒。[①] 于是,例如,如果它的长度是它的直径的100倍,那么你就将不能找到另一根棒,它的长度也是它的直径的100倍,而且它也像前一根棒那样恰好能够支持它自己的重量,一点也不能再多:所有更长的棒都会断掉,而所有更短的棒都会结实得足以支持比它自身的重量更重的东西。而且我刚才所说的关于支持本身重量的能力的问题必须理解为也适用于别的测试;因此,如果一小块材料(corrente)能够支撑10块和它相同的东西,有着相同比例的一根横梁(trave)却将不能支撑10根同样的横梁。

先生们,请注意一些初看起来毫无可能的事实即使只经过很粗浅的解释就会扔掉曾经掩盖它们的外衣而在赤裸而简单的美中站出来。谁不知道呢?一匹马从三四腕尺[②]的高处掉下来就会摔断骨头,而一只狗从相同的高处掉下来,或一只猫从8腕尺或10腕尺的高处掉下来却都不会受伤。同样,一只蚱蜢从塔上落下或一只蚂蚁从月亮上落下,也不会受伤。不是吗?小孩们从高处掉下来不会受伤,而同样的高度却会使他们的家长摔断腿或也许摔碎头骨。而且正如较小的动物是比比较大的动物更坚强和更结实一样,较小的植物也比较大的植物站立得更稳。

---

① 作者在这儿显然是表示:解是唯一的。——英译者

② 腕尺(cubit),长度单位,约45~56厘米。书中各单位比较混乱,读者可理解大意。——中译者

我确信你们两位都知道,一株 200 腕尺(braccia)高的橡树将不能支持自己的枝叶,如果那些枝叶是像在一株普通大小的树上那样分布的话;而且,大自然也不能产生一匹有普通马 20 倍大的马或是一个比普通人高 10 倍的巨人,除非通过奇迹,[53]或是通过大大地改变其四肢的比例,特别是改变其骨骼的比例:那些骨骼将必须比普通的骨骼大大地加粗。同样,通常人们的信念认为在人造的机器的情况下很大的和很小的机器是一样可用的和耐久的,这种信念是一种明显的错误。例如,一个尖顶方锥或一个圆柱或其他立体形状的东西肯定可以竖放或横放而并无破裂的危险,而非常大的方锥等等则将在很小的扰动下乃至纯粹在它自身的重量下裂成碎片。在这里我也必须提到一种值得你们注意的情况,正像一切发生得和人们的预料相反的情况那样,特别是当人们采用的防备措施被证实为灾难的原因时。一根很大的大理石柱被放倒了,它的两端各自放在一根横梁上。不久以后,有一位技师想到,为了加倍地保险,免得它由于自身的重量而在中间断开,也许最好在中间加上第三根横梁。这在所有的人们看来都是一个绝妙的主意。但是结果证明情况完全相反,因为没过几个月,人们就发现石柱裂开了,并且正好在中间支撑物的上方断掉了。

辛普:这是一次相当惊人和完全没有料到的事故,特别是如果这是由于在中间增加了新的支撑物而引起的话。

萨耳:这恰恰就是解释,而且一旦知道了原因,我们的惊讶就消失了,因为当把两段石柱平放在地上时,人们就发现,横梁中的一个端点在一段长时间以后已经腐烂了并且沉到地里面去了,但是中间的横梁却仍然坚硬而有力,这就使得石柱的一半伸在空气中而没有任何支撑。在这些情况下,物体因此就和只受到起初那些支撑时表现得不一样:因为,不论以前那些支撑物下沉了多少,柱体也是将和它们一起下沉的。这就是不会发生在小柱体上的一起事故,即使它是用相同的石料制成的,而且具有和直径相对应的长度,就是说和大石柱相同的长度与直径之比。[54]

萨格:我十分相信这一事例中的那些事实,但是我不明白,为什么强度和抵抗力不是按材料的同样倍数而增加,而且我更加迷惑,因为相反地,我在一些事例中曾经注意到,强度和对折断的抵抗力是按照比材料量之比更大的比率而增大的。例如,如果把两个钉子钉入墙中,比另一个大1倍的那个钉子就将支持比另一个钉子所支持的重量大1倍以上的重量,即支持3倍或4倍的重量。

萨耳: 事实上你不会错得太厉害,如果你说8倍的重量;而且这一现象和其他现象也并不矛盾,即使它们在表面上显得是如此的不同。

萨格: 那么,萨耳维亚蒂,如果可能,你能否消除这些困难并清除这些含糊性呢?因为可以设想,这一抵抗力问题将打开一个美好而有用的概念领域,而且如果你愿意把这一问题当做今天交谈的课题,你就将会受到辛普里修和我的许多感谢。

萨耳: 我愿意听你们的吩咐,只要我能想起我从咱们的院士先生[①]那里学到的东西:他曾经对这一课题考虑了很多,而且按照他的习惯,他已经用几何学的方法验证了每一件事,因此人们可以相当公正地把这种研究称为一门新科学。因为,虽然他的某些结论曾经由别人得出,首先是由亚里士多德得出,但是这些结论并不是最美好的,而且更重要的是,它们不曾按照一种严格的方式由基本原理来证明。现在,既然我希望通过演示性的推理来说服你们,而不是仅仅通过或然性来劝导你们,我就将假设你们已经熟悉今日的力学,至少是熟悉我们在讨论中必须用到的那些部分。首先必须考虑当一块木头或任何牢固凝聚的其他固体裂开时所发生的情况,因为这是牵涉到第一性的和简单的原理的基本事实,而该原理则必须被理所当然地看成是已知的。

为了更清楚地掌握这一点,设想有一个圆柱或棱柱AB用木头或其他内聚性固体材料制成。把上端A固定住,使柱体竖直地挂着。在下端B上加一个砝码C。很显然,不论这一固体各部分之间的黏固力和内聚力(tenacità e [55] coerenza)有多大,只要它们不是无限大,它们就可以被砝码的拉力所克服;砝码的重量可以无限地增大,直到固体像一段绳子似的断掉。绳子是由许多麻线组成的,我们知道它的强度来自那些麻线。同样,在木头的事例中,我们也看

① "院士先生"即指伽利略,作者多次用此名称来指他自己。——英译者

到沿着它的长度有些纤维和丝缕，它们使木柱比同样粗细的麻绳结实了许多。但在一个石柱或金属的事例中，内聚力似乎更大，而把各部分保持在一起的那种凝聚物想必是和纤维及丝缕有所不同的，但是这种柱子仍然可以被一个很强的拉力所拉断。

辛普：如果这件事像你说的一样，我可以很好地理解，木头的纤维既然和木头本身一样长，它们就能使木头很结实并能抵抗要使它断掉的很大的力。但是，人们怎么能够用不过二三腕尺长的麻纤维做成100腕尺长的绳子而仍然使它那么结实呢？另外，我也喜欢听听你关于金属、石头和其他不显示纤维结构的物质的各部分被连接在一起的那种方式的看法，因为，如果我没弄错，这些物质显示甚至更大的凝聚力。

萨耳：要解决你所提出的问题，那就必须插入一些关于其他课题的议论，那些课题和我们当前的目的关系不大。

萨格：但是，如果通过插话我们可以达到新的真理，现在就插入一段话又有什么害处呢？因此，我们可不要失去这种知识，要记得，这样一个机会一旦被忽略，就可能不会再来了；另外也要记得，我们并没有被限制在一种固定的和简略的方法上，而我们的聚会只是为了自己的兴趣。事实上，谁知道呢？我们[56]这样就常常能发现东西，比我们起初所要寻求的解答更加有趣和更加美丽。因此我请求你答应辛普里修的要求，那也是我的要求呢！因为我并不比他更不好奇和更不盼望知道把固体的各部分约束在一起的是什么方式，才能使它们很难被分开。为了理解构成某些固体的那些纤维本身的各部分的内聚性，这种知识也是必要的。

萨耳：既然你们要听，我无不从命。首先，一个问题就是每一根纤维不过二三腕尺长，它们在一根100腕尺长的绳子的情况下是怎样紧紧地束缚在一起，以致要用很大的力(violenza)才能把绳子拉断呢？

现在，辛普里修，请告诉我，你能不能用手指把一根麻纤维紧紧地捏住，以致当我从一端拉它时，在把它从你手中拉出以前就把它拉断呢？当然你能。现在，当麻纤维不仅仅是在一端被固定住，而是从头到尾被一种瓦状环境固定住时，是不是把它们从黏合物中拉松出来显然比把它们拉断更困难呢？但是在绳子的事例中，缠绕动作本身就会使那些线互相纠结在一起，以致当用一个大力拉伸绳子时，那些纤维就会断掉而不是互相分开。

在绳子断掉的那一点上每个人都知道那些纤维是很短的，绝不像绳子的断开不是通过各纤维的被拉断而是通过它们互相滑脱时那样长达1腕尺左右。

萨格：为了肯定这一点，可以提到，绳子有时不是被沿长度方向的力所拉断，而是由于过度扭绕而扭断的。在我看来，这似乎是一种结论式的论证，因为纠缠的线互相缠得很紧，以致挤压着的纤维不允许那些被挤的纤维稍微伸长其螺距一点儿，以便绕过那在扭绞中变得稍短而稍粗的绳子。[57]

萨耳：你说得挺对。现在来看一个事实怎样指示另一事实。被捏在手指间的线不会对打算把它拉出来的人屈服，即使被一个相当大的力拉时也是如此，因为它是被一个双倍的压力往回拉的，请注意，上面的手指用力压住下面的手指，而下面的手指也用同样大小的力压住上面的手指。现在，假如我们能够只保留原来压力的二分之一，则毫无疑问只有原来抵抗力的二分之一会留下来。但是，既然我们不能例如通过抬起上面的手指来撤销一个压力而并不撤销另一个压力，那就必须用一个新的装置来保持其中一个压力；这个装置将使麻线压在手指上或压在某个它停留于其上的另外的固体上。这样一来，为了把它取走而拉它的那个力就随着拉力的增大而越来越强地压它。这一点，可以通过把线按螺旋方式绕在那个固体上表达成。这可以通过一个图来更好地理解。设 *AB* 和 *CD* 是两个圆柱，线 *EF* 夹在二者之间。为了更加清楚一些，我们将把这条线设想成一根小绳，如果这两个圆柱很紧地挤在一起，则当小绳 *EF* 在 *E* 端被拉时，则当它在两个压缩固体之间滑动之前，小绳无疑会受到相当大的拉力。但是，如果我们把其中一个圆柱取走，则绳子虽然仍旧和另一个圆柱相接触，却不会在自由滑动时受到任何的阻碍。另一方面，如果在圆柱的上端 *A* 处把绳子轻轻按住，并把它在柱上绕成螺旋 *A GLOTR*，然后再在 *R* 端拉它，则绳子显然会开始束紧圆柱；当拉力已定时，绕的圈数越多绳子就对圆柱束得越紧。于是当圈数增加时，接

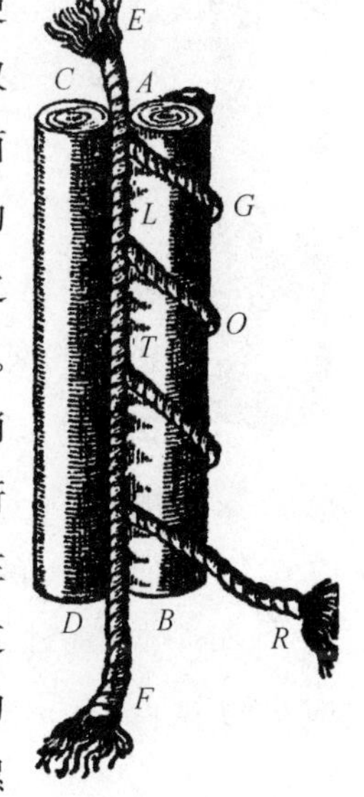

触线就会更长，从而抵抗力就更大，于是绳子就更加难以克服阻力而滑走。[58]

这岂不很显然就是人们在粗麻绳的事例中遇到的那种抵抗力吗？在粗麻绳中，各纤维是绕成了千千万万个螺旋的。事实上，这些圈数的束缚力是那样地大，以致几根短绳编到一起形成互相交织的螺旋就构成最结实的绳索之一种，我想人们把这种东西叫做“打包绳”(susta)。

萨格：你的说法解决了我以前不懂的两个问题。第一个事实就是，绕在绞盘的轴上的两圈或最多三圈绳子，怎么就不但能够把它收紧，而且还能够在受很大的重物力(forza del peso)的拉扯时阻止它滑动；另外就是，通过转动绞盘，这同一个轴怎么仅仅通过绕在轴上的绳子的摩擦力就能把巨大的石头吊起来，而一个小孩子也能摆弄绳子的松动处。另一个事实和一件简单的但却聪明的装置有关：这是我的一个青年亲戚发明的，其目的是要利用一根绳子从窗口坠下去而不会磨破他的手掌，因为不久以前就曾因此而磨破过他的手掌而使他很难受。一次简短的描述将能说明此事。他拿了一根木柱 AB，大约像手杖那么粗，约1“拃”(“拃”指手掌张开时拇指尖和食指尖之间的距离)长。在这根木柱上，他刻了一个螺旋形的槽，约一圈半，而且足够宽，可以容得下他要用的绳子。在 A 点将绳子塞入并在 B 点再将它引出以后，他把木柱和绳子一起装在了一个木盒或锡盒中。盒子挂在旁边，以便很容易打开和盖上。把绳子固定在上面一个坚固的支撑物上以后，他就可以抓住盒子并用双手挤压它。这样他就可以用双臂挂在空中了。夹在盒壁和木柱之间，绳子上的压力可以控制。当双手抓得较紧时，压力可以阻止他向下滑；将双手放开一点，他就可以慢慢下降，要多慢就多慢。[59]

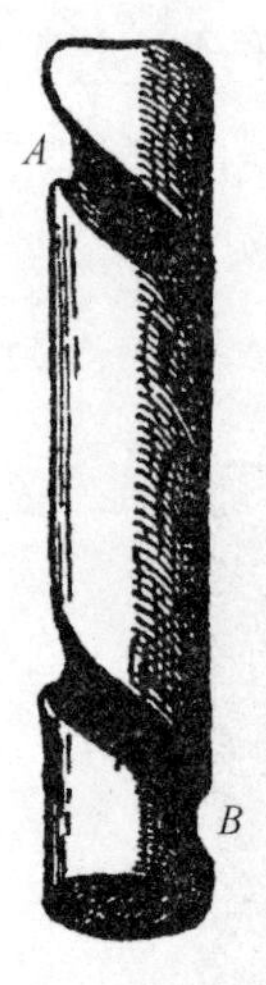

萨耳：真是一个巧妙的装置！然而我觉得，为了得到完全的解释，还可以再进行一些其他的考虑，不过我现在不应该在这一特殊课题上扯得太远，因为你们正在等着听我关于另外一些关于材料破裂强度的想法：那些材料和绳子及多数木材不同，是并不显示纤维结构的。按照我的估计，这些材料的内聚力是由一些其他原因造成的。这些原因可以分为两类。一类是人们谈得很多的所谓大自然对真空的厌恶。但是这种

“真空恐惧”还不够,还必须在一种胶性物质或黏性物质的形式下引入另一种原因:这种物质把物体的各组成部分牢牢地束缚在一起。

首先我将谈谈真空,用确定的实验来演证它的力(virtù)的质和量。如果你们拿两块高度磨光的和平滑的大理石板、金属板或玻璃板并把它们面对面地放在一起,其中一块就会十分容易地在另外一块上滑动,这就肯定地证明它们之间并不存在任何黏滞性的东西。但是当你试图分开它们并把它们保持在一个固定的距离上时,你就会发现二板显示出那样一种对分离的厌恶性,以致上面一块将把下面一块带起来,并使它无限期地悬在空中,即使下面一块是大而重的。

这个实验表示了大自然对空虚空间的厌恶,甚至在外边的空气冲进来填满二板间的区域所需要的短暂时间内也是厌恶的。人们也曾观察到,如果二板不是完全磨光的,它们的接触就是不完全的,因此当你试图把它们慢慢分开时,唯一的阻力就是由重量的力提供的。然而,如果拉力是突然的,则下板也将升起,然后又很快地落回,这时它已跟随了上板一小段时间,这就是由于二板的不完全接触而留在二板之间的少量空气在膨胀中以及周围的空气在冲进来填充时所需的时间。显示于二板之间的这种阻力,无疑也存在于一个固体的各部分之间,而且也包含在它们的内聚力之中,至少是部分地并作为一种参与的原因而被包含在内聚力之中。[60]

萨格:请让我打断你一下,因为我要说说我刚刚偶然想到的一些东西,那就是,当我看到下面的板怎样跟随上面的板,以及它是多么快地被抬起时,我觉得很肯定的是,和也许包括亚里士多德本人在内的许多哲学家的见解相反,真空中的运动并不是瞬时的。假若它是瞬时的,以上提到的二板就会毫无任何阻力地互相分开,因为同一瞬间就将足以让它们分开并让周围的媒质冲入并充满它们之间的真空了。下板随上板升起的这一事实就允许我推想,不仅真空中的运动不是瞬时的,而且在两板之间确实存在一个真空,至少是存在了很短的一段时间,足以允许周围的媒质冲入并填充这一真空;因为假若不存在真空,那就根本不需要媒质的任何运动了。于是必须承认,有时一个真空会由激烈的运动(violenza)所引起,或者说和自然定律相反(尽管在我看来任何事情都不会违反自然而发生,只除了那永远不会发生的不可能的事情)。

但是这里却出现另一困难。尽管实验使我确信了这一结论的正确性，我的思想却对这一效应所必须归属的原因不能完全满意。因为二板的分离领先于真空的形成，而真空是作为这一分离的后果而产生的；而且在我看来，在自然程序中，原因必然领先于结果，即使它们显得是在时间点与前后相随的，而且，既然每一个正结果必有一个正原因，我就看不出两板的附着及其对分离的阻力（这是实际的事实）怎么可以被认为以一个真空为其原因，而当时真空尚未出现呢。按照哲学家的永远正确的公理，不存在之物不能引起任何结果。

辛普：注意到你接受亚里士多德的这一公理。我几乎不能想象你会拒绝他的另一条精彩而可靠的公理，那就是，大自然只执行那种无阻力地发生的事情；而且在我看来，你可以在这种说法中找到你的困难的解。既然大自然厌恶真空，它就将阻止真空将作为必然后果而出现的那种事情。因此就有，大自然阻止二板的分离。[61]

萨格：现在，如果承认辛普里修所说的就是我的困难的一种合适的解答，那么，如果我可以再提起我以前的论点的话，则在我看来这种对真空的阻力本身就应该足以把不论是石头还是金属还是其各部分更加有力地结合在一起，而对分离阻力更强的任何其他固体的各部分保持在一起了。如果一种结果只有一种原因，或者可以指定更多的原因，而它们可以归结为一种，那么为什么这种确实存在的真空不是一个所有各种阻力的充分原因呢？

萨耳：我不想现在就开始讨论这一真空是否就足以把一个固体的各个部分保持在一起，但是我向你们保证，在两块板子的事例中作为一种充分原因而起作用的真空，只有它并不足以把一个大理石或金属的固体圆柱的各部分保持在一起，如果这个柱体在被猛力拉动时会分散开来的话。那么现在，如果我找出一种方法，可以区分这种依赖于真空的众所周知的阻力和可以增大内聚力的其他种类的阻力，而且我还向你们证明只有前一种阻力并不是差不多足以说明这样一种后果，你们能不能承认我们必须引用另一种原因呢？请帮帮他，辛普里修，因为他不知道回答什么了。

辛普：当然，萨格利多的犹豫想必是由于别的原因，因为对于一个同时是如此清楚和如此合乎逻辑的结论来说，是不可能有任何疑问的。

萨格：你猜对了，辛普里修。我是在纳闷，如果每年从西班牙来的100万金币不足以支付军饷的话，是不是必须采用和小金币不同的其他方式来发军饷？[①]

但是，请说下去，萨耳维亚蒂。假设我承认你的结论，请向我们指明你那把真空的作用和其他的原因区分开来的方法，并且请通过测量它来向我们证明它是多么不足以引起所讨论的结果。

萨耳：你的好天使保佑你！我将告诉你们怎样把真空的力和别的力分开。为此目的，让我们考虑一种连续物质，它的各部分缺少对分离的阻力，由真空而来的力除外。例如水就是这种情况，这是我们的院士先生在他的一本著作中已经充分证明了的一件事实。每当一个水柱受到一个拉力并[62]对各部分的分离表现一个阻力时，这个阻力就可以仅仅归因于真空的阻力。为了进行这样一个实验，我曾经发明了一个装置。我可以用一幅草图而不是只用言语来更好地说明它。设 $CABD$ 代表一个圆筒的截面，柱体用金属制成，或更合用地用玻璃制成，中空，而且精确地加工过。筒中插入一个完全配合的木柱，其截面用 $EGHF$ 来代表，而且木柱可以上下运动。柱体的中轴上钻有一孔，以容纳一根铁丝，铁丝的 K 端有一个钩，而其上端 I 处装有一个锥形的头。木柱上端有一凹陷，当铁丝在 K 端被向下拉时，该凹陷正好容纳锥形头 I。

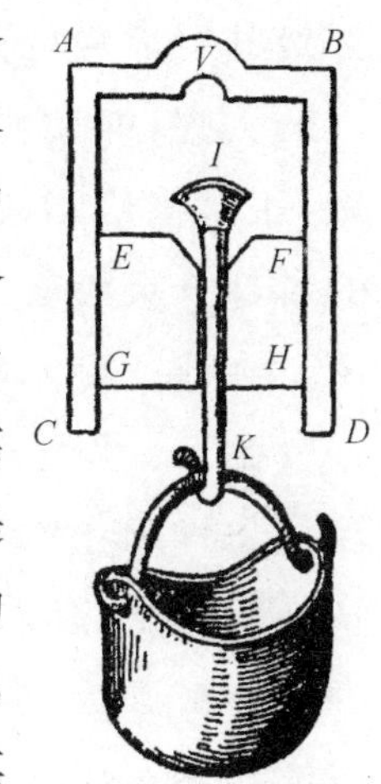

现在把木柱 EH 插入中空的柱 AD 中，但不要插到头，而是留下三四指宽的空隙。这一空隙要灌上水。其方法是将容器放好，使管口 CD 向上，拉下塞子 EH，同时使铁丝的锥形头 I 离开木柱顶端的凹陷。于是当把木塞推下时，空气立刻就沿着并非密接装配的铁丝逸出。空气逸出以后，将铁丝拉回，于是它就很紧密地留在木柱的锥形凹陷中。将容器倒转，其口向下。在钩 K 上挂一容器，容器中装上任何重物质的沙粒，其量足以使塞子的上表面 EF 和本来仅仅由于真空而与它密接的水的下表面相分离。然后，称量带铁丝的塞子以及容器及其内容的重(质)

① 读了下文萨耳维亚蒂所说的话，就能明白此处的说法了。——英译者

量，我们就得到真空的力(forza delvacuo)。[63]如果在一个大理石柱体或玻璃柱体上连接一个砝码，使它和柱体本身的重量恰恰等于上面提到的重量，而且断裂发生了，那么我们就将有理由说，仅凭真空就把大理石或玻璃的各部分保持在了一起，但是如果砝码不足，而只有在增加了例如 4 倍重量才发生断裂，那么我们就不得不说，真空只提供五分之一的总阻力(resistenza)。

辛普：谁也不能怀疑这一装置的巧妙，不过它还是表现出许多使我怀疑其可靠性的困难。因为，谁能向我们保证空气不会爬到玻璃和塞子之间去呢，即使它们是用亚麻或其他柔软材料很好地垫住的？我也怀疑，用蜡或松脂来润滑锥体 I 是否就足以使它紧贴在底座上。另外，水的各部分会不会膨胀而伸长呢？为什么空气或雾气或一些别的稀薄物质不会穿透到木材的乃至玻璃本身的孔隙中去呢？

萨耳：辛普里修确实很巧妙地给我们指出了困难，他甚至部分地建议了怎样阻止空气穿透木材或通过木材和玻璃之间的间隙。但是现在请让我指出，随着我们经验的增多，我们将了解这些相关的困难是否真的存在。因为，如果正像在空气的事例中那样，水就其本性来说也是可以膨胀的，尽管只有在很严格的处理下才会膨胀，我们就会看到活塞下降；而且如果我们在玻璃器皿的上部加一个小小的凹陷，如图中的 V 所示，那么空气或任何其他有可能穿透玻璃或木材中的小孔的稀薄的气态物质，就将通过水而聚集在这个接收点 V 处，但是如果这些事情并不发生，我们就可以相信我们的实验是很小心地完成了的，从而我们就可以发现水并不伸长而玻璃并不允许无论多么稀薄的物质穿透它。

萨格：谢谢这些讨论。我已经学到了某一结果的原因，这是我考虑了很久而且已经对理解它不抱希望的。有一次我看到一个装有水泵的水槽，而得到的错误印象是水可以比用普通的大桶更省力地或更大量地被取出。[64]水泵平台的上部装有吸水管和阀门，水就是这样被吸上来的，而不是像在把吸水管装在下部的水泵的情况那样水是被推上来的。这个水泵工作得很好，只要水槽中的水高于某一水平面，但是在这一水平面以下，水泵就无法工作了。当我第一次注意到这个现象时，我认为机器出了毛病，但是当我叫进工人来修它时，他却告诉我说毛病不在机器上而是在水上，水面降得太低了，无法用这样一个水泵把它吸上来：

而且他还说，不论用一个水泵还是用任何按吸力原理工作的其他机器，都不可能把水提升到大约比 18 腕尺更高一丝一毫：不论水泵是大是小，这都是提升的极限。直到这时，我一直很糊涂。虽然我知道，一根绳子，或者一根木棒或铁棒，如果够长，则当上端被固定住时都会被自身的重量所拉断，但是我从来没有想到过，同样的事情也会发生在一个水柱上，而且只有发生得更容易。而且事实上难道不是吗？在水泵中被吸引的就是一个上端被固定的水柱，它被拉伸而又拉伸，直到达到一个点，那时它就会像一根绳子那样因为自己的重量而断掉了。

萨耳：这恰恰就是它起作用的方式。这一确定的 18 腕尺的升高对任何水量都是适用的，不论水泵是大是小，乃至像一根稻草那么细。因此我们可以说，通过称量一根 18 腕尺长的管子中的水的重量，不论其直径多大，我们就将得到直径相同的一个任意物质的固体柱的真空阻力。而既已说到这里，那就让我们看看多么容易求得直径任意的金属、石头、木头、玻璃等等的圆柱可以被它自己的重量拉伸多长而不断裂。[65]

例如，取一根任意长短、粗细的铜丝，把它的上端固定住，而在下端加上一个越来越大的负荷，直到铜丝最后断掉。例如，设最后的负荷是 50 磅。那么就很明显，譬如说铜丝本身的重量是 1/8 盎司，那么，如果把 50 磅加 1/8 盎司的铜拉成同样粗细的丝，我们就得到同样粗细的铜丝可以支持其本身重量的最大长度。假设被拉断的铜丝是 1 腕尺长而 1/8盎司重，那么，既然它除自重以外还能支持 50 磅(lb，1 磅＝453. 59 克)，亦即还能支持 4800 倍的 1/8 盎司(0z，1 盎司＝28. 3495 克＝0. 0625 磅)，于是可见，所有的铜丝，不论粗细，都能支持自己的重量直到 4801 腕尺，再长了就不行。那么，既然一根铜棒直到 4801 腕尺的长度可以支持自己的重量，和其余的阻力因素相比，依赖于真空的那一部分断裂阻力(resistenza)就等于一个水柱的重量，该水柱长为 48 腕尺，并和铜柱一样粗细。例如，如果铜重为水重的 9 倍，则任何铜棒的断裂强度(resistenza allo strapparsi)，只要它是依赖于真空的，就等于 2 腕尺长的同一铜棒的重量。用同样的方法，可以求出任何物质的丝或棒能够支持其本身重量的最大长度，并能同时发现真空在其断裂强度中所占的成分。

萨格：你还没有告诉我们，除了真空部分以外，其余的断裂阻力是依赖于什么的，把固体的各部分黏合在一起的那种胶性或黏性的物质是什么呢？因为我不能想象一种黏胶，在高度加热的炉子中历时两三个月而不会被烧掉，或者说，历时 10 个月或 100 个月它就必然会被烧掉。因为，如果金、银或玻璃在一段长时间内被保持在熔化状态，然后从炉子里被取出，那么当冷却时，它们的各部分就会立即重新结合起来并且和以前那样互相结合在一起。不仅如此，而且对于玻璃各部分胶合的过程来说的任何困难，对于胶质各部分胶合的过程来说也存在；换句话说，把它们如此牢固地胶合在一起的到底是什么呢？[66]

萨耳：刚才我表示了希望你的好天使将会帮助你。现在我发现自己的心情仍相同。实验肯定地表明，除非用很大的力，否则两块板不能被分开，其原因就是它们被真空的阻力保持在一起；对于一个大理石柱或青铜柱的两大部分，也可以说同样的话。既然如此，我就看不出为什么同样的原因不能解释这些物质的较小部分之间乃至最小的颗粒之间的内聚力。现在，既然每一结果必须有一个真实而充分的原因而且我找不到其他的胶合物，我是不是有理由试图发现真空是不是一种充分的原因呢？

辛普：但是有鉴于你已经证明大真空对固体两大部分的分离所提供的阻力，比起把各个最小的部分结合在一起的内聚力来事实上是很小的，你为什么还不肯认为后者是某种和前者很不相同的东西呢？

萨耳：当萨格利多指出，每一单个士兵是用由普通纳税得来的大大小小的硬币发饷，而甚至 100 万金币也可能不够给整个军队发饷时，他已经回答了这个问题。谁晓得有没有一些小真空，正在影响着最小的颗粒，从而把同一块物质中的相邻部分结合在一起呢？让我告诉你某种事情，这是我刚刚想到的，我不能把它作为一种绝对事实而提供出来，而是把它作为一种偶然的想法而提供出来；这还是不成熟的，还需要更仔细的考虑。你们可以随便看待它，并按照你们认为合适的方式来看待其余的问题。有些时候，我曾经观察到火怎样进入这种或那种金属的最小粒子之间，而且我曾经观察到，当把火取走时，这些粒子就以和从前一样的黏性重新结合起来，在金的事例中毫不减少其数量，而在其他金属的事例中也减少很少，即使各部分曾经分离了很久，那时我就曾经想到，此事的解释可能在于一个事实，就是说，极其微细的火粒子，当进入了金属中的小孔时（小孔太小，以致空气或许多其他流体的最小粒子都无法进入),将充满金属粒子之间的真空地区,将消除同样这些真空作用在各粒子上的吸引力,正是这种吸引力阻止了各粒子的分散。[67]这样一来,各粒子就能自由地运动,于是物体(massa)就变成液体,而且将保持为液体,只要火粒子还留在里面;但是如果火粒子离开了,把从前的真空地区留下了,那么原来的吸引力(attrazzione)就会复原,而各部分就又互相黏合起来。

当回答辛普里修所提出的问题时,我们可以说,尽管每单个的真空是极其微小的,从而是很容易被克服的,但是它们的数目却非常的大,以致它们的总阻力可以说几乎没有限度地倍增。通过把很多很多的小力(debolissimi momenti)加在一起而得到的合力的性质和量,显然可以用一个事实来表明,那就是,挂在巨缆上的几百万磅重的重物,当南风吹来时将被克服而举起来,因为风中带着无数的悬浮在薄雾中的水原子,[①]它们运动着通过空气而透入紧张缆绳的各纤维之间,尽管所悬重物的力是惊人巨大的。当这些微粒进入很小的孔中时,它们就使绳索粗胀起来,这样就使绳索缩短而不可避免地把重物(mole)拉高。

萨格:毫无疑问,任何阻力,只要不是无限大,都可以被很多的小力所克服。例如,数目极多的蚂蚁可以把装有粮食的大船抬上岸来。而且既然经验每天都告诉我们一只蚂蚁可以叼动一粒米,那就很清楚,船上的米粒数目不是无限的,而是低于某一个界限的。如果你取有 4 倍或 6 倍之大的另一个数,而且你让相应数目的蚂蚁开始工作起来,它们就会把那个庞然大物弄上岸来,包括船只在内。这确实需要数目惊人的蚂蚁,但是据我看来,把金属的那些最小粒子结合在一起的那许多真空,情况正是如此。

萨耳:但是即使这要求一个无限大的数目,你们还会认为它是不可能的吗?

萨格:不,如果金属的质量(mole)是无限大的。不然的话……[68]

萨耳:不然的话怎么样?现在我们既然得到了一些悖论,让我们看看我们能否证明在一个有限的范围内有可能发现数目无限的真空。与此同时,我们将至少得到亚里士多德本人称之为神奇的那些问题中最惊

---

① 现代人当然认为"水原子"是不通的,但是当时还没有"分子"的概念。——中译者

人的问题的一个解；我指的是他的《力学问题》(*Questions in Mechanics*)。这个解可能并不比他本人所给出的更不清楚或更不肯定，而且和最博学的芒西格诺尔·第·几瓦拉[1]如此巧地钻研过的解十分不同。

首先必须考虑一个命题，这是别人没有处理过的，但是问题的解却依赖于它，而且如果我没弄错的话，由此即将导出其他新的和可惊异的事实。为了清楚起见，让我们画一个准确的图(见下页)。在 G 点周围画一个等边、等角的多边形，边数任意，例如六边形 $ABCDEF$。和这个图相似并和它同心，画另外一个较小的图，我们称之 $HIKLMN$。将较大图形的 AB 边向 S 点无限延长；同样，将较小图形的对应边 HI 沿相同方向向 T 点延长，于是直线 HT 就平行于 AS，然后通过中心画直线 GV 平行于这两条直线。[69]

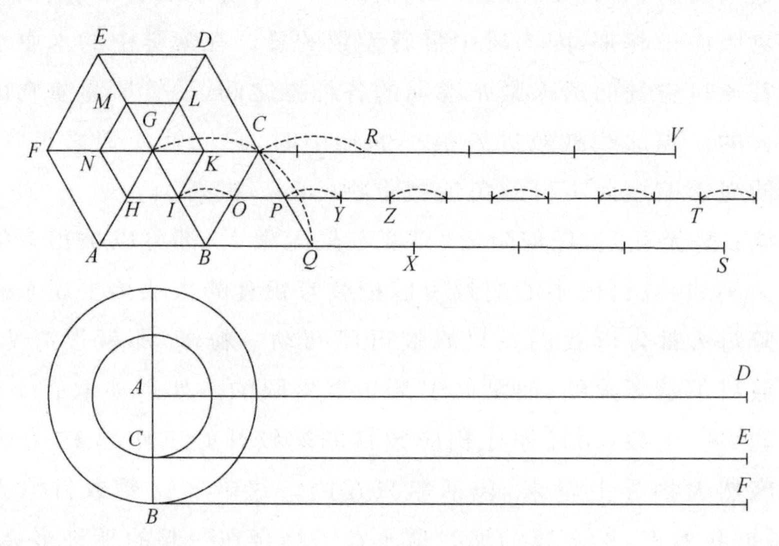

画完以后，设想大多边形带着小多边形在直线 AB 上滚动。很明显，如果 AB 边的端点 B 在滚动开始时保持不动，则点 A 将上升、点 C 将下降而描绘 $\widehat{CQ}$，直到 BC 边和等于 BC 的直线 BQ 重合时为止。但是在这种滚动中，较小多边形上的点 L 将上升到直线 IT 以上，因为 IB 对 AS 来说是倾斜的；而且它不会回到直线 IT 上来，直到点 C 达到位置 Q 时为止。点 I 在描绘了位于 C 上方的 $\widehat{IO}$ 以后，将在 IK 边达到位置 OP 的同时达到位置 O。在此期间，中心点 G 已经走过了 GV 上方的一段路

① Monsignor di Guevara，泰阿诺的主教，生于 1561 年，逝于 1641 年。——英译者

程，但是直到它走完了$\overset{\frown}{GC}$时才会回到直线 GV 上。完成了这一步骤，较大的多边形就已经静止，其 BC 边和直线 BQ 相重合，而较小多边形的 IK 边则和直线 OP 相重合，后者走过了位置 IO 而不曾碰到它；中心点 G 在走过了平行线 GV 上方的全部路程以后也已经达到了位置 C。最后，整个图形将采取和第一个位置相似的位置，于是，如果我们继续进行这种滚动而进入第二个步骤，大多边形的 DC 边就会和位置 QX 相重合，而小多边形的 KL 边在首先越过了$\overset{\frown}{PY}$以后也落到了 YZ 上。而仍然留在直线 GV 上方的中心点在跳过了区间 CR 以后也回到了该直线的 R 点。在一次完整滚动的末尾，较大的多边形已在直线 AS 上不间断地经过了等于它的边长的六条直线；较小的多边形也已经印过了等于它的边长的六条直线，但却是由五条中间的弧隔开的，那些弧的弦代表着 HT 上没被多边形接触过的部分；中心点 G 除六个点外从来没有接触直线 GV。由此可以清楚地看出，小多边形所经过的空间几乎等于大多边形所经过的空间；也就是说，直线 HT 近似于直线 AS，所差的只是其中每条弧的弦长，如果我们理解为 HT 包括那些被越过的五条弧的话。[70]

现在，我在这些六边形的事例中已经作出的这些论述，必须被理解为对于其他的多边形也适用，不论边数是多少，只要它们是相似的、同心的和固定连接的就行了；这样，当大多边形滚动时，小多边形也会滚动，不论它是多么小。你们也必须理解，这两个多边形所描绘的直线是近似相等的，如果我们认为小多边形所经过的空间包括那些小多边形的边从来没有接触过的区间的话。

设一个大的多边形，譬如说一个有着 1000 条边的多边形，完成一次完全的滚动，并画出一段等于它的周长的直线；与此同时，小多边形将经过一段近似相等的距离，由 1000 段小的线段组成，其中每一线段等于小多边形的一个边长；各线段之间隔着 1000 个小的间隔；和那些与多边形边长相等的线段相反，我们将把这些间隔叫做“空的”。到此为止，问题没有任何困难或疑问。

但是现在假设，围绕任一中心，例如 A 点，我们画出两个同心的和固定连接的圆，并且假设，在二圆的半径上的点 C 和点 B 上，画它们的切线 CE 和 BF，并且通过中心点 A 画一条直线 AD 和二切线平行；于是，如果大圆沿直线 BF 完成一次完全的滚动，BE 不仅等于大圆的周长，而且也等于其他两条直线 CE 和 AD，那么请告诉我，那个较小的圆将做些什么，而圆心又将做些什么？至于圆心，它肯定通过并接触整个的直线 AD，而小圆的圆周，则将用它的那些接触点来量出整个的直线 CE，正像上面所提到的那些多边形的做法一样。唯一的不同在于，直线 HT 并不是每一点都和较小多边形的边相接触，而是有些空的段落没被触及，其数目等同于和各边相接触的那些线段的数目。但是，在这里的圆的事例中，小圆的圆周从来没离开直线 CE，从而该直线上并没有任何未被触及的部分，而且也没有任何时候是圆上的点不曾和直线相接触的。那么，小圆怎么可能走过一段大于它的周长的距离呢？除非它会跳跃。

萨格： 我觉得似乎可以这样说：正如圆心被它自己携带着沿直线 AD 前进时是一直和该线相接触那样（尽管它是单一的点），小圆圆周上的各点，当小圆被大圆带着前进时，将滑过直线 CE 上的一些小部分。[71]

萨耳： 有两个理由说明不可能是这样。第一，因为没有根据认为某一个接触点，例如 C，将不同于另一个接触点而会滑过直线 CE 上的某一部分。但是，假如沿 CE 的这种滑动确实发生，它们的数目就应该是无限的，因为接触点（既然仅仅是点）的数目是无限的；然而无限多次的有限滑动将构成一条无限长的线，而事实上直线 CE 却是有限的。另一个理由是，当较大的圆在滚动中连续地改变其接触点时，较小的圆必须做相同的事，因为 B 是从那里可以画一条通过 C 而向 A 的直线的唯一的点。由此可见，每当大圆改变其接触点时，小圆也必相应地改变其接触点：小圆上没有任何点和直线 CE 上的多于一个的点相接触。不仅如此，而且甚至在多边形的滚动中，较小多边形的周长上也没有任何一个点和周长所经过的直线上的多于一个的点相重合；当你们想起直线 IK 是和直线 BC 相平行的，从而直线 BC 和 BQ 相重合时 IK 将一直在 IP 的上方，而且除了正当 BC 占据位置 BQ 的那一瞬间以外，IK 将不会落在 IP 上时，这一点立刻就会清楚了；在那一瞬间，整条直线 IK 和 OP 相重合，而随后立刻就上升到 OP 的上方。

萨格： 这是一个很复杂的问题，我看不到任何的解。请给我们解释一下吧。

萨耳：让我们回到关于上述那些多边形的讨论，那些多边形的行为是我们已经了解了的。喏，在有着 100000 条边的多边形的事例中，较大多边形的周长所经过的直线，也就是说，由它的 100000 条边线一条接一条地展开而成的那条直线，等于由较小多边形的 100000 条边所描绘而成的那条直线，如果我们把夹在中间的那 100000 个空白间隔也包括在内的话。那么，在圆的事例中，也就是在有着无限多条边的多边形的事例中，由较大的圆的连续分布的(continuamente disposti)那无限多条边所印成的那条直线，也等于由较小的圆的无限多条边所印成的直线，但是要注意到：这后一条直线上是夹杂了一些空白间隔的，而且，既然边数不是有限而是无限的，中间交替夹着的空白间隔的数目也就是无限的。[72]于是较大的圆所画过的直线，就包括着完全填满了它的无限多个点，而较小的圆所画出的直线则包括留下空当儿而只是部分地填充了它的无限多个点。在这里我希望你们注意，在把一条直线分成有限多个即可以数出来的那么多个部分以后，是不能把它们排成比它们连续地而无空当地连接起来时更长的直线的。但是，如果我们考虑直线被分成无限多个无限小而不可分割的部分，我们就将能够设想，通过插入无限多个而不是有限多个无限小的和不可分割的空当，直线将无限地延长。

现在，以上所说的关于简单的直线的这些话，必须被理解为也适用于面和体的事例。这时假设，这些面和体是由无限多个而不是有限多个原子所组成的。这样一个物体，一旦被分成有限多个部分，就不能重新组装得比以前占据更大的空间，除非我们在中间插入有限个空的空间，也就是没被构成那个固体的物质所占据的空间。但是如果我们设想，通过某种极端的和最后的分析，物体分解成了它的原始的要素，其数为无限，那么我们就将能够把它们设想为在空间无限扩展的，不是通过插入有限多个，而是通过插入无限多个空虚的空间。例如，可以很容易地设想一个小金球扩展到一个很大的空间中，而未经引入有限数目的空虚空间，这时永远假设金球是由无限多个不可分割的部分构成的。

辛普：我觉得你正在走向由某一位古代哲学家所倡导的那种真空。

萨耳：但是你没有提到，"他否认了神圣的造物主"，这是我们院士先生的一位敌手在类似的情况下提出的一种不恰当的说法。

辛普：我注意到了，不无愤慨地注意到了那个坏脾气的敌人的仇恨。我不再多提那些事了，这不仅是为了自己的好形象，而且也因为我知道这些事对一个像你这样虔诚而笃信的、正统而敬神的人的好脾气而有条理的心神来说是多么的不愉快。

但是，回到我们的课题，你的以上论述给我留下了许多我无法解决的困难。其中第一个困难就是，如果两个圆的周长等于两条直线 CE 和 BF，后者被认为是一个"连续区"，而前者则夹有无限多个空点，我就不知道怎么能够说由圆心画出的并由无限多个点构成的直线 AD，等于只是单独一个点的圆心。除此以外，这种由点建成线的方法，由不可分而得出的可分，由无限而得出的有限，给我提供了一种很难避免的困难，而且引入一个被亚里士多德如此决定性地反驳了的真空的必要性，也提供了同样的困难。[73]

萨耳：这些困难是实在的，而且并不是只有这么一些。但是让我们记住，我们对付的是无限之物和不可分割之物，二者都超越了我们有限的理解：前者由于它们的巨大，后者因为它们的微小。尽管如此，人们还是不能避免讨论它们，即使必须用一种纠缠的方式来进行讨论。

因此，我也愿意不揣冒昧地提出我的一些想法；它们虽然不一定是很有说服力的，但是由于它们的新奇性，却可能被证明为使人惊讶的。但是这样一段插话也许会使我们离题太远，从而可能使你们觉得是不合时宜的和不太令人愉快的。

萨格：请让我们享受那种由和朋友们谈论而得来的益处和特权吧，特别是当谈论的是自由选择的而不是强加给我们的课题时；这种事情大大不同于对付那些僵死的书本，它们引起许多疑问却一个也不能解决。因此，请和我们共享我们的讨论所引发的你的那些思想吧，因为我们并没有什么迫切的事务，从而有的是时间来追究已经提到的那些话题，而辛普里修所提出的反驳更是不应该被忽视的。

萨耳：好的，既然你们这么想听。第一个问题就是，单独一个点怎么可能等于一条直线？既然现在我不能做更多的事，我就将通过引入一种类似的或更大的非或然性来试图消除或至少是减小一种非或然性，正如有时一种惊异会被一种奇迹所冲淡那样。

我的办法是指给你们看两个面和两个固体，固体分别放在作为底座的面上，所有这四者都连续而又均匀地缩小，所取的方式是它们的剩余部分永远保持各自相等，而直到最后，面和固体各自不再相等，一组收缩为一条很长的线，而另一组收缩成单独一个点。也就是说，后者收缩成单独一个点，而前者收缩成无限多个点。[74]

萨格：这种说法使我觉得实在奇妙，但是让我们听听解释和论证。

萨耳：既然证明纯粹是几何性的，我们将需要一个图。设 AFB 是一个半圆，其圆心位于 C。在半圆周围画长方形 $ADEB$，并从圆心向 D 和 E 作直线 CD 和 CE。设想半径 CF 被画得垂直于直线 AB 或 DE，并设想整个图形以此半径为轴而转动。很显然，于是长方形 $ADEB$ 就描绘一个圆柱，半圆 AFB 就将描绘一个半球，而 $\triangle CDE$ 就将描绘一个圆锥。

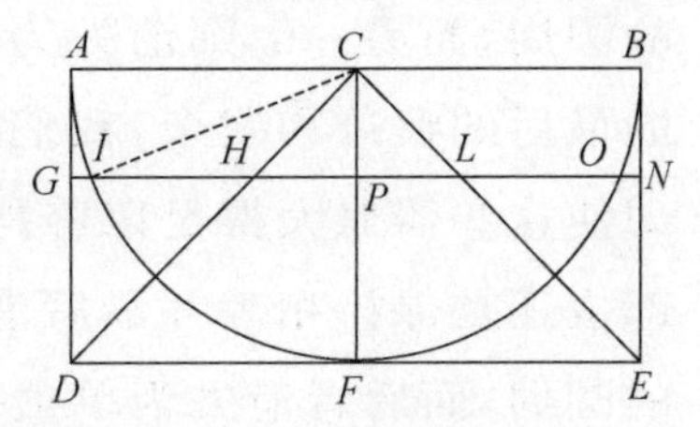

其次让我们把半球取走，而把圆锥和圆柱的其余部分留下；由于它的形状，我们将把留下的部分称为一个“碗”。首先我们将证明，碗和圆锥是相等的；其次我们将证明，平行于碗的底部(即以 DE 为直径而 F 为圆心的那个圆)而画出的一个平面，即其遗迹为 GN 的那个平面，和碗相交于 G、I、O、N 各点，而和锥体相交于 H、L 各点，使得用 CHL 来代表的那一部分锥体永远等于其截面用 $\triangle GAI$ 和 $\triangle BON$ 来代表的那一部分碗。除此以外，我们即将证明，锥体的底，也就是以 HL 为直径的那个圆，等于形成碗的这一部分之底面的那个环形面积，或者也可以说，等于其宽度为 GI 的一条带状面积。(顺便指出，数学定义的性质只在于一些名词的引用，或者如果你愿意，也可以说是语言的简化，其目的是避免你们和我现在遇到那种烦人的啰唆，只因为我们没有约定把这种环形面积叫做“环带”，而把那尖锐的固体部分叫做“锥尖”。)[75]现在，不论你们喜欢把它们叫什么，只要理解一点就够了；那就是，不论在什么高度上画出的平面，只要它平行于底面，亦即平行于以 DE 为其直径的那个圆，它就会永远切割两个固体，使圆锥的 CHL 部分等于碗的上部，同样，作为这些固体之底面的那两个面积，即环形带和圆 HL 也是相等的。在这儿，我们就得到上述的奇迹了：当切割平面向直线 AB 靠近时，两个固体被切掉的部分永远相等，而且它们的底面积也永远相等。而且当切割平面靠近顶部时，两块固体(永远相等)以及它们的底面(面积永远相等)最后就会消失，其中一对退化成一个圆周，而另一对则退化成单独一个点，这就是碗的上沿和锥体的尖。现在,既然当这些固体减小时它们之间的相等性是保持到最后的,我们就有理由说,在这种减小过程的终极和最后,它们仍然相等,而且其中一个不可能无限地大于另一个。因此这就表明,我们可以把一个大圆的圆周和单独一个点等同起来。而且,对二固体为真的这一点,对二者的底面也为真;因为这些底面在减小的整个过程中也保持了它们之间的相等关系,而最后终于消失了,一个消失为一个圆的圆周,而另一个则消失为单独一个点。那么,有鉴于它们是相等之量的最后的痕迹和残余,我们能不能说它们是相等的呢?另外也请注意,即使这些器皿大得足以容得下巨大的天空半球,那里的上沿和锥体的顶部也还是保持相等并最后消失;前者消失为一个具有最大天体轨道尺寸的圆周,而后者消失为单独一个点。因此,不违背以上的论述,我们可以说一切圆周,不论多么不同,都彼此相等,而且都等于单独一个点。

萨格:这种表达使我觉得它是那样的聪明而新颖,以致即使能够,我也不愿意反对它;因为,用一种迟钝的说教式的攻击来破坏这样美丽的一种结构,将不乏犯罪之感。但是,为了使我们完全满意,请给我们几何地证明在那些固体之间以及它们的底面之间永远存在相等的关系;因为我想,有鉴于建筑在这一结果上的哲学论证是何等地微妙,我想那种证明也不会不是很巧妙的。[76]

萨耳:证明既短又容易。参阅着前面的图,我们看到,既然 IPC 是一个直角,半径 IC 的平方就等于两个边 IP、PC 的平方之和,但是半径 IC 既等于 AC 也等于 GP,而 CP 等于 PH。由此可见,直线 GP 的平方就等于 IP 和 PH 的平方和;或者,两端乘以 4,我们就得到直径 GN 的平方就等于 IO 和 HL 的平方和。而且,既然圆的面积正比于它们的直径的平方,那就得到,直径为 GN 的圆的面积等于直径为 IO 和 HL 的两个圆的面积之和。因此,如果我们取掉直径为 IO 的圆的共同面积,圆 GN 剩下来的面积就将等于直径为 HL 的圆的面积。第一部分就这么多。至于其他部分,我们目前暂不论证,部分地因为想要知道的人们可以参阅当代阿基米德即卢卡·瓦勒里奥[①]所著的 *De cèntro gravitatis solidorum*,第二卷的命题 12,他为了不同的目的使用了这一命题,而且

① Luca Valerio,杰出的意大利数学家,约 1552 年生于弗拉拉,1612 年被选入林塞科学院,于 1618 年逝世。——英译者

部分地也因为，为了我们的目的，只要看到下述事实也就够了：上述的两个面永远是相等的，而且当它们均匀地缩小时，它们就会退化，一个退化为单独一个点，而另一个则退化为一个比任何可以指定的圆更大的圆的圆周。我们的奇迹就在这里。①

萨格： 证明是巧妙的，而且由此而得出的推论是惊人的。现在，让我们听听关于辛普里修所提出的其他困难的一些议论，如果你有什么特殊的东西要说的话；然而在我看来，那似乎是不可能的，因为问题已经被那么彻底地讨论过了。[77]

萨耳： 但是我确实有些特殊的东西要说，而且首先要重复一下我刚刚说过的话，那就是，无限性和不可分割性就其本性来说是我们所无法理解的；那么试想当结合起来时它们将是什么。不过，如果我们想用一些不可分割的点来建造一条线，我们就必须取无限多个这样的点，从而就必然要同时处理无限的和不可分割的东西。联系到这一课题，许多想法曾经在我的心中闪过。其中有一些可能是更加重要的，我在片刻的激动下无从想起，但是在我们讨论的过程中，有可能我会在你们心中，特别是在辛普里修的心中唤醒一些反对意见和困难问题，而这些意见和问题又会使我记起一些东西；如果没有这样的刺激，那些东西是可能蛰伏在我的心中睡大觉的。因此，请允许我按照习惯的无拘无束来介绍某些我们的人类幻想，因为，和那种超自然的真理相比，我们确实可以这样称呼它们——那种超自然的真理给我们以一种真实而安全的方法来在我们的讨论中做出决定，从而是黑暗而可疑的思想道路上的一种永远可靠的指南。

促使人们反对由不可分的量来构成连续量（continuo d'indivisibili）的主要理由之一，就是一个不可分量和另一不可分量相加，不能得出一个可分量，因为如果可以，那就会使不可分量变成可分的。例如，如果两个不可分量，例如两个点，可以结合起来而形成一个可分量，例如一段可分的线，那么，一段甚至更加可分的线就可以通过把 3 个、5 个、7 个或任何奇数个的点结合起来而形成。然而，既然这些线可以分割成两个相等的部分，那就变得可以把恰好位于线中间的那个不可分的点切开了。为

① 参阅上文。——英译者

了答复这一种或类型相同的其他反对意见，我们的回答是，一个可分的量，不可能由 2 个或 10 个或 100 个或 1000 个不可分的量来构成，而是要有无限多个那样的量。

辛普：这里就出现了一个在我看来是无法解决的困难。既然很清楚的是我们可以有一条线比另一条线更长，其中每一条线都包含着无限多个点，我们就不得不承认，在同一个类中，我们可以有某种比无限多还多的东西，因为长线中的无限多个点比短线中的无限多个点更多。这种赋予一个无限的量以比另一个无限的量以更大的值的做法是完全超出了我的理解力的。[78]

萨耳：这就是当我们用自己的有限心思去讨论无限性时即将出现的那些困难之一，这时我们赋予了无限量以一些我们本来赋予有限量的性质，但是我认为这是错误的，因为我们不能说无限的量中某一个大于或小于或等于另一个。为了证明这一点，我想到了一种论证，我愿意把它用一个问题的形式提给提出这一困难的辛普里修。

我相信你知道数中哪些是平方数和哪些不是。

辛普：我完全明白，一个平方数就是另一个数和自己相乘的结果，例如 4、9 等等就是平方数，它们是由 2、3 等等和自己相乘而得出的。

萨耳：很好。而且你也知道，正如这些乘积被称为"平方数"一样，这些因子是被称为"边"或"根"的。另一方面，那些并不包含两个相等因子的数就是非平方数了。因此，如果我断言，所有的数，包括平方数和非平方数在内，比所有的平方数更多，我说的是不是真理呢？

辛普：肯定是的。

萨耳：如果我进一步问有多少个平方数，人们可以回答说和相应的根一样多，因为每一个平方数都有它自己的根，每一个根都有它自己的平方数；而任何平方数都不可能有多于一个的根，而任何根也不可能有多于一个的平方数。

辛普：正是这样。

萨耳：但是如果我问总共有多少个根，那就不可否认是和所有的数一样多，因为任何一个数都是某一平方数的根。承认了这一点，我们就必须说，有多少数就有多少平方数，因为平方数恰好和它们的根数一样多，而且所有的数都是根。不过在开始时我们却说过，所有的数比所有的平方数要多得多，因为大部分数都不是平方数。不仅如此，当我们过渡到较大的数时，平方数所占的比例还越来越小。例如，到 100 为止，我们有 10 个平方数，所占的比例为 1/10；到 10000 为止，我们就只有1/100 的数是平方数了；到 100 万，就只有 1/1000 了；另一方面，在无限多的数中，如果有人能够想象这样的东西的话，他就必须承认，有多少数就有多少平方数，二者一样多。[79]

萨格： 那么，在这种情况下，人们应该得出什么结论呢？

萨耳： 按我所能看到的来说，我们只能推测说所有的数共有无限多个，所有的平方数也有无限多个，而且各平方数的根也有无限多个，既不是平方数的个数少于所有数的个数，也不是后者大于前者；而最后，“等于”“大于”和“小于”的性质是不适用于无限的量而只适用于有限的量的。因此，当辛普里修引用长度不同的几条线，并且问我怎么可能较长的线并不比较短的线包含更多的点时，我就回答他说，一条线并不比另一条包含更多或更少的点，也不是它们恰好包含数目相同的点，而是每条线都包含着无限多个点。或者，如果我回答他说，一条线上的点数等于平方数的数目，另一条线上的点数大于所有数的个数，而另一条短线上的点数则等于立方数的个数，我能否通过在一条线上比在另一条上摆上更多的点，而同时又在每一条线上保持无限多的点来使辛普里修满意呢？关于第一个困难，就说这么多吧。

萨格： 请等一会儿，让我在已经说过的一切上再加一个我刚刚想到的概念。如果以上的说法是对的，那就似乎既不能说一个无限大的数比另一个无限大的数更大，而且甚至不能说它比一个有限的数更大，因为，假如无限大数，例如大于 100 万，那就会得到结论说，当从 100 万过渡到越来越大的数时，我们就将接近于无限大。但是情况并非如此，相反地，我们走向的数越大，我们离无限大（这个性质）就越远，因为数越大，它所包含的平方数就（相对地）越少；但是，正如我们刚才同意了的那样，无限大中的平方数的个数，不能少于一切数的总个数，因此，过渡到越来越大的数，就意味着远离无限大。[①] [80]

萨耳： 这样，从你的巧妙论证，我们就被引到一个结论，就是说，“大

---

① 此处似乎出现了一点儿思想混乱，因为没能区分一个数 n 和 n 以前那些数所形成的集合，也没能区分作为一个数的无限大和作为所有数之集合的无限大。——英译者

于”“小于”和“等于”这些赋性，在无限大量的相互比较或无限大量和有限量的相互比较中是没有地位的。

现在我过渡到另一种考虑。既然线和一切连续的量可以分成本身也是可分的一些部分，而无界限，我就看不出如何避免一个结论，即线是由无限多个不可分的量所构成的，因为可以无限进行的分了又分预先就承认了各部分是无限多的，不然的话分割就会达到一个结尾，而如果各部分的数目是无限大，我们就必须得出结论说它们的大小不是有限的，因为无限多个有限的量将给出一个无限的量。于是我们就得到，一个连续量是由无限多个不可分割的量所构成的。

辛普：但是如果我们可以无限地分成有限的部分，有什么必要引入非有限的部分呢？

萨耳：能够无休止地继续分成有限的部分(in parti quante)这一事实本身，就使我们有必要认为那个量是由无限多个小得无法测量的要素(di infiniti non quanti)所构成的。现在，为了解决这个问题，我将请你们告诉我，在你们看来，一个连续量可能是由有限多个还是由无限多个有限的量构成的？

辛普：我的答案是，它们的数目既是无限的又是有限的，在趋势上是无限的，但在实际上是有限的(infinite，in potenza；e finite，in atto)。这就是说，在分割以前在趋势上是无限的，但在分割以后就在实际上是有限的了：因为部分不能说是存在于尚未分割或尚未标志出来的物体中；如果还没有分割或标志，我们就说它们在趋势上是存在的。

萨耳：因此，一条线，譬如说20尺长的一条线，就不能被说成实际上包括20个1尺长的部分，除非在被分成了20个相等的部分以后：在分割以前，它就被认为只是在趋势上包含着它们。如果事实像你所说的那样，那么请告诉我，分割一旦完成，原始量的大小是增大了、减小了，还是没有变呢？

辛普：它既不增大也不减小。

萨耳：这也是我的意见。因此，有限的部分(parti quante)在一个连续量中的存在，不论是实际地还是趋势地存在，都不会使该量变大或变小；但是，完全清楚的是，如果实际地包括在整个量中的有限部分的个数是无限多的，它们就会使该量成为无限大。由此可见，有限部分的数目，虽然只是趋势地存在，也不能是无限大，除非包含着它们的那个量是无限大；而且反过来说，如果量是有限的，它就不能包含无限个有限部分，不论是在实际上还是在趋势上。[81]

萨格：那么，怎么可能无限制地把一个连续量分割成其本身永远是可以分割的部分呢？

萨耳：你的关于实际和趋势的区分似乎使得很容易用一种方法做到用另一种方法不能做到的事。但是我将力图用另一种方式把这些问题调和起来；至于一个有限连续量(continuo terminato)的有限部分是有限多个还是无限多个，我却和辛普里修有不同的意见，认为它们的数目既不是有限的又不是无限的。

辛普：我永远想不到这种答案，因为我不曾想到在有限和无限之间会有任何中间步骤以致这种认为事物非有限即无限的分类或区分会是有毛病或有缺陷的。

萨耳：我也觉得是这样。而如果我们考虑分立的量，我就认为在有限量和无限量之间有第三个对应于任一指定数的中间名词，因此，如果像在现在这个事例中一样问起一个连续量的有限部分在数目上是有限的还是无限的，最好的回答就是它们既非有限也非无限，而是对应于任何指定的数目。为了使这一点成为可能的，一个必要条件就是：那些部分不应被包括在一个有限的数中，因为在那种情况下它们就不会对应于一个更大的数，而且它们在数目上也不能是无限的，因为任何指定的数都不可能是无限大，从而我们随着提问者的意愿对任何给定的直线指定100个部分、1000个部分、10万个部分；而事实上是，我们想要的任意多个部分，只要它不是无限大。因此，对哲学家们，我承认连续量包括着他们所想要的任意有限个数的部分，而且我也承认，它包括着它们，不论是在实际上还是在趋势上，随他们的便。但是我必须接着说，正如一条10唡(canne)[①]长的线包含着10条1唡长的线或40条1腕尺(braccia)长的线或80条半腕尺长的线等一样，它也包含着无限多个点，随便你说那是在实际上或在趋势上，因为，辛普里修，在这种细节方面，我谨遵你的意见和判断。[82]

① 1唡为6呎，约合1.8288米。

辛普：我止不住要赞赏你的议论，但是我只怕一条线中所包含的点和有限部分之间的这种平行论将不能被证实得令人满意，而且你将发现把一条给定的线分割成无限多个点不会像哲学家们把它分成10段1哼长的线或分成40段1腕尺长的线那样容易；不仅如此，而且这样的分割在实际上也是完全不可能的，因此，这就是那种不能归结为实际的趋势之一。

萨耳：一件事情只能很费力地或很费时地做成，并非就是不可能做成，因为，我想你自己并不能很容易地把一条线分成1000段，而且更不容易把它分成937段或任何很大的质数段。但是，假如我能完成你认为不可能的那种分割，像别人把一条线分成40段那样容易，你是否更愿意在我们的讨论中承认那种分割的可能性呢？

辛普：一般说来，我大大欣赏你的方法。而且对于你的问题，我回答说，如果能够证明把一条线分解为点并不比把它分割成40段更加困难，那就充分得不能再充分了。

萨耳：我现在要谈些也许会使你大吃一惊的事：这指的就是把一条线分成它的无限小的部分的可能性，所用的程序就是人们把同一条线分成40段、60段或100段的程度，那就是把它分成2段、4段……若有人认为按照这种方法就可以达到无限多个点，他就大大地错了；因为，如果把这种程序推行到永远，这里仍然会存在有限个还没有被分割的部分。

事实上，利用这样一种方法，还远远不能达到不可分割性这一目标，相反地，这将离目标越来越远。如果有人认为通过继续实行这种分割并加倍增多那些部分就会接近无限大，在我看来他就是离目标越来越远。我的理由如下：我们在上面的讨论中得出的结论是，在无限多个数中平方数和立方数必须和全部的自然数(tutti inumeri)一样多，因为它们和它们的根一样多，而它们的根就构成全部自然数。其次，我们已经看到，所取的数越大，平方数的分布就越稀少，而立方数的分布就更加稀少，因此就很明显，我们所过渡到的数越大，我们就越从无限大倒退。由此可见，既然这种过程把我们带得离所寻求的结果越来越远，如果向后转，我们就将发现，任何数都可以说是无限大，而无限大就必须是1。在这里，所要求的关于无限大数的条件确实都得到了满足。我的意思就是，1这个数，本身包含着同样多的平方数和立方数以及自然数(tuttiinumeri)。[83]

辛普：我不能十分把握这些话的意义。

萨耳：问题中没有任何困难，因为1同时就是一个平方数、一个立方数、一个平方数的平方，以及所有其他的乘幂(dignita)，而且也不存在平方数或立方数的任何本质特点是不属于1的；例如，平方数的一个特点是二数之间有一个比例中项；试任意取一个平方数作为第一项，而取1作为另一个平方数，那么你就永远会找到一个是比例中项的数。试考虑两个平方数9和4，这时3就是9和1之间的比例中项，而2就是4和1之间的比例中项；在9和4之间我们有比例中项6。立方数的一种性质是，它们之间有两个比例中项。以8和27为例，它们之间有12和18，而在1和8之间，我们有2和4；而在1和27之间，有3和9。因此我们得到结论说，1是唯一的无限大数，这些就是我们的想象无法把握的那些奇迹中的几种；那些奇迹应该警告我们不要犯某些人的错误，他们企图通过把我们对有限数应用的同样一些性质赋予无限数来讨论无限数，而有限数和无限数的性质是并无共同之处的。

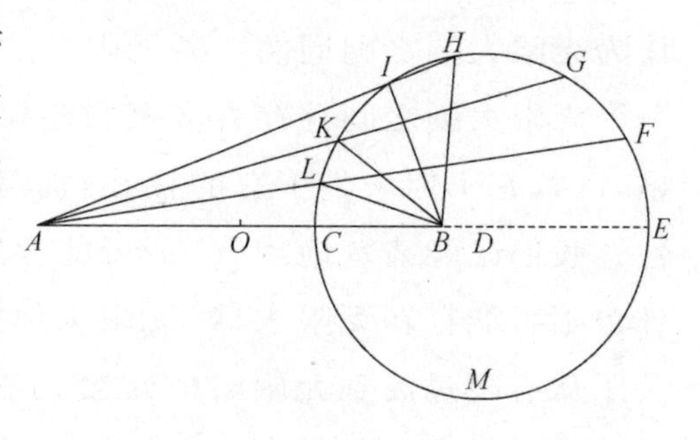

关于这一课题。我必须告诉你们一种惊人的性质，这是我现在刚想到的，而且这将解释当一个有限量过渡到无限时它的品格即将经历的那种巨大的变化。让我们画一条直线 AB，其长度为任意，设点 C 把直线分成不相等的两部分。于是我说，如果从端点 A 和 B 画出一对对的线，而且如果每一对线的长度之比等于线段 AC 和 CB 之比，则各对线的交点将位于同一个圆上。[84]例如，从 A 和 B 画起的线 AL 和 BL，相交于点 L，其长度之比等于 AC 和 BC 之比，而交于点 K 的一对线 AK 和 BK 也互相有相同的比值；同样 AI、BI，AH、BH，AG、BG，AF、BF，AE、BE 等一对一对的线的交点 L、K、I、H、G、E、F 也都位于同一个圆上。因此，如果我们设想点 C 连续地运动，而从它画向固定端点 A 和 B 的直线保持起初那两段直线 AC 和 CB 的长度之比，则我立刻即将证明，点 C 将描绘一个圆。而且 C 趋近于我们可以称之为 O 的中点时，它所描绘的圆就将无限地增大，但是 C 趋近于端点 B 时，圆就将越来越小。因此，如果运动是像以上所描述的那样，则位于线段 OB 上的无限多个点将描述每一种大小的圆，有些圆比虱子的瞳孔还要小；另外一些则比天体的黄道还要大。现在，如果我们挪动位于两端 O 和 B 之间的那些点，它们就都将描绘圆，那些靠 O 很近的点将描绘很大的圆；但是，如果我们挪动 O 点本身，而且仍然按照以上所说的规律来挪动它，就是说，从 O 画向端点 A 和 B 的直线保持着原始线段 AO 和 OB 之比，那么将得到一条什么种类的线呢？一个圆将画得比其他圆中最大的圆还要大，因此这是一个无限大的圆。但是，从 O 开始也将画出一条直线，垂直于 BA 并伸向无限远处，永远不像其他的圆那样转回来和它最初的起点相遇；对点 C 来说，随着它的有限运动，既已描绘了上面的半圆 CHL，就将开始描绘下面的半圆 EMC，这样就回到了出发点。[85]但是，点 O 既已开始像直线 AB 上的所有各点那样描绘它的圆（因为另一部分 OA 上的点也描绘它们的圆，最大的圆是由最靠近 O 的点所描绘的），就不能回到它的出发点了，因为它所描绘的圆是一切圆中最大的，即无限大圆 O；事实上，它描绘的是作为无限大圆之圆周的一条无限长的直线。现在请想想，一个有限圆与一个无限大圆之间存在着多大的差异啊，因为后者那样的改变了它的品格，以致它不但失去了它的存在，而且实际上是失去了它的存在的可能性。我们已经清楚地理解，不可能存在像一个无限大圆之类的东西，同样也不可能存在无限大球、无限大体以及任何形状的无限大面。现在，关于从有限过渡到无限时的转变，我们能说些什么呢？而且，既然当我们在数中寻求无限时在 1 中找到了它，为什么我们应该感到更勉强呢？既已将一个固体打碎成许多部分，既已将它分解成最细的粉末并将它分解成它的无限小的不可分割的原子，我们为什么不能说这个固体已被简化成单独一个连续体（un solo continuo）呢？或许是一种流体像水或水银或甚至是熔化了的金属？我们不是见到过石头熔化成玻璃或玻璃本身在强热下变得比水更像流体吗？

萨格：那么我们就相信物质由于被分解为它们的无限小的和不可分割的成分而变成流体吗？

萨耳：我不能找出更好的方法来解释某些现象，下述的现象就是其中之一。当我拿一种坚硬物质，例如石头或金属，并用一个锤子或细锉把它弄成最细的和无法感受的粉末时，很显然，它的最细的粒子，当一个一个地考虑时，虽然由于它们太小而不是我们的视觉和触觉所能感受的，但却还是大小有限的、具有形状的和可数的。也不错的是，当它们一旦被堆成一堆时，它们就保持为一堆，而且如果在堆上挖一个洞，则在一定限度内这个洞也将保持原状，周围的粒子并不会冲进去填充它；如果受到摇动，各粒子在外界扰动因素被取消后即将很快停止；同样的效果在任何形状甚至是球那样的越来越大的粒子的堆中也被观察到，例如在小米堆、麦子堆、铅弹堆和每一种其他物质的堆中。[86]但是，如果我们试图在水中发现这些性质，我们却找不到它们：因为，一堆起来它们就会坍掉，除非受到某种容器或其他外在阻挡物的限制；当被掏空时，它就立刻冲进来填空；当受到扰动时，它会荡漾很久并向远处发出水波。

注意到水比最细的粉末还更少坚持性(consistenza)，事实上是没有任何坚持性，我觉得我们似乎可以很合理地得出结论说，可以由水分解而成的最小的粒子是和那些有限的、可分割的粒子很不相同的，事实上我所能发现的唯一不同，就在于前者是不可分割的，水的优良透明性也有益于这种看法，因为最透明的水晶当被打碎、被研磨而被分化成粉末时就会失去其透明性，磨得越细损失越大；但是在水的事例中，研磨是最高程度的，而我们却有极度的透明性。金和银当用酸类(acque forti)稀释比用锉刀所能做到的更细时仍然保持其粉末状，[①]而且不会变成流体，直到火的最小的粒子(gl' indivisibili)或太阳的光线消化了它们为止，而且我认为那是消化成它们的最后的、不可分割的和无限小的成分。

萨格：你所提到的光的这一现象，是我曾经多次很惊讶地注意过的现象之一。例如我曾看到，利用直径不过是3掌(palmi)长的一个凹面镜，就可以使铅很快地熔化。看到抛光得并不太好而且只是球面形状的一个小凹面镜就能有如此能力去熔化铅和引燃每一种爆炸性物质，我就想到，如果镜面很大，抛光得很好，而且是抛物面形的，它就会同样容易而迅速地熔化任何其他金属。这样的效果使我觉得用阿基米德的镜子所完成的奇迹是可信的。[87]

---

① 伽利略说金和银当用酸类处理了以后仍然保持其粉末状，此语不知是何意。——英译者

萨耳：谈到用阿基米德的镜子所引起的效果，那是他自己的书（我曾经怀着无限的惊讶读过那些书）使我觉得不同作者所描述的一切效果都是可信的。如果还有任何怀疑，布奥纳温特拉·卡瓦利瑞神父[①]最近发表的关于燃烧玻璃（specchio ustorio）的而且是我怀着赞赏读过的书，将消除最后的困难。

萨格：我也已经见到这部著作并且怀着惊喜读过了，而且因为认识他本人，我已经确证了早先对他的看法，那就是，他注定要成为我们这个时代的一流数学家之一。但是，现在，关于日光在熔化金属方面的惊人效果，我们是必须相信这样一种激烈作用不涉及运动呢，还是必须相信它是和最迅速的运动相伴随的呢？

萨耳：我们注意到其他的爆炸和分解是和运动相伴随的，而且是和最迅速的运动相伴随的；请注意闪电的作用以及水雷和炸药包中火药的作用，也请注意夹杂了沉重而不纯的蒸汽的炭火当受到风箱的煽动时多么快地增大其使金属液化的功力。因此我不理解，光虽然很纯，它的作用怎么可能不涉及运动，乃至最快的运动呢？

萨格：但是我们必须认为光是属于什么种类和多么迅速呢？它是即时性的呢还是也像其他运动一样需要时间呢？我们能不能用实验来决定这一点呢？

辛普：日常的经验证明光的传播是即时性的，因为当我们看到远处一个炮弹被发射时，火光传到我们眼中并不需要时间，而声音却在一个可注意到的时段后才较慢地传入耳中。

萨格：喏，辛普里修，我从这一件熟悉的经验所能推知的唯一结论是，声音在到达我们的耳朵时传播得比光更慢，这并不能向我说明光的到来是不是即时的，或者，它虽然传得很快却仍然要用时间。这一种观察并不比另一种观察告诉我们更多的东西，在后一种观察中，人们宣称"太阳一升上地平线，它的光就传到了我们的眼中。"但是谁能向我保证这些光线不曾比达到我们的视觉更早地达到这一界限呢？[88]

萨耳：这些以及其他一些类似观察的较小肯定性，有一次引导我设

① Father Buonaventura Cavalieri，伽利略同时代人中最活跃的研究者之一，1598 年生于米兰，1647 年殁于博洛尼亚，一位耶稣会的神父，第一位在意大利引用经度的人物，最早定义了具有不相等的曲率半径的透镜的焦距。他的《不可分量法》(*Method of Indivisibles*)一书被认为是"微分学"的先驱。——英译者

计了一种方法，可以用来准确地确定照明（即光的传播）是否真正即时性的。声音的速度是很快的，这一事实对我们保证光的运动不可能不是非常迅速的。我发明的方法如下：

让两个人各拿一个包含在灯笼中的灯，或拿一种可以接收的光源，而且通过手的伸缩，一个光源可以被遮住或使光射向另一个人的眼中。然后，让他们面对面站在一个几腕尺的距离处，并且练习操作直到熟练得能够启闭他们的光源，使得一个人在看到同伴的光的那一时刻立即打开他自己的光源。在几次试验之后，反应将相当地即时，使得一个光源的打开被另一个光源的打开所应和，而不会有可觉察的误差（svario），于是，一个人刚露出他的光源时，他就立刻看到另一个光源的显露。当在这种近距离处得到了这种技巧以后，让两个实验者带着上述的装备在一段两三英里的距离站好位置，并且让他们在夜间进行同样的实验，注意光源的启闭是否像在近距离那样发生。如果是的，我们就可以可靠地得出结论说光的传播是即时的。但是如果在3英里的距离处需要时间，而如果考虑到一道光的发出和另一道光的返回，这个时间实际是对应于6英里的距离，则这种推迟将是很容易观察到的；如果实验在更大的距离，例如在8英里或10英里的距离处进行，则可以应用望远镜，每一个观察者都在他将在夜间进行实验的地方调节好他自己的望远镜；那么，虽然光不大从而在远距离是不能被肉眼看到的，但它们还是很容易被遮住和被打开，因为借助于已经调好和已经固定的望远镜，它们将变得很容易被看到。

萨格： 这个实验使我觉得它是一种巧妙而可靠的发明。但是请告诉我们你从它的结果得出的是什么结论。

萨耳： 事实上，我只在不到1英里的短距离上进行了实验，我没有能够由此很肯定地断定对面的光的出现是不是即时的，但是如果不是即时的，它也是非常快的——我将说它是瞬间的，而且在目前，我将把它和我们在10英里以外看到的云间闪电的运动相比较。我们看到这种电光的开始，我可以称之为它的头或源，位于一定距离处的云朵之间，但是它立刻就扩展到周围的云朵，这似乎是一个论据，表示传播至少是需要一点时间的；因为如果照明是即时的而不是逐渐的，我们就应该不能分辨它的源（不妨说是它的中心）和它的展开部分。我们在不知不觉中逐渐滑入的是一个什么样的海啊！关于真空和无限，以及不可分割和即时运动，即使借助于1000次讨论，我们到底能否到达海岸啊？[89]

萨格： 确实这些问题离我们的心智颇远。只要想想，当我们试图在数中寻找无限大时，我们在1中找到了它；永远可分割的东西是由不可分割的东西得出的；真空被发现为和充实的东西不可分割地联系着；确实，通常人们对这些问题的本性所持的看法已被如此地倒转，以致甚至一个圆的圆周变成了一条无限长的直线；这个事实，萨耳维亚蒂，如果我的记忆不错的话，是你打算用几何的方法来证明的。因此，请不要岔开，继续往下讲吧。

萨耳： 听你的吩咐，但是为了最清楚起见，请让我首先证明下述问题：

已知一直线段被分成长度比为任意的不相等的两段，试作一圆，使从直线二端点画到圆周上任一点的直线和上述二线段有相同的长度比，从而从该线两端画出的这些线就都是等比值的。[90]

设AB代表所给直线，被点C分成任意不相等的两段。问题是要作一圆，使得从端点A和B画到圆周上任意点的两段直线与二线段AC和BC具有相同的长度比；于是，从相同的端点画出的那些直线就是等比值的。以C为圆心，以二线段中较短的一段CB为半径作一圆。过点A作直线AD，此线将在点D与圆相切并无限地延长向E。画出半径CD，此半径将垂直于AE。从B作直线垂直于AB，这一垂直线将与AE相交于某点，因为在A处的角是锐角；用E代表此一交点，并从该点作直线垂直于AE，此线将和AB之延长线相交于一点F。现在我说，这两条垂线段FE和FC相等。因为，如果把E和C连接起来，我们就将得到两个三角形$\triangle DEC$和$\triangle BEC$。在这两个三角形中，一个三角形的两个边DE和EC分别等于另一三角形的两个边BE和EC，而DE和EB都和圆相切于D、B，而底线DC和CB也相等；于是二角$\angle DEC$和$\angle BEC$将相等。现在，既然$\angle BCE$和直角相差一个$\angle CEB$，而$\angle CEF$则和直角相差一个$\angle CED$，而且，既然所差之角相等，从而就有$\angle FCE$等于$\angle CEF$，从而边FE和FC相等。如果我们以F为圆心而以EF为半径画一个圆，则它将经过点C；设CFG就是这样的圆。这就是所求的圆。因为，如果我们从端点A和B到圆周上任意点画二直线，则它们长度

比将等于二线段 AC 和 BC 的长度比。后二者会合于点 C。这一结论在交于 E 点的二直线 AE 和 BE 的事例中是显然的，因为$\triangle AEB$ 的$\angle E$ 被直线 CE 所等分，从而就有 $AC:CB=AE:BE$。同样的结果也可以针对终止于点 G 的二线 AG 和 BG 得出。因为，既然$\triangle AEF$ 和$\triangle EFB$ 是相似的，我们就有 $AE:FE=EF:FB$，或 $AF:FC=CF:FB$，从而 dividendo，$AC:CF=CB:BF$，或 $AC:FG=CB:BF$；此外，componendo，①我们有 $AB:BG=CB:BF$ 以及 $AG:GB=CF:FB=AE:FB=AC:BC$。

证毕。[91]

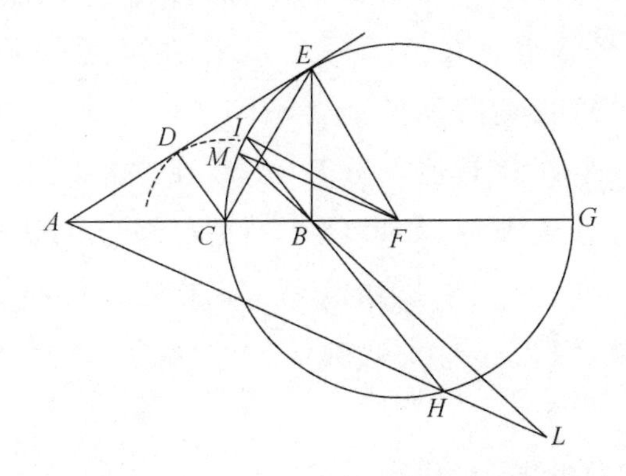

现在，在圆周上任取一点，例如 H，而二直线 AH 和 BH 在该点相交；按照同样方式，我们将有 $AC:CB=AH:HB$。延长 HB 直到它在 I 点与圆周相遇并和 IE 相交：而既然我们已经求得 $AB:BG=CB:BF$，那就可得 $AB\cdot BF$ 等于 $CB\cdot BG$ 或 $IB\cdot BH$。由此即得 $AB:BH=IB:BF$。但是 B 处的角是相等的，从而 $AH:HB=IF:FB=EF:FB=AE:EB$。

此外，我还可以说，从端点 A 和 B 画起并保持上述联系的直线不可能相交于圆 CEG 之内或之外的任何点。因为，假设它们能够；设 AL 和 BL 为交于圆外一点 L 的这样两条线，延长 LB 直到它和圆相交于 M 并作直线 MF。如果 $AL:BL=AC:BC=MF:FB$，我们就会有两个三角形$\triangle ALB$ 和$\triangle MFB$，其两角旁的各边将互成比例。顶角$\angle B$ 处的两个角相等，其余的两个角$\angle FMB$ 和$\angle LAB$ 都小于直角(因为 M 处的直角以整个直径 CG 而不仅仅是以其一部分 BF 为底；而且点 A 处的另一

① 英译者在此保留了两个非英文单词，我们也照样保留(不认识，但以为并不影响阅读，下同)。——中译者

个角是锐角，因为线 AL 和 AC 为同比值，从而大于和 BL 为同比值的 BC）。由此可见，$\triangle ABL$ 和 $\triangle MBF$ 相似，从而 $AB : BL = MB : BF$，这就使得 $AB \cdot BF = MB \cdot BL$；但是已经证明 $AB \cdot BF = CB \cdot BG$，因此即将得到，$MB \cdot BL = CB \cdot BG$；这是不可能的，因此交点不可能落在圆外。用同样的办法我们可以证明它也不可能落在圆内，因此所有的交点都位于圆周上。

但是，现在是时候了，我们可以回过头去，通过向辛普里修证明不仅并非不可能将一条线分解成无限多个点，而且此事和把它分成有限个部分完全同样容易，来答复他的质疑了。我将在下述的条件下进行此事。这种条件，辛普里修，我确信你是不会不同意的。那就是，你不会要求我把这些点中的每一个都和其他点分开，然后在这张纸上一个接着一个地给你看。因为我将感到满意，如果你并不把一条线的 4 个或 6 个部分互相分开，而是只把分割的记号指给我看，或者把它们折成角度来形成一个正方形或六边形，因为那时我就确信你将认为分割已经清楚而实际地被完成了。[92]

辛普：我肯定会那样认为。

萨耳：现在，当你把直线弯出角度以形成多边形，时而是正方形，时而是八边形，时而是一个有 40 条、100 条、1000 条边的多边形时，如果所发生的变化足以使你认为当它为直线时只是在趋势上存在的那 40 个、100 个和 1000 个部分成为在实际上存在，我是否同样有理由说，当我把直线弯成一个有着无限多条边的多边形，即一个圆时，我就已经把按照你的说法当还是直线时仅仅在趋势上存在的无限多个部分弄成在实际上存在的了呢？而且也不容否认，无限多个点的分割确实已经完成，正如当四方形已经弯出时四个部分的分割就已完成或当千边形已经弄好时 1 000 个部分的分割就已完成一样，因为在这种分割中，和在 1 000 条边的或 10 万条边的多边形的事例中的相同的条件已经得到了满足。放在一条直线上的这样一个多边形用它的一条边和直线相接触，也就是用它的 10 万条边中的一条边和直线相接触，而当作为具有无限多条边的多边形的圆和同一条直线相接触时，也是用它的一条边来和它相接触的。那是和邻近各点有所不同的一个单一的点，从而它就是被分离出来的和清楚的，其程度绝不次于多边形的一条边被从其他各边中被分出的程度。而且,正如当一个多边形在一个平面上滚动时会逐个地用它的边的接触来在平面上标志出一条等于它的周长的直线那样,在这样的平面上滚动的一个圆,也会用它逐个出现的无限多个点的接触来在平面上描绘出一条等于它的周长的直线。在开始时,辛普里修,我愿意向逍遥学派承认他们意见的正确性。那就是说,一个连续量(il continuo)只能分割成一些还能继续分割的部分,因此,不论分割和再分割进行得多远,也永远不会达到最后的结尾。但是我却不那么确信他们会同意我的看法,那就是,他们那些分割中没有一个可能是最后的,因为一个肯定的事实就是,永远还会有"另一次"分割;最后的和终极的分割却是那样一次分割,它把一个连续量分解成无限多个不可分割的量;我承认,这样一种结果永远不能通过逐次分割成越来越多个部分来达成。[93]但是,如果他们应用我所倡议的这种一举而分割和分解整个无限大(tutta la infinità)的方法(这是一种肯定不应该被否认的技巧),我想他们就会满意地承认,一个连续量是由绝对不可分割的原子构成的,特别是因为也许比任何其他方法更好的这种方法使我们能够避开许多纠缠的歧路,例如已经提到的固体中的内聚力以及膨胀和收缩的问题,而用不着强迫我们承认固体中的真空区域,以及与之俱来的物体的可穿透性问题。在我看来,如果我们采用上述这种不可分割的组成的观点,这两种反驳意见就都可以避免。

辛普:我几乎不知道逍遥学派人士将说些什么,因为你所提出的观点将使他们觉得是全新的,从而我们必须这样考虑他们。然而他们将发现这些问题的答案和解并非不可能,而我由于缺少时间和批判能力,目前是不能解决这些问题的。暂时不讨论这一问题,我愿意听听这些不可分割量的引入将如何帮助我们理解膨胀和收缩而同时又避开真空和物体的可穿透性。

萨格:我也将很有兴趣地听听这一同样的问题,在我的头脑中,这问题是绝非清楚的;如果我被允许听听辛普里修刚刚建议我们略去的东西,那就是亚里士多德所提出的反对真空之存在的理由,以及你必须提出的反驳论证。

萨耳:这二者我都要讲。第一,对于膨胀的产生,我们应用在大圆的一次滚动中由小圆描绘出来的那条线——一条大于小圆周长的直线;

同理，为了解释收缩，我们指出，在小圆的一次滚动中，大圆也将描绘一条直线，而这条直线是比该大圆的周长要短的。[94]

为了更好地理解这一点，我们开始考虑在多边形的事例中发生的情况。现在应用和以前的图相似的一个图。围绕公共中心 L，作两个六边形 ABC 和 HIK，并让它们沿着平行线 HOM 和 ABc 而滚动。现在，固定住顶角 I，让较小的六边形滚动，直到边 IK 到达平行线上；在这次运动中，点 K 将描绘$\widehat{KM}$，而边 KI 将和 IM 重合。让我们看看，在此期间，大多边形的边 CB 干了些什么。既然滚动是绕着点 I 进行的，直线 IB 的端点 B 就将向后运动而在平行线 cA 下面描绘$\widehat{Bb}$，于是，当边 KI 和直线 MI 重合时，边 BC 将和 bc 重合，只前进了一个距离 Bc，但是却在直线 BA 上后退了在$\widehat{Bb}$上的那一部分。如果我们让小多边形的滚动继续进行，它就将沿着它的平行线走过一条等于它的周长的直线，而大多边形则将走过并画出一条直线，比其周长短 bB 的几倍，即比边的数目少一倍；这条线近似地等于小多边形所描绘的那条线，只比它长出一段距离 bB。现在我们在这儿毫无困难地看到，为什么大多边形在被小多边形带着向前滚动时不会用它的各条边量出一条比小多边形所滚过的直线长得多的直线，这是因为每条边的一部分都重叠在它前面一个紧邻的边上。[95]

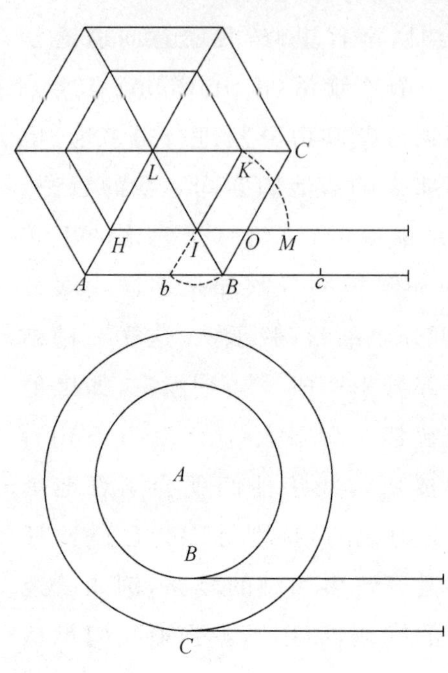

其次让我们考虑两个圆，其公共圆心为 A，并位于各自的平行线上，较小的圆和它的平行线相切于点 B；较大的圆相切于点 C。在这儿，当小圆开始滚动时，切点 B 并不会停一会儿，以便让 BC 向后运动并带着 C 点向后运动，就像在多边形的事例中所发生的那样；在该事例中，点 I 保持固定，直到边 KI 和 MI 相重合而直线 IB 把端点 B 带向后方而到 b，使得边 BC 落在 bc 上，从而重叠在直线 BA 的一部分 Bb 上，这时前进了一个距离 Bc，等于 MI，即等于小多边形的一条边。重叠的部分等于大多边形和小多边形的边长之差；由于这些重叠，每次运动的净前进量就等于小多边形的边长，因此，在一次完全的滚动中，这些前进量就得出等于小多边形周长的一条直线。

但是现在，按同样的推理方式考虑圆的滚动，我们就必须注意到，任何多边形的边数都包括在一定的界限之内，而在圆上，边数却是无限大的；前者是有限的和可分割的，而后者是无限的和不可分割的。在多边形的事例中，各顶角在一个时段中保持静止，此时段和一次完整滚动的周期之比，等于一条边和周长之比。同样，在圆的事例中，无限多的顶角中一个顶角的延迟只是一个时刻，因为一个时刻只是一个有限时段中的那样一个分数，就像一个点在包含无限个点的线段中所占的分数一样。较大多边形的各边的后退距离，并不等于各边中的一条边，而是只等于这样一条边比较小多边形的一条边多出的部分，而净前进距离则等于这一较短的边；但是，在圆的事例中，边或点 C 在 B 的瞬时静止中后退一个等于它比边 B 超出之量的一个距离，这就造成一个等于 B 本身的前进量。总而言之，较大圆上的无限多条不可分割的边，通过它们在较小圆上无限多个顶角在无限多次即时的停顿中作出的无限多个不可分割的后退距离，再加上无限多个前进距离，就等于较小圆上那无限多条边——我说，所有这一切就构成一条直线，等于较小圆所画出的距离；这条直线上包括无限多个无限小的重叠，这就带来一种加密或收缩，而并无任何有限部分的叠加或交叉穿透。[96]

这一结果并不能在被分成有限部分的一条直线的事例中，例如在任何多边形的周长的事例中得出；那种周长在展成一条直线时除了通过各边的重叠和互相穿透以外并不能被缩短。这种并无有限部分之重叠或互相穿透的无限多个无限小部分的收缩，以及前面提到的（见上文）通过不可分割的真空部分的介入而造成的无限多个不可分割部分的膨胀，在我看来就是关于物体的收缩和疏化的能说的最多的东西，除非我们放弃物质的互相穿透性并引入有限的真空区域的概念。如果你们发现这里有些东西是你们认为有价值的，请应用它；如果不然，请把它和我的言论一起看成无稽之谈。但是请记住，我们在这里是在和无限的以及不可分割的事物打交道。

萨格：我坦白地承认，你的想法是灵妙的，而且它给我的印象是新颖而奇特的。但是，作为事实，大自然是否真正按照这样一种规律而活动，我却不能确定；然而，直到我找到更满意的解释时为止，我将坚持这种解释。也许辛普里修能够告诉我们一些东西，那是我还没有听说过的，那就是怎样说明哲学家们对这一艰深问题做出的解释；因为，确实，我迄今所曾读过的一切关于收缩的解释都是那样地凝重，而一切关于膨胀的东西又都是那样地飘忽，以致我这个可怜的头脑既不能参透前者也不能把握后者。

辛普：我完全如入五里雾中，并且发现很难认准任一路径，特别是这个新的路径，因为按照这种理论，1 两黄金可以疏化和膨胀到它的体积比地球还要大，而地球却又可以浓缩得比核桃还要小。这种说法我不相信，而且我也不相信你们相信它。你所提出的论证和演示是数学性的、抽象的和离具体物质很远的，而且我也不相信当应用于物理的和自然的世界时这些规律将能成立。[97]

萨耳：我不能把不可见的东西弄成可见的，而且我想你们也不会要求这个。但是你们既然提到了黄金，我们的感官不是告诉我们说金属可以被大大地延伸吗？我不知道你们曾否观察过那些擅长于拉制金丝的人们所用的方法；那种金丝，事实上只有表面才是金的，内部的材料是银。他们拉丝的方法如下：他们取一个银筒，或者如果你愿意也可以用一个银柱，其长度约为半腕尺，其粗细约为我们拇指的 3 倍或 4 倍；他们在这个银柱外面包以金片；金片很薄，几乎可以在空气中飘动；一共包上 8 或 10 层。一旦包好，他们就开始拉它；用很大的力通过一个拉丝板上的小孔一次一次地拉，经过的孔越来越小。拉了多次以后，它就被拉得像女子的头发那样细了，或者甚至更细了，但是它的表面仍然是包了金的。现在请想想这种金材被延展到了何种程度，而且它被弄得多薄了啊！

辛普：我看不出，作为一种后果，这种方法将造成你所暗示的那种金材的奇迹式的薄度：第一，因为原来包的有十来层金叶，它们有一个可觉察的厚度；第二，因为在拉制中银的长度会增大，但是它的粗细同时也减小，因此，既然一方面的尺寸就这样补偿另一方面的尺寸，从而表面积就不会增大得太多，以致在控制中必然会使金层比原来的减小得太多。

萨耳：你大错特错了，辛普里修，因为表面积是和长度的平方根成正比而增加，这是我可以几何地加以证明的一个事实。

萨格：请告诉我们这个证明，不仅是为了我，而且也为了辛普里修，如果你认为我们能听得懂的话。[98]

萨耳：我将看看我在片刻之内能不能想起来。在开始时，很显然，原来的粗银棒和拉出来的很长很长的丝是两个体积相同的圆柱，因为它们是用同一块银料制成的；因此，如果我确定出同一体积的两个圆柱的表面积之比，问题就会解决。

其次我要说，体积相同的圆柱的表面积。忽略底面，相互之间的比值等于它们的长度的平方根之比。

试取体积相同的两个圆柱，其长度为 AB 和 CD；在它们之间，线段 E 是一个比例中项。于是我就宣称，忽略各圆柱的底面积，圆柱 AB 的表面积和圆柱 CD 的表面积之比，等于长度 AB 和 E 之比，也就是等于 AB 的平方根和 CD 的平方根之比。在 F 处把圆柱 AB 截断，使得长度 AF 等于 CD。既然体积相同的圆柱的底面积之比等于它们的长度的反比，那就得到，圆柱 CD 的圆形底面积和 AB 的圆形底面积之比，等于长度 BA 和 DC 之比；而且，既然圆面积正比于它们的直径的平方，这种平方之比也就等于 BA 和 CD 之比。但是 BA 比 CD 等于 BA 的平方比 E 的平方，因此，这四个平方将构成一个比例式，从而它们的边也是如此；于是 AB 比 E 就等于圆 C 的直径比圆 A 的直径。但是直径之比又等于圆周之比，而圆周之比又正比于长度相等的圆柱侧面积之比，由此可见直线 AB 比 E 就等于圆柱 CD 的侧面积比圆柱 AF 的侧面积。现在，既然长度 AF 比 AB 就等于 AF 的侧面积比 AB 的侧面积，而长度 AB 比直线 E 等于 CD 的侧面积比 AF，于是 ex æquali in proportione perturbata，[①] 就得到，长度 AF 比 E 等于 CD 的面积比 AB 的面积，而 convertendo，圆柱 AB 的面积比圆柱 CD 的面积就等于直线 E 比 AF，也就是比 CD，或者说等于 AB 比 E，这就是 AB 比 CD 的平方根。　　证毕。[99]

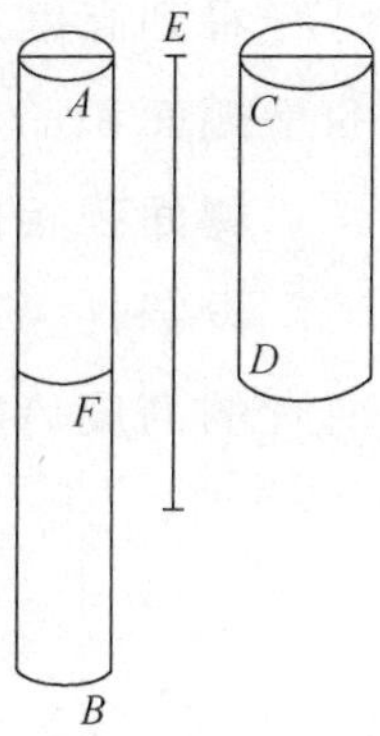

① 见 *Euclid*(《欧几里得》)卷五，定义 20，Tadhunter 版，p. 137(伦敦，1877)。——英译者

如果我们现在把这一结果应用在手头的事例上，并假设银柱在包金时的长度为半腕尺而其粗细约为人的拇指的3倍或4倍，我们就会发现，当丝已被抽成像头发一样细并已经抽到2万腕尺的长度（而且也许更长）时，它的表面积已经增大了不少于200倍。因此，起初包在它上面的10层金叶已经被扩展到了200倍以上的面积；这就使我们确信，现在包在这么多腕尺长银丝的表面上的金层，其厚度不可能超过通常打制而成的金叶的二十分之一的厚度。现在试想它会薄到什么程度，并想想除了各部分延伸外是否还有别的方法做到这一点；也请想想这种实验是否意味着物理的物体（materie fisiche）是由无限小的不可分割的粒子构成的；这是得到更惊人和更有结论性的另外一些实例的支持的一种观点。

萨格： 这种演证是如此的美，以致它即使并不具备起初所期望的中肯性（虽然这是我的看法），它却是很有力的——讨论时所用的短短时间是并非虚掷的。

萨耳： 这些几何演证带来明显的收获：既然你这样喜欢它们，我将再给你一个连带的定理，它可以回答一个极其有趣的问题。我们在前面已经看到高度或长度不同的同样圆柱之间的关系如何；这时理解为包括的是侧面积而不考虑上、下底面。定理就是：

侧面积相同的正圆柱的体积，反比于它们的高度。［100］

设圆柱 AE 和 CF 的表面积相等，但是后者的高度 CD 却并不等于前者的高度 AB；那么我就说，圆柱 AE 的体积和圆柱 CF 的体积之比，

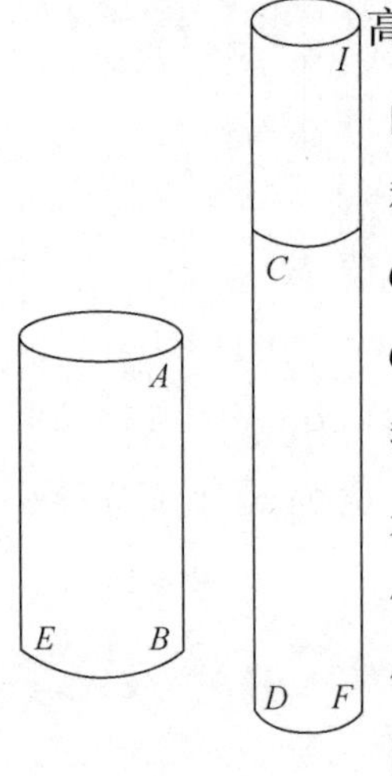

高度 AB 之比。现在，既然圆柱 CF 的表面积等于 AE 的表面积，那么就有，圆柱 CF 的体积小于 AE 的体积；因为，假如它们是相等的，则由上述命题可知，圆柱 CF 的表面积将大于 AE 的表面积，而其差值将和圆柱 CF 的体积超过 AE 的体积的差值同样大小。现在让我们取一个圆柱 ID，其体积等于圆柱 AE 的体积；于是，按照前面的定理，圆柱 ID 的表面积比圆柱 AE 的体积，就等于 IF 的高度比 IF 和 AB 之间的比例中项。但是，既然问题的一条假设是圆柱 AE 的表面积等于圆柱 CF 的表面积，而且既然圆柱 ID 的表面积比圆柱

CF 的表面积等于高度 IF 比高度 CD,那就得到,CD 是 IF 和 AB 之间的一个比例中项。不仅如此,既然圆柱 ID 的体积等于圆柱 AE 的体积,其中每一体积和圆柱 CF 的体积之比都应相同;但是,体积 ID 和体积 CF 之比等于高度 IF 和高度 CD 之比;由此即得,圆柱 AE 的体积和 CF 的体积之比,等于长度 IF 和高度 CD 之比,也就是等于长度 CD 和长度 AB 之比。证毕。

这就解释了一个现象,而一般群众是永远带着惊奇来看待这个现象的;那现象就是:如果我们有一块布料,其一条边的长度大于另一边的长度,那么,利用习见的木板作底,我们就可以用这块料子做成一个粮食口袋,但是,当用布料的短边作为口袋的高度而把长边绕在木头底上时,口袋的容量就大于用另一种办法做成的口袋的容量。例如,设布料一边的长度为 6 腕尺而另一边的长度为 12 腕尺。当把 12 腕尺的一边绕在木头上而制成一个高度为 6 腕尺的口袋时,它就比把 6 腕尺的一边绕在木头上而制成的 12 腕尺高的口袋能装下更多的东西。从以上已经证明的定理,我们不仅可以学到普遍的事实,即一个口袋比另一个口袋装的东西更多,而且也可以得到关于多装多少的更特殊的知识,就是说,容量之增加和高度之减少成比例,反之亦然。[101] 例如,如果我们利用以上的图形来表示布料长度为其宽度的 2 倍的情况,我们就看到,当用长边作为缝线时,口袋的体积就恰好是另一种安排时的容量的一半。同理,如果我们有块席子,尺寸为 7 腕尺×25 腕尺,而我们用它做成一个篮子:当缝线是沿着长边时,篮子的容量将是缝线沿短边时的 7∶25 倍。

萨格: 我们是怀着很大的喜悦继续听讲并从而得到了新的和有用的知识的。但是,就刚刚讨论的课题来说,我确实相信,在那些并非已经熟悉了几何学的人中,你几乎不会在 100 个人中找得到 4 个人不会在初看到时错误地认为有着相等表面积的物体在其他的方面也相同。谈到面积,当人们像很常见的那样试图通过测定它们的边界线来确定各城市的大小时,也是会犯同样错误的,那时人们忘了一个城市的边界线可能等于另一个城市的边界线,而一个城市的面积却远远大于另一个城市的面积。而且这一点不仅对不规则的面来说是对的,而且对规则的面来说也是对的;在规则面的事例中,边数较多的多边形总是比边数较少的多边形包围一个较大的面积，从而最后，作为具有无限多个边的多边形的圆，就在一切等边界的多边形中包围最大的面积。我特别高兴地记得，当借助于一篇博学的评注来研习萨克玻斯考[①]球时，我曾见过这一演证。[102]

萨耳：很正确！我也见到过同样的论述，这使我想到一种方法来指明可以如何通过一种简短的演示来证明圆是一切等周长图形中具有最大容量的图形；而且，在其他的图形中，边数较多的比边数较少的要包围较大的面积。

萨格：由于特别喜欢特殊而不平常的命题，我请求你让我们听听你的演证。

萨耳：我可以用不多的几句话来做到这一点，即通过证明下述的定理来做到。

一个圆的面积是任意两个相似的正多边形面积的比例中项，其中一个是该圆的外切多边形，而另一个则和该圆等周长。此外，圆的面积小于任何外切多边形的面积而大于任何等周长多边形的面积。再者，在这些外切多边形中，边数较多的多边形的面积小于边数较少的多边形的面积，而具有较多边数的等周长多边形则较大。

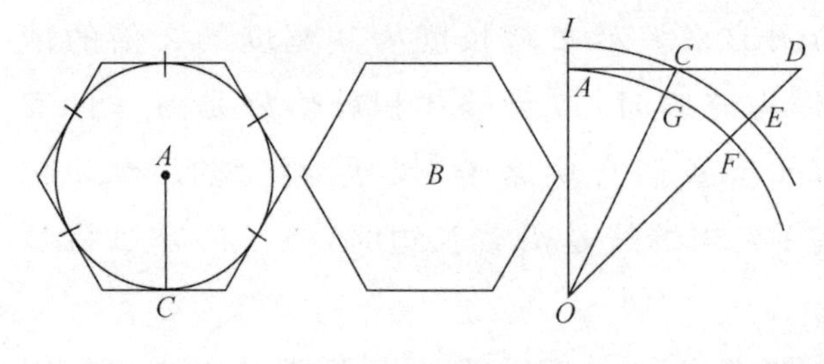

设A和B为两个相似多边形，其中A和所给的圆外切，而B和该圆等周长。于是圆的面积就将是两个多边形的面积之间的一个比例中项。因为，如果我们用AC来代表圆半径，而且记得圆的面积等于一个直角三角形的面积，该三角形中直角旁的一条边等于圆的半径AC，而另一条边等于圆的周长，而且同样我们也记得多边形A的面积等于另一个直角三角形的面积，[103]其直角旁的一条边也等于AC，而另一条边则等于多边形本身的周长；这样就很明显，外切多边形和圆的面积之比就等于它的周长和圆的周长之比，或者说和多边形B的周长（按定义即等于圆的周

① Sacrobosco(John Holywood)，小传见《大英百科全书》，第十一版。——英译者

长)之比。但是,既然多边形 A 和 B 是相似的,它们的面积之比就等于它们的周长平方之比;由此可见,圆 A 的面积是两个多边形 A 和 B 的面积之间的一个比例中项。而且既然多边形 A 的面积大于圆 A 的面积,那就很显然,圆 A 的面积大于等周长多边形 B 的面积,从而就大于和圆具有相同周长的任何正多边形的面积。

现在我们证明定理的其余部分,也就是要证明,在和所给圆外切的多边形的事例中,边数较少的多边形比边数较多的多边形面积更大,但是另一方面,在等周长多边形的事例中,边数较多的多边形却比边数较少的多边形面积较大。在以 O 为圆心、以 OA 为半径的圆上画切线 AD,并在切线上取线段,例如 AD,使它等于外切五边形的边长的一半,另取 AC 使它代表一个七边形的边长的一半;画直线 OGC 和 OFD;然后以 O 为圆心、以 OC 为半径画 $\widehat{ECI}$。现在,既然 $\triangle DOC$ 大于扇形 EOC,而且扇形 COI 和 $\triangle COA$ 之比大于扇形 EOC 和扇形 COI 之比,也就是大于扇形 FOG 和扇形 GOA 之比。因此,componendo et permutando,$\triangle DOA$ 和扇形 FOA 之比就大于 $\triangle COA$ 和扇形 GOA 之比,而且 10 个这样的 $\triangle DOA$ 和 10 个这样的扇形 EOA 之比大于 14 个这样的 $\triangle COA$ 和 14 个这样的扇形 GOA 之比,这就是说,五边形和圆之比大于七边形和圆之比。因此五边形的面积大于七边形的面积。[104]

但是现在让我们假设,五边形和七边形都和所给的圆有相同的周长。这时我要说,七边形将比五边形包围一个更大的面积。因为,既然圆的面积是外切五边形面积和等周长五边形面积之间的一个比例中项,而且它同样也是外切七边形面积和等周长七边形面积之间的一个比例中项,而且我们也已证明外切五边形大于外切六边形[①],那么由此即得,这个外切五边形和圆之比大于外切七边形和圆之比;这就是说,圆和它的等周长五边形之比大于它和等周长七边形之比。因此,等周长五边形就小于它的等周长七边形。 证毕。

萨格: 一种非常巧妙和非常优美的证明!但是,我们是怎样当讨论辛普里修所提出的反对意见时陷入了几何学的呢?他提出的是一种很有力的反对意见,特别是那种涉及密度的意见使我感到特别困难。

---

① 此处恐有误,因前后讨论的都是五边形和七边形的比较。——中译者

萨耳：如果收缩和膨胀(condensazione e rarefazzione)是相反的运动，那么对于每一次巨大的膨胀，我们就应该找到相应巨大的收缩。但是，当我们天天看到巨大的膨胀在发生，几乎是即时地发生时，我们的惊讶就增大了。试想，当少量的火药燃烧成很大一团火光时，出现的是多大的膨胀啊！也想想它所产生的光是多么厉害地几乎是无限地膨胀啊！也请想想，假如这种火和这种光要重新浓缩回来，那将是多么大的收缩啊！这种浓缩实在是不可能的，因为仅仅在一小会儿以前它们还一起存在于这一很小的空间中呢。你们经过观察将发现上千种这样的膨胀，因为它们比收缩更加明显，既然浓密的物质更加具体而容易被我们的感官所觉察。[105]以木头为例，我们可以看到它燃烧成火和光，但是我们却看不到火和光重新结合起来而形成木头；我们看到果实、花朵以及其他千万种固体大部分解体为气味，但是我们却看不到这些散乱的原子聚集到一起而形成芳香的固体。但是，在感官欺骗了我们的地方，理智必然出来帮忙，因为它将使我们能够理解在极其稀薄而轻微的物质的凝缩中所涉及的运动，正如理解在固体的膨胀和分解中所涉及的运动一样的清楚。此外，我们也要试着发现怎样就能在可以发生胀缩的物体中造成膨胀和收缩，而并不引用真空，也不放弃物质的不可穿透性；但是这并不排除存在一些物质的可能性，那些物质并不具备这一类性质，从而并不会引起你们称之为“不妥当”或“不可能”的那些后果。而且最后，辛普里修，为了照顾你的哲学，我曾经费了心力来找出关于膨胀和收缩可以怎样发生的一种解释，而并不要求我们承认物质的可穿透性，也不必引用真空，那些性质都是你所否认的和不喜欢的；假若你欣赏它们，我将不会如此起劲地反对你。现在，或是承认这些困难，或是接受我的观点，或是提出些更好的观点吧。

萨格：我在否认物质的可穿透性方面相当同意逍遥派哲学家们。至于真空，我很想听到对亚里士多德论证的一种全面的讨论；在他的论证中，亚里士多德反对了真空，我想听听你，萨耳维亚蒂，在答复时有些什么话要说。我请求你，辛普里修，请告诉我们那位哲学家的确切证明，而你，萨耳维亚蒂，请告诉我们你的答辩。

辛普：就我所能记忆的来说，亚里士多德猛烈地反对了一种古代观点，即认为真空是运动的必要先决条件，即没有真空就不可能发生运动。

和这种观点相反，亚里士多德论证了，正如我们即将看到的那样，恰恰是运动现象使得真空的概念成为站不住脚的了。他的方法是把论证分成两部分。他首先假设重量不同的物体在同一种媒质中运动，然后又假设同一个物体在不同的媒质中运动。[106]在第一种事例中，他假设重量不同的物体在同一种媒质中以不同的速率而运动，各速率之比等于它们的重量之比；例如，一个重量为另一物体重量的 10 倍的物体，将运动得像另一物体的 10 倍那样快。在第二种事例中，他假设在不同媒质中运动的同一个物体的速率，反比于那些媒质的密度；例如，假如水的密度为空气密度的 10 倍，则物体在空气中的速率将是它在水中的速率的 10 倍。根据这第二条假设，他证明，既然真空的稀薄性和充以无论多稀薄的物质的媒质的稀薄性相差无限多倍，在某时在一个非真空中运动了一段距离的任何物体，都应该即时地通过一个真空；然而即时运动是不可能的，因此一个真空由运动而造成也是不可能的。

萨耳：你们看到，这种论证是 ad hominem（有成见的），就是说，它是指向那些认为真空是运动之先决条件的人的。现在，如果我承认这种论证是结论性的，并且也同意运动不能在真空中发生，则被绝对地而并不涉及运动地考虑了的真空假设并不能因此而被推翻。但是，为了告诉你们古人的回答有可能是什么样的，也为了更好地理解亚里士多德的论证到底有多可靠，我的看法是咱们可以否认他那两条假设。关于第一条，我大大怀疑亚里士多德曾否用实验来验证过一件事是不是真的；那就是，两块石头，一块的重量为另一块的重量的 10 倍，如果让它们在同一个时刻从一个高度落下，例如从 100 腕尺高处落下，它们的速率会如此的不同，以致当较重的石头已经落地时另一块石头还下落得不超过 10 腕尺。

辛普：他的说法似乎表明他曾经做过实验，因为他说："我们看到较重的……"喏，"看到"一词表明他曾经做了实验。[107]

萨格：但是，辛普里修，做过实验的我可以向你保证，一个重约一二百磅或更重一些的炮弹不会比一个重不到半磅的步枪子弹超前一手掌落地，如果它们两个同时从 200 腕尺高处落下的话。

萨耳：但是甚至不必进一步做实验，就能利用简短而肯定的论证来证明，一个较重的物体并不会比一个较轻的物体运动得更快，如果它们是用相同的材料做成的,或者总而言之是亚里士多德所谈到的那种物体的话。但是,辛普里修,请告诉我,你是不是承认每一个下落的物体都得到一个由大自然确定的有限速率,而这是一个除非使用力(violenza)或阻力就不可能增大或减小的速度呢?

辛普:毫无疑问,当同一个物体在单独一种媒质中运动时有一个由大自然决定的确定速度,而且这个速度除非加以动量(impeto)就不会增大,而且除非受到阻力的阻滞也不会减小。

萨耳:那么,如果我们取两个物体,它们的自然速度不相同,很显然,当把这两个物体结合在一起时,较快的那个物体就会部分地受到较慢物体的阻滞,而较慢的物体就会在一定程度上受到较快物体的促进。你同意不同意我这个见解呢?

辛普:你无疑是对的。

萨耳:如果这是对的,而且如果一块大石头以譬如一个速率 8 而运动,而一块较小的石头以一个速率 4 而运动,那么,当它们被连接在一起时,体系就将以一个小于 8 的速率而运动;但是当两块石头被绑在一起时,那就成为一块比以前以速率 8 而运动的石头更大的石头。这个更重的物体就是以一个比较轻物体的速率更小的速率而运动的,这是一个和你的假设相反的效果。于是,你看,从你那个认为较重物体比较轻物体运动得更快的假设,我怎样就能推断较重物体运动得较慢呢?[108]

辛普:我完全迷糊了。因为在我看来,当轻小的石头被加在较大的石头上时就增加了它的重量,而通过增加重量,我却看不出怎么不会增大它的速率,或者,起码不会减小它的速率。

萨耳:在这里,辛普里修,你又错了,因为说较小的石头增大较大石头的重量是不对的。

辛普:真的,这我就完全不懂了。

萨耳:当我指出你正在它下面挣扎的那个错误时,你不会不懂的。请注意,必须分辨运动的重物体和静止的同一物体。放在天平上的一块大石头,不仅在有另一块石头放在它上面时会获得附加的重量,而且即使当放上一把麻丝时,它的重量也会增大 6 盎司或 10 盎司,就看你放上的麻丝多少而定。但是,如果你把麻丝绑在石头上并让它从某一高度处自由落下,你是相信那麻丝将向下压那石头而使它的运动加速呢,还是认为运动会被一个向上的分压力所减慢呢？当一个人阻止他肩上的重物运动时，他永远会感受到肩上的压力；但是，如果他和重物同样快地下落，那重物怎么能压他呢？难道你看不出来吗？这就像你试图用长矛刺一个人，而他正在用一个速率跑开一样；如果他的速率和你追他的速率一样甚至更大，你怎能刺得到他呢？因此你必须得出结论说，在自由的和自然的下落中，小石头并不压那大石头，从而并不会像在静止时那样增加大石头的重量。[109]

辛普：但是，如果我们把较大的石头放在较小的石头上面，那又怎么样呢？

萨耳：小石头的重量将会增大，如果较大的石头运动得更快的话；但是我们已经得到结论说，当小石头运动得较慢时，它就在一定程度上阻滞那较大石头的速率，于是，作为比两块石头中较大的一块更重的物体，两块石头的组合体就将运动得较慢，这是和你的假设相反的一个结论。因此我们推断，大物体和小物体将以相同的速率而运动，如果它们的比重相同的话。

辛普：你的讨论实在令人赞叹，但是我仍然觉得很难相信一个小弹丸会和一个大炮弹同样快地下落。

萨耳：为什么不说一个沙粒和一扇石磨同样快地下落？但是，辛普里修，我相信你不会学别的许多人的样儿，他们曲解我的讨论，抛开它的主旨而紧紧抓住我的言论中那些毫无真理的部分，并用这种秋毫之末般的疏忽来掩盖另一个缆绳般的错误。亚里士多德说："100 磅重的铁球从 100 腕尺的高处落下，当 1 磅的球还未下落 1 腕尺时就会到达地面。"我说，它们将同时落地。你们根据实验，发现大球比小球超前 2 指。就是说，当大球已经落地时，小球离地还有 2 指的宽度。现在你们不会用这 2 指来掩盖亚里士多德的 99 腕尺了，也不会只提到我的小误差而对亚里士多德的大错误默不作声了。亚里士多德宣称，重量不同的物体在相同的媒质中将以正比于它们的重量的速率而运动（只要它们的运动是依赖于重力的）。他用一些物体来演示了这一点，在那些物体中有可能觉察纯粹的和不掺假的重力效应，而消去了另外一些考虑，例如重要性很小的(minimi momenti)数字，大大依赖于只改变重力效应的媒质的那些影响。例如我们观察到，在一切物质中密度为最大的金，当被打制成很薄的片时，将在空气中飘动，同样的事情也发生在石头上，当它被磨成很细的粉时。但是，如果你愿意保留普遍的比例关系，你就必须证明，同样的速率比在一切重物的事例中都是得到保持的，而一块 20 磅重的石头将 10 倍于 2 磅重的石头那样快地运动。但是我宣称，这是不对的，而且，如果它们从 50 腕尺或 100 腕尺的高处落下，它们将在同一时刻到地。[110]

辛普：假如下落不是从几碗尺的高处而是从几千腕尺的高处开始的，结果也许不同。

萨耳：假如这是亚里士多德的意思，你就可以让他承担另一个可以成为谬误的差错；因为，既然世界上没有那样一个可供应用的纯粹高度，亚里士多德显然就没有做过那样的实验，而正如我们所看到的那样，当他谈到那样一种效应时，他却愿意给我们一种印象，就像他已经做过那实验似的。

辛普：事实上，亚里士多德没有应用这一原理，他用的是另一原理，而我相信，那原理并不受同一些困难的影响。

萨耳：但是这一原理和另一原理同样地不对，而且我很吃惊，你本人并没有看出毛病，而且你也没有觉察到那种说法是不对的；就是说，在密度不同和阻力不同的媒质，例如水和空气中，同一个物体在空气中比在水中运动得要快，其比例是空气密度和水密度之比。假如这种说法是对的，那就可以推知，在空气中会下落的任何物体，在水中也必下落。但是这一结论是不对的，因为许多物体是会在空气中下降的，但是在水中不仅不下降而且还会上升。

辛普：我不明白你这种讨论的必要性；除此以外，我愿意说，亚里士多德只讨论了那些在两种媒质中都下降的物体，而不是那些在空气中下降而在水中却上升的物体。[111]

萨耳：你为哲学家提出的这些论证是他本人肯定避免的，以便不会使他的第一个错误更加糟糕。但是现在请告诉我，水或不管什么阻滞运动的东西的密度（corpulenza）是不是和阻滞性较小的空气的密度有一个确定的比值呢？如果是的，请你随便定一个值。

辛普：这样一个比值确实存在。让我们假设它是 10，于是，对于一个在两种媒质中都下降的物体来说，它在水中的速率将是它在空气中的速率的十分之一。

萨耳：我现在考虑一个在空气中下降但在水中并不下降的物体，譬如说一个木球，而且我请你随你高兴给它指定一个在空气中下降的速率。

辛普：让我们假设它运动的速率是20。

萨耳：很好。那么就很清楚，这一速率和某一较小速率之比等于水的密度和空气的密度之比；而且这个较小的速率是2。于是，实实在在，如果我们确切地遵循亚里士多德的假设，我们就应该推断，在比水阻滞性差10倍的物质，即空气中，将会以一个速率20而下降的木球，在水中将以一个速率2而下降，而不是像实际上那样从水底浮上水面；除非你或许会愿意回答说(但我不相信你会那样)，木球在水中的升起是和它的下降一样以一个速率2而进行的。但是，既然木球并不沉到水底，我想你和我都同意，认为我们可以找到一个不是用木头而是用另一种其他材料制成的球，它确实会在水中以一个速率2而下降。

辛普：毫无疑问我们能，但那想必是一种比木头重得多的材料。

萨耳：正是如此。但是如果这第二个球在水中以一个速率2而下降，它在空气中下降的速率将是什么呢？如果你坚持亚里士多德的法则，你将回答说它在空气中将以速率20而运动；但是20是你自己已经指定给木球的速率，由此可见，木球和另一个更重的球将以相同的速率通过空气而运动。但是现在哲学家怎样把这一结果和他的另一结果调和起来呢？那另一结果就是，重量不同的物体以不同的速率通过同一媒质而运动——各该速率正比于各该物体的重量。但是，且不必更深入地进入这种问题，这些平常而又显然的性质是怎样逃过了你的注意的呢？[112]你没有观察过两个物体在水中落下，一个的速率是另一个的速率的100倍，而它们在空气中下落的速率却那样的接近相等，以致一个物体不会超前另一个物体到百分之一吗？例如，用大理石制成的卵形体将以鸡蛋速率之100倍的速率而在水中下降，但是在空气中从20腕尺的高处下降时二者到地的先后会相差不到1指。简短地说，在水中用3个小时下沉10腕尺的一个重物，将只用一两次脉搏的时间在空气中走过10腕尺；而且如果该重物是一个铅球，它就很容易在水中下沉10腕尺，所用的时间还不到在空气中下降同一距离所用时间的2倍。而且在这里，我敢肯定，辛普里修，你找不到不同意或反对的任何依据。因此，我们的结论是，论证的主旨并不在于反对真空的存在；但它如果是的，它也将只把范围相当大的真空反对掉；那种真空，不论是我，还是我相信也有古人，都不相信在自然界是存在的，尽管它们或许可能用强力(violenza)来造成，正如可以从各式各样的实验猜到的那样；那些实验的描述将占太多的时间。

萨格： 注意到辛普里修的沉默，我愿意借此机会说几句话。既然你已经清楚地论证了重量不同的物体并不是以正比于其重量的速度而在同一种媒质中运动，而是全都以相同的速率运动的，这时的理解当然是，各物体都用相同的材料制成，或者至少具有相同的比重，而肯定不是具有不同的比重，因为我几乎不认为你会要我们相信一个软木球和一个铅球以相同的速率而运动；而且，既然你已经清楚地论证了通过阻力不同的媒质而运动着的同一个物体并不会获得反比于阻力的速率，我就很好奇地想知道在这些事例中实际上观察到的比值是什么。[113]

萨耳： 这是一些有趣的问题，关于它们我已经考虑了很多。我将告诉你们处理的方法以及我最后得到的结果，既已确定了关于在不同阻滞性媒质中运动的同一物体将获得反比于各媒质之阻力的速率的那一命题的不实性，且已否证了所谓不同重量的物体在同一媒质中将获得正比于物体重量的速度的那种说法(这时的理解是它也适用于只在比重上有所不同的物体)，然后我就开始把这两个事实结合起来，并且考虑如果把重量不同的物体放入阻力不同的媒质中就会出现什么情况；于是我发现，在阻力较大，即较难克服的媒质中，速率的差别也较大。这种差值是这样的：在空气中速率几乎没有差别的两个物体，在水中却发现一个物体的速率等于另一物体的下落速率的10倍。此外，也有一些物体在空气中很快地下落，当被放在水中时，却不仅不会下沉而且还会保持静止或甚至升到水面上来：因为，可以找到一些种类的木头，例如节疤或树根，它们在水中保持静止，而在空气中却很快地下落。

萨格： 我曾经很耐心地试着把一些沙粒加在蜡球上，直到它得到和水相同的比重，从而将在这种媒质中保持静止。但是，不论多么小心，我还是没能做到此点。确实，我不知道到底有没有一种固体物质，它的比重本来就和水的比重很近似地相等，以致当被放在水中的任意地方时它都将保持静止。[114]

萨耳： 在这种以及上千种其他的操作中，人是被动物所超过的。在你的这一问题中，人们可以从鱼类学到很多东西：鱼是很善于保持它们的平衡的，不仅在一种水中，而且在显著不同的水中——或是由于本身的性质，或是由于某种偶然的泥沙或盐分的混入，都可以引起显著的变化。鱼类保持自身平衡的能力是那样地完美，以致它们能够在任意位置上保持不动。我相信，它们做到这一点是通过大自然专门提供给它们的一种仪器，那是肚子里的一个鳔，有一条细管和嘴相通，通过这个管子，它们能够随意地吐出鳔中的一部分空气；通过上升到水面，它们可以吸进更多的空气。就这样，它们可以随心所欲地让自己比水重一些或轻一些并保持平衡。

萨格：利用另一种方法，我能够骗过我的朋友们。我对他们夸口说，我能做一个蜡球，使它在水中保持平衡。在容器的底部，我放上一些盐水，在盐水上面再放一些净水。然后我向他们演示，球停止在水的中部，而当把它按到水底或拿到水面时，它却不停在那些地方而是要回到中部去。

萨耳：这一实验并不是没有用处的。因为当医师们测试水的质地时，特别是测试它们的比重时，他们就会使用一个这类的球。他们把球调节好，使它在某一种水中既不上升也不下沉。然后，在测试比重(peso)稍有不同的水时，如果这种水较轻，球就会下沉；如果水较重，球就会上浮。这种实验可以做得相当准确，以致可以在 6 磅水中只多加 2 颗盐粒就足以使沉到水底的球浮到水面上来。为了演示这一实验的准确性，并且清楚地演示水对分割的非阻滞性，我愿意更多地说，比重的显著变化，不但可以通过某种较重物质的溶解来产生，而且也可以通过简单地加热或冷却来产生，而且水对这种过程相当敏感，以致在 6 磅水中简单地加入 4 滴稍热或稍冷的水，就足以使球下沉或上浮；当热水被加入时球就下沉，而当冷水被加入时它就上浮。现在你们可以看出那些哲学家们是何等地错误了：他们赋予水以黏滞性或各部分之间的某种其他的内聚力，它们对各部分的分离和对透入发生阻力。[115]

萨格：关于这个问题，我曾在我们的院士先生的一部著作中看到许多有说服力的论证，但是有一个很大的困难是我自己至今还不能排除的：那就是，假如水的粒子之间并无黏性或内聚力，一些大水珠儿怎么能够独自存在于白菜叶上而不散开或坍掉呢？

萨耳：虽然掌握了真理的人们是能够解决所提出的一切反驳的，我却不想自诩有这样的能力，但是我的无能却不应该被允许去掩蔽真理。在开始时，请允许我承认我并不明白这些大水珠儿怎么就能够独自存在而经久不散，尽管我肯定地知道这不是由于水的粒子之间有什么内在黏性；由此就必能得知，这种结果的原因是外在的。除了已经提出的证明原因并非内在的实验以外，我还可以给出另一个实验，这是很有说服力的。如果在被空气包围时使自己保持在一堆中的那些水粒子是由于一种内在的原因而这样做的，则当被另一种媒质所包围时它们将更加容易得多地保持在一起；在那种媒质中，它们比在空气中显示更小的散开趋势。这样的媒质将是比空气重的任何流体，例如酒；因此，如果把一点儿酒倒在一个水珠儿的周围，那酒就应该逐渐升高直至将它完全淹没，而由内聚力保持在一起的那些水粒子则不会互相散开。[116]

但这并不是事实，因为，酒一碰到水，水不等酒把它盖住就立即散开而展布到了酒的下面，如果那是红酒的话。因此，这一结果的原因是外在的，而且可能要到周围的空气中去寻找。事实上，在空气和水之间，似乎存在一种相当大的对抗性，正如我在下述实验中已经观察到的那样。取一玻璃球，上有小孔，大小如稻草的直径。我在球上浇上水，然后把它翻过来，使孔朝下，尽管水很重而倾向于下降，空气很轻而性好上升，但是二者都不动，一方拒不下降，另一方也不通过水而上升，双方都呈顽固而保守的状态。另一方面，我刚把一杯比水轻得多的红酒倒在玻璃孔附近，立刻就看到一些红色的条纹通过水而缓缓上升，而水也同样缓慢地通过酒而下降，二者并不混合；直到最后，球中灌满了酒，而水则全都到了下面的容器中。现在，除了说水和空气之间有一种我不了解的不可调和性以外，我们还能说什么呢？但是，也许……

辛普：对于萨耳维亚蒂所显示的这种反对使用“反感”一词的巨大反感，我觉得几乎要笑出声来。不过无论如何，对于解释困难，这还是非常适合的。

萨耳：很好，如果使辛普里修高兴，咱们就让“反感”一词算是我们那个困难的解释吧。从这一插话回过头来，让咱们重提我们的课题。我们已经看到，不同比重的物体之间的速率差，在那些阻滞性最强的媒质中最为显著；例如，在水银这种媒质中，金不仅比铅更快地沉到底下，而且还是能够下沉的唯一物质，所有别的金属，以及石头，都将上升而浮在表面。另一方面，在空气中，金球、铅球、铜球、石球以及其他重材料所做之球的速率之差都是那样的小，以致在一次 100 腕尺的下落中，一个金球不会超前于一个铜球到 4 指的距离。既已观察到这一点，我就得到结论说，在一种完全没有阻力的媒质中，各物质将以相同的速率下落。

辛普：这是一个惊人的叙述，萨耳维亚蒂。但是我永远不会相信，在真空中，假如运动在那样的地方是可能的，一团羊毛和一块铅将以相同的速度下落。[117]

萨耳：稍微慢一点，辛普里修。你的困难不是那么深奥的，而且我也不是那么鲁莽，以致保证你相信我还没有考虑这个问题并找到它的适当解。因此，为了我的论证并为了你的领悟，请先听听我所要说的话。我们的问题是要弄清楚，什么情况会出现在一种没有阻力的媒质中运动的不同重量的物体上，因此，速率的唯一差值就是由重量的不同而引起的那种差值。既然除了完全没有空气也没有任何不论多么坚韧或柔软的其他物体的空间以外，任何媒质都不可能给我们的感官提供我们所寻求的证据，而且那样的空间又得不到，我们就将观察发生在最稀薄和阻力最小的媒质中的情况，并将它和发生在较浓密和阻力较大的媒质中的情况相对比。因为，如果作为事实，我们发现在不同比重的物体中速率的改变随着媒质的越来越柔和而越来越小，而且到了最后，在一种最稀薄的虽然还不是完全真空的媒质中，我们发现，尽管比重(peso)的差别很大，速率的差值却很小，乃至几乎不可觉察，我们就有理由在很高的或然性下相信，在真空中，一切物体都将以相同的速率下落。注意到这一点，让我们考虑在空气中发生的情况：在这种媒质中，为了确切，设想轻物体就是一个充了气的膀胱。当被空气所包围时，膀胱中气体的重量将很小，乃至可以忽略，因为它只是稍被压缩了一点儿。因此，物体的重量是很小的，只是一块皮的重量，还不到和吹胀的膀胱同样大小的一块铅的重量的千分之一。现在，辛普里修，如果我们让这两个物体从 4 腕尺或 6 腕尺的高处落下，你认为铅块将领先膀胱多远？你可以确信铅块会运动得有膀胱的 3 倍或 2 倍那么快，虽然你也许会认为它运动得有1000倍那样的快。

辛普：在最初 4 腕尺或 6 腕尺的下落中，可能会像你说的那样，但是在运动继续了一段长时间以后，我相信铅块已把膀胱落在后面，距离可能不止是全程的 6/12，甚至可能是 8/12 或 10/12。[118]

萨耳：我完全同意你的说法，而且并不怀疑在很长的距离上铅块可能走过了100英里而膀胱只走了1英里；但是，亲爱的辛普里修，你提出来反对我的说法的这种现象，恰恰正是将会证实我的说法的一个现象。让我再解释一次，在不同比重的物体中观察到的速率的变化，不是由比重之差所引起，而是依赖于外在的情况的，而且特别说来，是依赖于媒质的阻力的，因此，如果媒质被取走，各物体就将以相同的速率下落；而且，我是根据一件事实来推得这一结果的，那事实是你刚才已经承认，而且是很真实的，那就是，在重量相差甚大的物体的事例中，当经过的距离增大时，它们的速率相差越来越大，这是不可能出现的事情，假如效果依赖于比重之差的话。因为，既然这些比重保持恒定，所经距离之间的比值就应该保持恒定，而事实却是，这种比值是随着运动的继续而不断增大的。例如，一个很重的物体在下落1腕尺的过程中不会比一个较轻的物体领先全路程的1/10，但是在一次12腕尺的下落中，重物体却会比轻物体领先全路程的1/3，而在一次100腕尺的下落中，则领先90/100，如此等等。

辛普：很好。但是，按照你的论证思路，如果比重不同的物体的重量差不能引起它们的速率之比的变化，其根据是各物体的比重并不变化，那么，我们也假设媒质并不变化，它又怎能引起那些速度之比值的变化呢？

萨耳：你用来反对我的说法的这一意见是巧妙的，从而我必须回答它。我从指出一点开始，各物体有一种固有的倾向，要以一种恒定地和均匀地加速了的运动前往它们的共同重心，也就是前往地球的中心，因此，在相等的时间阶段内，它们就得到相等的动量和速度的增量。你必须了解，这是说的每当一切外界的和偶然的阻力都已被排除时的情况；但是其中有一种阻力是我们永远无法排除的，那就是下落物体所必须通过和排开的媒质。这种沉默的、柔和的、流体的媒质用一种阻力来反对通过它的运动，该阻力正比于媒质必须给经过的物体让路的那种速度，而正如我已经说过的那样，该物体按其本性就是不断加速，因此它在媒质中就遇到越来越大的阻力，从而它的速率增长率就越来越小，直到最后，速率达到那样一点，那时媒质的阻力已经大得足以阻止任何进一步的加速，于是物体的运动就变成一种均匀的运动，而且从那以后就会保持恒定了。因此，媒质的阻力有所增加，不是由于它的基本性质有什么变化，而是由于它给那个加速下落的物体让路的快慢有所变化。[119]

现在，注意到空气对膀胱的微小动量（momento）的阻力是多么大，以及它对铅块之很大重量（peso）的阻力又是多么小，我就确信，假若媒质被完完全全地排除掉，膀胱所得到的好处就会很大，而铅块所得到的好处却会很小，于是它们的速率就会成为相等的了。现在采取这样一个原理：设有一种媒质，由于真空或其他什么原因，对运动的速率并无阻力，则在这种媒质中，一切下落的物体将得到相等的速率。有了这一原理，我们就能够根据它来确定各物体的速率比，不论是相同的还是不同的物体，运动所经过的媒质也可以是同一种媒质，或是不同的充满空间从而有阻力的媒质。这种结果，我们可以通过观察媒质的重量将使运动物体的重量减低多少来求得；那个重量就是下落物体在媒质中为自己开路并把一部分媒质推开时所用的手段；这种情况在真空中是不会发生的，从而在那种地方，不能预期有来自比重差的（速率）差。而且既然已知媒质的作用是使物体的重量减小，所减的部分等于被排开的媒质的重量，那么我们就可以按此比例减低下落物体的速率来达成我们的目的，那一速率被假设为在无阻力媒质中是相等的。[120]

例如，设铅的重量为空气重量的 1 万倍，而黑檀木的重量则只是空气重量的 1000 倍。在这里，我们有两种物质，它们在无阻力媒质中的下落速率是相等的。但是，当空气是这种媒质时，它就会使铅的速率减小 1/10000，而使黑檀木的下降速率减小 1/1000，也就是减小 10/10000。因此，假如空气的阻力效应被排除，铅和黑檀木就将在相同的时段中下落相同的高度；但是在空气中，铅将失去其原有速率的 1/10000，而黑檀木将失去其原有速率的 10/10000。换句话说，如果物体开始下落时的高度被分成 1 万份，则铅到达地面而黑檀木则落后 10 份，或至少 9 份。那么，是不是清楚了？一个铅球从 200 腕尺高的塔上落下，将比一个黑檀球领先不到 4 英寸。现在，黑檀木的重量是空气重量的 1000 倍，但是这个吹胀了的膀胱则只有 4 倍；因此，空气将使黑檀球的固有的、自然的速率减小 1/1000，而使膀胱的自然速率减小 1/4（在没有阻力时，铅和黑檀木的下落速率相等）。因此，当从塔上下落的黑檀球到达地面时，膀胱将只走过了全程的 3/4。[①] 铅重是水重的 12 倍，但象牙重只是水重的 2

① 按：这一类的议论对于加速运动并不适用，只不过是大致的说法而已。以后不另注。——中译者

倍。这两种物质的下落速率，当完全不受阻滞时是相等的，而在水中则铅的下落速率将减小 1/12，象牙的减小 1/2。因此，当铅已经穿过了 11 腕尺的水时，象牙将只穿过了 6 腕尺的水。利用这一原理，我相信我们将得到实验和计算的符合，比亚里士多德的符合要好得多。

用同样办法，我们可以求得同一物体在不同的流体媒质中的速率比，不是通过比较媒质的不同阻力，而是通过考虑物体的比重对媒质比重的超出量。例如，锡重为空气重的 1000 倍，而且是水重的 10 倍，因此，如果我们把锡的未受阻速率分成 1000 份，空气就将夺走其中的 1 份，于是它就将以一个速率 999 下落，而在水中，它的速率就将是 900，注意到水将减少其重量的 1/10，而空气则只减少其重量的 1/1000。[121]

再取一个比水稍重的物体来看，例如橡木。一个橡木球，譬如说它的重量为 1000 打兰(drams)①。假设同体积的水的重量为 950，而同体积的空气的重量为 2；那么就很清楚，如果此球的未受阻速率为 1000，则它在空气中的速率将是 998，而在水中的速率则只是 50，注意到水将减少物体重量 1000 中的 950，只剩下 50。

因此，这样一个物体在空气中将运动得几乎像在水中运动的 20 倍那样快，因为它的比重比水的比重大 1/20。而且我们在这儿还必须考虑一个事实，那就是，只有比重大于水的比重的那些物质，才能在水中下降——这些物质从而就一定比空气重几百倍。因此，当我们试图得出在空气中和在水中的速率比时，我们可以假设空气并不在任何可观察的程度上减低物体的自由重量(assoluta gravità)，从而也就并不减小其未受阻速率(assoluta velocità)，这并不会造成任何可觉察的误差。既已这样容易地得出这些物质的重量比水的重量的超出量，我们就可以说，它们在空气中的速率和它们在水中的速率之比，等于它们的自由重量(totale gravità)和它们的重量对水的重量的超出量之比。例如，一个象牙球重 20 盎司；同体积的水重 17 盎司；由此即得，象牙在空气中的速率和在水中的速率之比近似地等于 20∶3。

萨格：我在这一实在有趣的课题中已经前进了一大步；对于这个课题，我曾经枉自工作了很久，为了把这些理论付诸实用，我们只要找到一

① 英制质量单位，符号 dr。1 打兰＝27.34375 格令＝1.7718 克(16 打兰＝1 盎司)。

个相对于水并从而相对于其他重物质来确定空气比重的方法就可以了。

辛普：但是，如果我们发现空气具有轻量而不是具有重量，我们对以上这种在其他方面是很巧妙的讨论又将怎么说呢？

萨耳：我将说它是空洞的、徒劳的和不足挂齿的。但是你能怀疑空气有重量吗，当你有亚里士多德的清楚证据，证明除了火以外，包括空气在内的所有元素都有重量时？作为这一点的证据，他举出一个事实：一个皮囊当被吹胀时比瘪着时要重一些。

辛普：我倾向于相信，在吹胀的皮囊或膀胱中观察到的重量增量不是起源于空气的重量，而是起源于在这些较低的地方掺杂在空气中的许多浓密蒸汽。我将把皮囊中重量的增量归属于这些蒸汽。[122]

萨耳：我宁愿你没有这样说，尤其不希望你把它归诸亚里士多德，因为如果谈到元素，他曾经用实验来说服我相信空气有重量，而且他要对我说："拿一个皮囊，把它装满重的蒸汽并观察它的重量怎样增加。"我就会回答说，皮囊将会更重，如果里边装了糠的话；而且我会接着说，这只能证明糠和浓蒸汽是有重量的，至于空气，我们仍然处于同样的怀疑中。然而，亚里士多德的实验是好的，命题也是对的，但是对某一种考虑从其表面价值来看却不能说同样的话；这种考虑是由一位哲学家提出的，他的名字我记不起来了，但是我知道我读到过他的论证，那就是说，空气具有比轻量更大的重量，因为它把重物带向下方比把轻物带向上方更加容易。

萨格：真妙！那么，按照这种理论，空气比水要重得多，因为所有的重物通过空气都比通过水更容易下落，而所有的轻物通过水都比通过空气更容易上浮；而且，还有无数的重物是通过空气下落而在水中却上升，并有无数的物质是在水中上升而在空气中下落的。但是，辛普里修，关于皮囊的重量是起源于浓蒸汽还是起源于纯空气的问题却并不影响我们的问题；我们的问题是要发现各物体怎样通过我们的含有蒸汽的大气而运动。现在回到使我更感兴趣的问题，为了知识的更加全面和彻底，我愿意不仅仅是加强我关于空气有重量的信念，而且如果可能也想知道它的比重有多大。因此，萨耳维亚蒂，如果你能在这一点上满足我的好奇，务请不吝赐教。[123]

萨耳：亚里士多德用皮囊做的实验，结论性地证明了空气具有正的重量，而不是像某些人曾经相信的那样具有轻量；“轻量”可能是任何物质都不会具有的一种性质。因为，假若空气确实具有那种绝对的和正的轻量，经过压缩，它就应该显示更大的轻量，从而就显示一种更大的上升趋势，但是实验却肯定地证明了相反的情况。

至于别的问题，即怎样测定空气的比重的问题，我曾经应用了下述方法。我拿了一个细颈的相当大的玻璃瓶，并且给它装了一个皮盖儿。把皮盖儿紧紧地绑在瓶颈上，在盖子的上面我插入并且紧紧地固定了一个皮囊的阀门，通过阀门，我用一个打气筒把很多的空气压入到玻璃瓶中。而既然空气是很容易压缩的，那就可以把2倍或3倍于瓶子体积的空气压入瓶中。在此以后，我拿一个精密天平，并利用沙粒来调节砝码，很精确地称量了这一瓶压缩空气的重量。然后我打开阀门，让压缩空气逸出，然后再把大瓶子放回到天平上并且根据曾用做砝码的沙粒发现瓶子已经可觉察地减轻了。然后我把沙粒重新取下来放到旁边，并且尽可能地把天平调平。在这些条件下，毫无疑问那些被放在一边的沙粒就代表那些被压入瓶中然后又放走的空气的重量。但是归根结蒂，这个实验告诉我的只是，压缩空气的重量和从天平上取下的沙粒的重量相同；但是，当进而要求准确而肯定地知道空气的重量和水的重量或和任何沉重物质的重量之比时，没有首先测量压缩空气的体积(quantità)我是不能希望做到这一点的。为了进行这种测量，我设计了如下的两种方法。

按照第一种方法，先取一个和以上所述的瓶子相似的细颈瓶，瓶口内插一皮管，紧紧地绑在瓶口上；皮管的另一端和装在第一个瓶子上的阀门相接，并且紧束于其上。在这第二个瓶子的底上有一个孔，孔中插一铁棒，使得可以任意地打开上述阀门，让第一个瓶中的过量空气一被称过重量就可以逸出。但是第二个瓶子中必须装满水。按上述方式准备好了一切以后，用铁棒打开阀门，于是空气就将冲入装水的瓶中并通过瓶底的孔将其排出。很显然，这样排出的水的体积(quantità)就等于从第一个瓶中逸出的空气的体积(mole e quantità)。将被排出的水放在旁边，称量空气所由逸出的那个瓶子的重量(在此以前，当压缩空气还在里边时，假设此瓶的重量已被称量过)。按上述方式取走过量的沙粒。于是就很显然，这些沙粒的重量就等于一个体积(mole)的空气的重量，而此体积就等于被排出的和放在旁边的那些水的体积。这些水我们是可以称量的，于是就可以确切地测定同体积的水的重量为空气重量的多少倍。我们将发现，和亚里士多德的意见相反，这不是 10 倍，而是正如我们实验所证实的那样，更接近于 400 倍。[124]

第二种方法更加快捷，而且只用上述那样装置的一个容器就可以做成。在这儿，并不向容器所自然包含的空气中添加任何空气，但是水却被压进去而不让任何空气逸出。这样引入的水必然会压缩空气。在尽可能多地向容器中压入水以后，譬如已经占了 3/4 的空间，这是不需要费多大事的，然后把容器放在天平上，精确地测定其重量；然后让容器的口仍然朝上，打开阀门让空气逸出；这样逸出的空气确切地和包含在瓶中的水具有相同的体积。再称量容器的重量。由于空气的逸出，重量应已减小。这种重量的损失，就代表和容器中的水体积相等的那些空气的重量。

辛普： 没人能否认你这些设计的聪明和巧妙；但是，它们在显得给了我完全的心智满足的同时，却在另一方面使我迷惑。因为，既然当各元素在它们的正当位置上时是既无重量又无轻量的，那么我就不明白，怎么可能譬如说其重量为 4 打兰沙子的这一部分空气竟然在空气中具有和它平衡的那些沙的重量。因此，在我看来，实验不应该在空气中做，而应该在一种媒质中做；在那种媒质中，空气可以显示它的沉重性，如果它真有那种性质的话。[125]

萨耳： 辛普里修的反驳肯定是中肯的，因此它就必然不是无法回答的就是需要一个同样清楚的答复的。完全显然的是，在压缩状态下和沙子具有相等重量的空气，一旦被允许逸出到它自己的元素中就失去这一重量，而事实上沙子却还保留着自己的重量。因此，对于这个实验来说，那就有必要选择一个地方，以便空气也像沙子那样在那儿有重量；因为，正如人们常说的那样，媒质将减少浸在它里边的任何物质的重量，其减少之量等于被排开的媒质的重量；因此，空气在空气中就会失去它的全部重量。因此，如果这个实验应该做得很精确，那就应该在真空中做，因为在真空中每一个重物体都显示其动量而不受任何的减弱。那么，辛普里修，如果我们到真空中去称量一部分空气的重量，你会不会满意并确信其结果呢？

辛普： 当然是的，但是这却是在希望或要求不可能的事情。

萨耳： 那么，如果为了你的缘故，我完成了这种不可能的事，你的感谢想必是很大的了。不过我并不是要向你推销什么我已经给了你的东西;因为在前面的实验中,我们已经在真空中而不是在空气或其他媒质中称过空气了。任何流体媒质都会减小浸入其中的物体的重量,辛普里修,这一事实起源于媒质对它的被打破、被推开和终于被举起所作出的反抗。其证据可以在流体冲过去重新充满起先被物体占据的任何空间时的那种急迫性中看出,假如媒质并不受到这样一种浸入的影响,它就不会对浸入的物体发生反作用。那么现在请告诉我,当你有一个瓶子,在空气中,充有自然数量的空气,然后开始向瓶中压入更多的空气时,这种额外的负担会不会以任何方式分开或分割或改变周围的空气呢?容器是不是或许会胀大,使得周围的媒质被排开,以让出更多的地方呢?肯定不会![126]因此就可以说,这种额外充入的空气并不是浸在周围的媒质中,因为它没有在那里占据任何空间,正像在真空中一样。事实上,它正是在一个真空中的,因为它扩散到了一些空隙之中,那些空隙并没有被原有的、未压缩的空气所完全填满。事实上,我看不出被包围的媒质和周围的媒质之间的任何不同,因为周围的媒质并没有压迫那被包围的媒质,而且反过来说,被包围的媒质也没有对周围的媒质作用任何压力:同样的关系也存在于真空中任何物质的事例中,同样也存在于压缩到瓶内的额外数量的空气的事例中。因此,被压缩空气的重量就和当它被释放到真空中时的重量相同。当然不错,用做砝码的那些沙子的重量,在真空中要比在自由空气中稍大一些。因此我们必须说,空气的重量稍大于用做砝码的沙子的重量;也就是说,所达的量等于所占的体积和沙子的体积相等的那些空气在真空中的重量。[1] [127]

---

① 在这儿,在原版的一个注释本中,发现了伽利略的下列补笔:

[**萨格**:一段解决一个奇妙问题的很巧妙的讨论,因为它简单明了地演示了通过在空气中的简单称量来求得一个物体在真空中的重量的方法。其解释如下:当一个重物体浸在空气中时,它就失去一点儿重量,等于该物体所占体积中的空气的重量。因此,如果不膨胀地在物体上加上它所排开的空气并称量其重量,就能求得该物体在真空中的绝对重量,因为,在不增加体积的条件下,已经补偿了它在空气中失去的重量。

因此,当我们把一些水压入已包含了正常量的空气的容器中而不允许这些空气有任何逸出时,那就很显然,正常量的空气将被压缩而凝聚到一个较小的空间中,以便给压进来的水让出地方;于是就很显然,水的重量将增加一个值,等于同体积的空气的重量。于是,所求得的水和空气的总重量,就等于水本身在真空中的重量。

现在,记下整个容器的重量并让压缩的空气逸出,称量剩余的重量。这两个重量之差就等于与水同体积的压缩空气的重量。其次,求出水本身的重量并加上压缩空气的重量,我们就得到水本身在真空中的重量。为了求得水的重量,我们必须把它从容器中取出并称量容器本身的重量,再从水和容器的总重量中减去这个值。很显然,余数就是水本身在空气中的重量。]——英译者

辛普：在我看来，上述的实验还有些不足之处：但是我现在完全满足了。

萨耳：我所提出的这些事实，直到这一点为止，而且在原理上还包括另一事实，那就是，重量差，即使当它很大时也在改变下落物体的速率方面并无影响，因此，只要就重量而论，物体都以相等的速率下落。我说，这一想法是如此的新，而且初看起来是离事实如此之远，以致如果我们没有办法把它弄得像太阳光那样清楚，那就还不如不提到它了。但是，一旦把它说出来，我就不能省略用实验和论据来确立它。

萨格：不只是这个事实，而且还有你的许多别的观点都是和普遍被接受了的见解及学说相去如此之远，以致假如你要发表它们，你就将会激起许许多多的敌视，因为人的本性就是不会带着善意来看待他们自己领域中的发现（无论是真理的发现还是谬误的发现），当那发现是由他们以外的别人做出时。他们称他为"学说的革新者"。这是一个很不愉快的称号：他们希望用这个称号来砍断那些他们不能解开的结，并用地雷来摧毁那些耐心的艺术家们用习见的工具建造起来的楼台殿阁。但是，对于并无那种思想的我们来说，[128]你到现在已经举出的实验和论证是完全让人满意的；然而，如果你有任何更直接的实验或更有说服力的论证，我们是乐于领教的。

萨耳：为了确定两个重量相差很大的物体会不会以相同的速率从高处下落而做的实验，带来了某种困难，因为如果高度相当大，下落物体必须穿过和排开的媒质所造成的阻力在很轻物体的小动量的事例就比在重物体的大力（violenza）的事例中更大，以致在很长的距离上，轻物体将被落在后面；如果高度很小，人们就很可能怀疑到底有没有差别；而且如果有的话，差别也将是不可觉察的。

因此我就想到，用一种适当方式来重复观察小高度上的下落，使得重物体和轻物体先后到达共同终点之间的时间差可以被积累起来，以使其总和成为一个不仅可以观察而且易于观察的时间阶段。为了利用尽可能低的速率以减小阻滞性媒质对重力的简单效应所引起的变化，我想到了让各物体沿着一个对水平面稍微倾斜的斜面下落。因为，在这样一个斜面上，正如在一个竖直的高度上一样，是可以发现不同重量的物体如何下落的；而且除此以外，我也希望能排除由运动物体和上述斜面的接触而可能引起的阻力。因此我就取了两个球，一个铅球和一个软木球，前者约比后者重 100 倍，并且用相等的细线把它们挂起来，每条线长约四五腕尺。[129]

把每一个球从竖直线拉开，我在同一个时刻放开它们，于是它们就沿着以悬线为半径的圆周下落，经过了竖直位置，然后沿着相同的路径返回。这种自由振动(per lor medesime le andate e letornate)重复 100 次，清楚地证明了重物体如此相近地保持轻物体的周期，以致在 100 次乃至 1000 次摆动中重球也不会领先于轻球一个瞬间(minimo momento)，它们的步调竟保持得如此完美。我们也可以观察媒质的效应：通过对运动的阻力，媒质减小软木球的振动比减小铅球的振动更甚，但是并不改变二者的频率；甚至当软木球所经过的圆弧不超过 5°或 6°，而铅球所经过的圆弧则是 55°或 60°时，振动仍然是在相等的时间内完成的。

辛普：如果是这样，为什么铅球的速率不是大于软木球的速率呢，既然在相同的时段内前者走过了 60°的圆弧而后者只走过了几乎不到 6°的圆弧？

萨耳：但是，辛普里修，当软木球被拉开 30°而在一个 60°的弧上运动，铅球被拉开 2°而只在一个 4°的弧上运动时，如果它们在相同的时间内走完各自的路程，你又怎么说呢？那时岂不是软木球运动得成比例地更快一些吗？不过实验的事实就是这样。但是请看这个：在把铅摆拉开了譬如说 50°的一个弧并把它放开以后，它就摆过竖直位置几乎达到 50°，这样它就是在描绘一个将近 100°的弧；在回来的摆动中，它描绘一个稍小的弧，而在很多次这样的振动以后，它最后就归于静止。每一次振动，不论是 90°、55°、20°、10°或 4°，都占用相同的时间；从而运动物体的速率就不断地减小，因为它在相等的时段内走过的弧越来越小。

完全同样的情况也出现在用相同长度的线挂着的软木摆上，只除了使它归于静止所需要的振动次数较少，因为，由于它较轻，它反抗空气阻力的能力就较小。尽管如此，各次振动不论大小却都是在相等的时段内完成的；这一时段不但在它们自己之间是相等的，而且也是和铅摆的相应时段相等的。由此可见，有一点是真实的：如果当铅摆画过一个 55°的弧时软木摆只画过一个 10°的弧，软木摆就运动得比铅摆慢；但是另一方面，而且另一点也是真实的：软木摆也可能画过一个 55°的弧，而铅摆则只画过一个 10°的弧。因此，在不同的时候，我们有时得到的是软木球运动得较慢，有时得到的是铅球运动得较慢。但是，如果这些相同的物体在相等的时间内画过相等的弧，我们就可以完全相信它们的速率是相等的。[130]

辛普：我在承认这一论证的结论性方面是犹豫的，因为你使两个物体运动得时而快、时而慢、时而很慢，这样就造成了混乱，使我弄不清楚它们的速率是否永远相等。

萨格：如果你愿意，萨耳维亚蒂，请让我说几句。现在，请告诉我，辛普里修，当铅球和软木球在同一时刻开始运动并且走过相同的斜坡，永远在相等的时间内走过相等的距离时，你是否承认可以肯定地说它们的速率相等呢？

辛普：这是既不能怀疑也不能否认的。

萨格：现在的情况是，在摆的事例中，每一个摆都时而画一个 60°的弧，时而画一个 55°、或 30°、或 10°、或 8°、或 4°、或 2°的弧，如此等等；而且当它们画一个 60°的弧时，它们是在相等的时段内这样做的，而且当弧是 55°、或 30°、或 10°、或任何其他度数时，情况也相同。因此我们得出结论说，铅球在一个 60°的弧上的速率，等于软木球也在一个 60°的弧上振动时的速率；在 55°弧的事例中，这些速率也彼此相等；同样，在其他弧的事例中也是如此。但这并不是说，出现在 60°弧上的速率和出现在 55°弧上的速率相同，也不是说 55°弧上的速率等于 30°弧上的速率；其余类推。但是弧越小速率也越小。观察到的事实是同一个运动物体要求相同的时间来走过一个 60°的大弧或是一个 55°的弧或甚至很小的 10°的弧。所有的这些弧，事实上是在相同的时段内被走过的。因此，确实不错的就是，当它们的弧减小时，铅球和软木球都成比例地减小各自的速率（moto），但是这和另一事实并不矛盾，那事实就是，它们在相等的弧上保持相等的速率。[131]

我说这些事情的理由，主要就是因为我想知道我是不是正确地理解了萨耳维亚蒂的意思，而不是我认为辛普里修需要一种比萨耳维亚蒂已经给出的解释更加清楚的解释；他那种解释，就像他的一切东西那样，是极其明澈的；事实上是那样的明澈，以致当他解决一些不仅在外表上而且在实际上和事实上都是困难的问题时，他就用每个人都共有的和熟悉的那些推理、观察和实验来解决。

正如我已经从各种资料得悉的那样，用这样的方式，他曾经向一位受到高度尊敬的教授提供了一个贬低他的发现的机会，其理由就是那些发现都是平凡的，而且是建立在一种低劣和庸俗的基础上的，就仿佛那不是验证科学的一种最可赞叹的和最值得称许的特色一样；而验证科学正是从一切人都熟知、理解和同意的一些原理发源和滋长出来的。

但是，让我们继续这种快意的谈论。如果辛普里修满足于理解并同意不同下落物体的固有重量（interna gravità）和在它们中间观察到的速率差并无关系，而且一切物体，只要在它们的速率依赖于它的程度上，将以相同的速率运动；那么，萨耳维亚蒂，请告诉我们，你怎样解释运动的可觉察的和明显的不等性呢，并请回答辛普里修所提出的反驳（这是我也同意的一种反驳），那就是，一个炮弹比一个小弹丸下落得更快。从我的观点看来，在质料相同的物体通过任何单一媒质而运动的事例中，可以预期速率差将是很小的，而事实上大物体却将在一次脉搏的时间下降一段距离，而那段距离却是较小的物体在 1 个钟头或 4 个钟头乃至 24 个钟头之内也走不完的。例如在石头和细沙的事例中，特别是那些很细的沙，它们造成浑浊的水，而且在许多个钟头内不会下落一两腕尺，那是不太大的石头将在一次脉搏的时间内就能走过的距离。[132]

萨耳：媒质对具有较小的比重的物体产生一种较大的阻力的那种作用，已经通过指明那种物体经受一种重量的减低来解释过了。但是，为了解释同一种媒质怎么会对用同一种物质制成、形状也相同而只是大小不同的物体产生那么不同的阻力，却需要一种讨论，比用来解释一种更膨胀的形状或媒质的反向运动如何阻滞运动物体之速率的那种讨论更加巧妙。我想，现有问题的解，就在于通常或几乎必然在固体表面上看到的那种粗糙性或多孔性。当物体运动时，这些粗糙的地方就撞击空气或周围的其他媒质。此点的证据可以在和一个物体通过空气的快速运动相伴随的那种飕飕声中找到：即使当物体是尽可能的圆滑时，这种飕飕声也是存在的，不但能听到飕飕声，而且可以听到咝咝声和呼啸声，当物体上有任何可觉察的凹陷或突起时。我们也观察到，一个在车床上转动的圆形固体会造成一种空气流。但是，我们还需要什么更多的东西呢？当一个陀螺在地上以其最高的速率旋转时，我们不是能听到一种尖锐的嗡嗡声吗？当转动速率渐低时，这种嗡嗡声的调子就会降低，这就是表面上这些小的凹凸不平之处在空气中遇到阻力的证据。因此，毫无疑问，在下落物体的运动中，这些凹凸不平之处就撞击周围的流体而阻滞速率，而且它们是按照表面的大小而成比例地这样做的，这就是小物体和大物体相比的事例。

辛普： 请等一下，我又要糊涂了。因为，虽然我理解并且承认媒质对物体表面的摩擦会阻滞它的运动，而且如果其他条件相同，则表面越大受到的阻力也越大，但是我看不出你根据什么说较小物体的表面是较大的。此外，如果像你说的那样，较大的表面会受到较大的阻力，则较大的固体应该运动得较慢，而这却不是事实。但是这一反驳可以很容易地用一种说法来回答，就是说，虽然较大的物体有一个较大的表面，但它也有一个较大的重量，和它相比，较大表面的阻力并不大于较小表面的阻力和物体较小重量的对比，因此，较大物体的速率并不会变得较小起来。因此，只要驱动重量（gravità movente）和表面的阻滞能力（facolta ritardante）成比例地减小，我就看不出预期任何速率差的理由。[133]

萨耳： 我将立刻回答你的反驳。当然，辛普里修，你承认，如果有人取两个相等的物体，即相同材料和相同形状的物体，从而它们将以相等的速率下落，如果他按照比例减小其中一个物体的重量和表面（保持其相似的形状），他就不会因此而减小这个物体的速率。

辛普： 这种推断似乎和你的理论并不矛盾，那理论就是说，物体的重量对该物体的加速或减速并无影响。

萨耳： 在这方面我和你完全一致。从这个见解似乎可以推知，如果物体的重量比它的表面减小得更快，则运动会受到一定程度的减速，而且这种减速将正比于重量减量超过表面减量的值而越来越大。

辛普： 我毫不含糊地同意这一点。

萨耳： 现在你必须知道，辛普里修，不可能按照相同的比例减小一个物体的表面和重量而同时又保持其形状的相似性。因为，很显然，在一个渐减的固体的事例中，重量是正比于物体的体积而变小的，而既然体积的减小永远比表面的减小更快，因此，当相同的形状得到保持时，重量就比表面减小得更快。但是，几何学告诉我们，在相似固体的事例中，两个体积之比大于它们的面积之比，而为了更好地理解，我将用一个特例来表明这一点。

例如，试取一个立方体，其各边的长度为 2 英寸，从而每一个面的面积为 4 平方英寸，而总面积即 6 个面的面积之和，应为 24 平方英寸；现在设想立方体被锯开 3 次，于是就被分成 8 个更小的立方体，每边各长 1 英寸，每个面为 1 平方英寸，从而表面的总面积是 6 平方英寸而不再是较大立方体的 24 平方英寸，因此很显然，小立方体的表面积是大立方体表面积的 1/4，即 6 和 24 之比，但是，小立方体的体积却只是大立方体的体积的 1/8。因此，体积，从而还有重量，比表面减小得要快得多。如果我们再把小立方体分成 8 个另外的立方体，则这些另外的立方体的总表面积将是 1.5 平方英寸，这只是原来那个立方体的表面积的 1/16，但是它的体积却只是原体积的 1/64。[134]于是，通过两次分割，你们看到，体积的减小就是表面积的减小的 4 倍。而且，如果分割继续下去，直到把固体分成细粉，我们就会发现，这些最小颗粒之一的重量已经减小了表面积减小量的千千万万倍。而且，我在立方体的事例中已经演证了的这种情况在一切相似物体的事例中也成立；在那种事例中，体积和它的表面积是成 1.5 次幂比例的。那么就请观察一下由于运动物体的表面和媒质相接触而引起的阻力在小物体的事例中比在大物体的事例中要大多少倍吧。而且当考虑到细尘粒的很小表面上的凹凸不平之处也许并不小于仔细抛光的较大固体表面上的凹凸不平之处时，就会看到一个问题是何等的重要，那就是，媒质应该十分容易流动，对于被推开并不表现阻力，很容易被小力所推开。因此，辛普里修，你看，当我刚才说，相比之下，小固体的表面比大固体的表面要大时，我并没有错。

辛普：我被完全说服了；而且，请相信我，如果我能够重新开始我的学习，我将遵循柏拉图的劝告而从数学开始，因为数学是一种学问，它非常小心地前进，不承认任何东西是已经确立的，除非它已经得到牢固的证明。

萨格：这种讨论给我们提供了很大的喜悦。但是，在接着讨论下去以前，我想听你解释一下我之前所听说的一个说法，就是说，相似的固体是在它们的表面积之间彼此处于 1.5 次幂的比例关系中的，因为，虽然我已经意识到和理解了那个命题，即相似固体的表面积在它们的边长方面是一种双重比例关系，而它们的体积则是它们的边长的三重比例关系，但是我还不曾听人提到过固体的体积和它的表面积之间的比例关系。[135]

萨耳：你自己已经给你的问题提供了答案，并且排除了任何怀疑。因为，如果一个量是任一事物的立方，而另一个量是这一事物的平方，由此岂不得出，立方量是平方量的 1.5 次幂吗？肯定是如此。现在，如果表面积按线性尺寸的平方而变，而体积按这些尺寸的立方而变，我们岂不是可以说体积与表面积成 1.5 幂次的比例关系吗？

萨格：完全是这样。而现在，虽然关于正在讨论的主题还有一些细节是我可以再提出问题的，但是，如果我们一次又一次岔开，那就会很久才达到主题，它和在固体对破裂的阻力中发现的各种性质有关，因此，如果你们同意，咱们还是回到咱们起初打算讨论的课题上来吧。

萨耳：很好，但是我们已经讨论了的那些问题是如此地数目众多和变化多端，而且已经费了我们的许多时间，以致今天剩下的时间已经不多了，不足以用在还有许多几何证明有待仔细考虑的我们的主题上了。因此，我愿意建议咱们把聚会推迟到明天，这不仅仅是为了刚才提到的理由，而且也是为了我可以带些纸张来，我已经在纸上有次序地写下了处理这一课题之各个方面的一些定理和命题，那些东西只靠记忆我是不能按照适当的次序给出的。

萨格：我完全同意你的意见，而且更加高兴，因为这样今天就会剩下一些时间，可以用来对付我的一些和我们刚才正在讨论的课题有关的困难。一个问题就是，我们是否应该认为媒质的阻力足以破坏一个由很重的材料制成、体积很大而呈球形的物体的加速度。我说球形，为的是选择一个包围在最小表面之内的体积，从而它所受的阻滞最小。[136]

另一个问题处理的是摆的振动，这可以从多种观点来看待：首先就是，是不是一切的振动，大的、中等的和小的，都是在严格的和确切的相等时间内完成的；另一个问题就是要得出用长度不等的线悬挂着的摆的振动时间之比。

萨耳：这些是有趣的问题，但是我恐怕，在这儿也像在所有其他事实的事例中一样，如果我们开始讨论其中的任何一个，它就会在自己的后面带来许多其他的问题和新奇的推论，以致今天就没有时间讨论所有的问题了。

萨格：如果这些问题也像前面那些问题一样地充满了兴趣，我就乐于花费像从现在到黄昏的小时数一样的天数来讨论它们；而且我敢说，辛普里修也不会对这种讨论感到厌倦。

辛普：当然不会，特别是当问题属于自然科学而且还没有被别的哲学家处理过时。

萨耳：现在，当提起第一个问题时，我可以毫不迟疑地断言，没有任何足够大而其质料又足够紧密的球，致使媒质的阻力虽然很小却能抵消其加速度并且在一定时间以后把它的运动简化成均匀运动。这种说法得到了实验的有力支持。因为，假如一个下落物体随着时间的继续会得到你要多大就多大的速率，没有这样的速率在外力（motore esterno）的作用下可以大得使一个物体将会先得到它然后又由于媒质的阻力而失去它。例如，假如一个炮弹在通过空气下落了一个 4 腕尺的距离并已经得到了譬如说 10 个单位（gradi）的速率以后将会击中水面，而且假如水的阻力不足以抵消炮弹的动量（impeto），炮弹就会或是增加速率或是保持一种均匀运动直到它达到了水底。但是观察到的事实却并非如此，相反地，即使只有几腕尺深的水，它也会那样地阻滞并减低那运动，使得炮弹只能对河底或湖底作用微小的冲击。[137]

那么就很清楚，如果水中的一次短程下落就足以剥夺一个炮弹的速率，那么这个速率就不能重新得到，即使通过一次 1000 腕尺的下落。一个物体怎么可能在一次 1000 腕尺的下落中得到它将在一次 4 腕尺的下落中失去的东西呢？但是，需要什么更多的东西呢？我们不是观察到，大炮赋予炮弹的那个巨大动量，由于通过了不多几腕尺的水而被大大地减小，以致炮弹远远没有破坏战舰，而只是打了它一下吗？甚至空气，虽然是一种很松软的媒质，也能减低下落物体的速率，正像很容易从类似的实验了解到的那样。因为，如果从一个很高的塔顶上向下开一枪，子弹对地面的打击将比从只有 4 腕尺或 6 腕尺的高处向下开枪时打击要小；这是一个很清楚的证据，表明从塔顶射下的枪弹，从它离开枪管的那一时刻就不断地减小它的动量，直到它到达地面时为止。因此，从一个很大的高度开始的一次下落将不足以使一个物体得到它一度通过空气的阻力而损失的动量，不论那动量起初是怎样得来的。同样，在一个 10 腕尺的距离处从一支枪中发射出来的子弹对一堵墙壁造成的破坏效果，也不能通过同一个子弹从不论多大的高度上的下落来复制。因此我的看法是，在发生在自然界中的情况下，从静止开始下落的任何物体的加速都达到一个终点，而媒质的阻力最后将把它的速率减小到一个恒定值，而从此以后，物体就保持这个速率。

萨格：这些实验在我看来是很能适应目的的；唯一的问题是，一个反对者会不会坚持要在很大而又很重的物体（moli）的事例中反对这个事实，或是断言一个从月球上或从大气边沿上落下的炮弹将比仅仅从炮口射出的炮弹造成更重的打击。[138]

萨耳：许多反驳肯定会被提出，它们并不是全都可以被实验所否定的。然而，在这个特例中，下述的考虑必须被照顾到，那就是，从一个高度下落的一个沉重物体，在到达地面时，很可能正好得到了把它带回原高度所必须的那么多动量；正如在一个颇重的摆的事例中可以清楚地看到的那样，当从竖直位置被拉开 50°或 60°时，它就恰好得到足以把它带回到同一高度的速率和力量，只除了其中一小部分将因在空气中的摩擦而损失掉。为了把一个炮弹放在适当的高度上，使它恰好得到离开炮口时火药给予它的动量，我们只需用同一门炮把它沿竖直方向射上去；然后我们就可以观察它在落回来时是不是给出和在近处从炮中射出时相同的打击力。我的意见是，那打击会弱得多。因此，我想，空气的阻力将阻止它通过从静止开始而从任何高度的自然下落来达到膛口速度。

现在我们来考虑关于摆的其他问题。这是一个在许多人看来都极其乏味的课题，特别是在那些不断致力于大自然的更深奥问题的哲学家们看来，尽管如此，这却是我并不轻视的一个问题。我受到了亚里士多德的榜样的鼓舞，我特别赞赏他，因为他做到了讨论他认为在任何程度上都值得考虑的每一个课题。

在你们的提问下，我可以向你们提出我的一些关于音乐问题的想法。这是一个辉煌的课题，有那么多杰出的人物曾经在这方面写作过，其中包括亚里士多德本人，他曾经讨论过许多有趣的声学问题。因此，如果我在某些容易而可理解的实验的基础上来解释声音领域中的一些可惊异的现象，我相信是会得到你们的允许的。[139]

萨格：我将不仅是感谢地而且是热切地迎接这些讨论。因为，虽然我在每一种乐器上都得到喜悦，而且也曾对和声学相当注意，但是我却从来没能充分理解为什么某些音调的组合比另一些组合更加悦耳，或者说，为什么某些组合不但不悦耳而且竟会高度地刺耳。其次，还有那个老问题，就是说，调好了音的两根弦，当一根被弄响时，另一根就开始振动并发出自己的音；而且我也不理解和声学中的不同比率（forme delle consonanze），以及一些别的细节。

萨耳： 让我们看看能不能从摆得出所有这些困难的一种满意的解答。首先，关于同一个摆是否果真在确切相同的时间内完成它的一切大的、中等的和小的振动，我将根据我已经从我们的院士先生那里听到的叙述来进行回答。他曾经清楚地证明，沿一切弦的下降时间是相同的，不论弦所张的弧是什么，无论是沿一个 180°的弧（即整个直径）还是沿一个 100°、60°、10°、2°、1/2°或 4′的弧。这里的理解当然是，这些弧全都终止在圆和水平面相切的那个最低点上。

如果现在我们考虑不是沿它们的弦而是沿弧的下降，那么，如果这些弧不超过 90°，则实验表明，它们都是在相等的时间内被走过的；但是，对弦来说，这些时间都比对弧来说的时间要大。这是一种很惊人的效应，因为初看起来人们会认为恰恰相反的情况才应该是成立的。因为，既然两种运动的终点是相同的，而且两点间的直线是它们之间最短的距离，看来似乎合理的，就是沿着这条直线的运动应该在最短的时间内完成。然而情况却不是这样，因为最短的时间（从而也就是最快的运动）是用在以这一直线为弦的弧上的。

至于用长度不同的线挂着的那些物体的振动时间，它们彼此之间的比值是等于线长的平方根的比值；或者，也可以说，线长之比等于时间平方之比。因此，如果想使一个摆的振动时间等于另一个摆的振动时间的 2 倍，就必须把那个摆的长度做成另一个摆的长度的 4 倍；同样，如果一个摆的悬线长度是另一个摆的悬线长度的 9 倍，则第一个摆每振动 1 次第二个摆就会振动 3 次。由此即得，各摆的悬线长度之比等于它们在相同时间之内的振动次数的反比。[140]

萨格： 那么，如果我对你的说法理解得正确的话，我就很容易量出一条绳子的长度，它的上端固定在任何高处的一个点上，即使那个点是看不到的，而我只能看到它的下端。因为，我可以在这条绳子的下端固定上一个颇重的物体，并让它来回振动起来，如果我请一位朋友数一数它的振动次数，而我则在同一时段内数一数长度正好为 1 腕尺的一个摆的振动次数，然后知道了每一个摆在同一时段所完成的振动次数，就可以确定那根绳子的长度了。例如，假设我的朋友在一段时间内数了 20 次那条长绳的振动，而我在相同的时间内数了那条恰好 1 腕尺长的绳子的 240 次振动。取这两数，即 20 和 240 的平方，即 400 和 57600，于是我说，长绳共包含 57600 个单位，用该单位来量我的摆，将得 400。既然我的摆长正好是 1 腕尺，将用 400 去除 57600，于是就得到 144。因此我就说那绳共长 144 腕尺。

萨耳：你的误差不会超过一个手掌的宽度，特别是如果你们数了许多次振动的话。

萨格：当你从如此平常乃至不值一笑的现象推出一些不仅惊人而新颖，而且常常和我们将会想象的东西相去甚远的事实时，你多次给了我赞赏大自然之富饶和充实的机会。我曾经千百次地观察过振动，特别是在教堂中：那里有许多挂在长绳上的灯，曾经不经意地被弄得动起来；但是我从这些振动能推断的，最多不过是，那些认为这些振动由媒质来保持的人或许是高度不可能的。因为，如果那样，空气就必须具有很大的判断力而且除了通过完全有规律地把一个悬挂的物体推得来回运动来作为消遣以外几乎就无事可做。但是我从来不曾梦到能够知道，同一个物体，当用一根 100 腕尺长的绳子挂起来并向旁边拉了一个 90°的乃至 1°或 1/2°的弧时，将会利用同一时间来经过这些弧中的最小的弧或最大的弧；而且事实上，这仍然使我觉得是不太可能的。现在我正在等着，想听听这些相同的简单现象如何可以给那些声学问题提供解——这种解至少将是部分地令人满意的。[141]

萨耳：首先必须观察到，每一个摆都有它自己的振动时间；这时间是那样确切而肯定，以致不可能使它以不同于大自然给予它的周期(altro periodo)的任何其他周期来振动。因为，随便找一个人，请他拿住系了重物的那根绳子并使他无论用什么方法来试着增大或减小它的振动频率(frequenza)，那都将是白费工夫的。另一方面，却可通过简单的打击来把运动传给一个即使是很重的处于静止的摆；按照和摆的频率相同的频率来重复这种打击，可以传给它以颇大的运动。假设通过第一次推动，我们已经使摆从竖直位置移开了，譬如说移开了半英寸；然后，当摆已经返回并且正要开始第二次移动时，我们再加上第二次推动，这样我们就将传入更多的运动；其他的推动依此进行，只要使用的时刻合适，而不是当摆正在向我们运动过来时就推它（因为那将消减而不是增长它的运动）。用许多次冲击（impulsi）继续这样做，我们就可以传给摆以颇大的动量（impeto），以致要使它停下来就需要比单独一次冲击更大的冲击（forza）。

萨格：甚至当还是一个孩子时我就看到过，单独一个人通过在适当的时刻使用那些冲击，就能够大大地撞响一个钟，以致当 4 个乃至 6 个人抓住绳子想让它停下来时，他们都被它从地上带了起来，他们几个人一起，竟不能抵消单独一个人通过用适当的拉动所给予它的动量。[142]

萨耳：你的例证把我的意思表达得很清楚，而且也很适宜于，正如我才说的一样，用来解释七弦琴（cetera）或键琴（cimbalo）上那些弦的奇妙现象。那就是这样一个事实，一根振动的弦将使另外一根弦运动起来并发出声音，不但当后者处于和弦时是如此，甚至当后者和前者差八度音或五度音时也是如此。受到打击的一根弦开始振动，并且将继续振动，只要音调合适（risonanza）。这些振动使靠近它的周围的空气振动并颤动起来；然后，空气中的这些波纹就扩展到空间中并且不但触动同一乐器上所有的弦，而且甚至也触动邻近的乐器上的那些弦。既然和被打击的弦调成了和声的那条弦是能够以相同频率振动的，那它在第一次冲击时就获得一种微小的振动；当接受到 2 次、3 次、20 次或更多次按适当的间隔传来的冲击以后，它最后就会积累起一种振颤的运动，和受到敲击的那条弦的运动相等，正如它们的振动的振幅相等所清楚地显示的那样。这种振动通过空气而扩展开来，并且不但使一些弦振动起来，而且也会使偶然和被敲击的弦具有相同周期的任何其他物体也振动起来。因此，如果我们在乐器上贴一些鬃毛或其他柔软的物体，我们就会看到，当一部键琴奏响时，只有那些和被敲响的弦具有相同的周期的鬃毛才会响应，其余的鬃毛并不随这条弦而振动，而前一些鬃毛也不对任何别的音调有所响应。

如果用弓子相当强烈地拉响中提琴的低音弦，并把一个和此弦具有相同音调（tuono）的薄玻璃高脚杯拿到提琴附近，那个杯子就会振动而发出可以听到的声音。媒质的振动广阔地分布在发声物体的周围，这一点可以用一个事实来表明。一杯水，可以仅仅通过指尖摩擦杯沿而发出声音，因为在这杯水中产生了一系列规则的波动。同一现象可以更好地观察，其方法是把一只高脚杯的底座固定在一个颇大的水容器的底上，水面几乎达到杯沿。这时，如果我们像前面说的那样用手指的摩擦使高脚杯发声，我们就看到波纹极具规则地迅速在杯旁向远方传去。我经常指出过，当这样弄响一个几乎盛满了水的颇大的玻璃杯时，起初波纹是排列得十分规则的，而当就像有时出现的那样玻璃杯的声调跳离了八度时，我就曾经注意到，就在那一时刻，从前的每一条波纹都分成了两条，这一现象清楚地表明，一个八度音(forma dell'ottava)中所涉及的比率是2。[143]

萨格：我曾经不止一次地观察到同样的事情，这使我十分高兴而获益匪浅。在很长的一段时间内，我曾经对这些不同的和声感到迷惑，因为迄今为止由那些在音乐方面很有学问的人们给出的解释使我觉得不够确定。他们告诉我们说，全声域，即八度音，所涉及的比率是2；而半声域，即五度音，所涉及的比率是3∶2，等等。因为使一个单弦测程器上的开弦发声，然后把一个码桥放在中间而使一半长度的弦发声，就能听到八度音；而如果码桥被放在弦长的1/3处，那么，当首先弹响开弦然后弹响2/3长度的弦时，就听到五度音。因为如此，他们就说，八度音依赖于一个比率2∶1(contenuta tra'l duee l'uno)，而五度音则依赖于比率3∶2。这种解释使我觉得并不足以确定2和3/2作为八度音和五度音的自然比率，而我这种想法的理由如下：使一条弦的音调变高的方法共有三种，那就是使它变短、把它拉紧和把它弄细。如果弦的张力和粗细保持不变，人们通过把它减短到1/2的长度就能得到八度音；也就是说，首先要弹响开弦，其次弹响一半长度的弦。但是，如果长度和粗细保持不变，而试图通过拉紧来产生八度音，却会发现把拉伸砝码只增加一倍是不够的，必须增大成原值的4倍；因此，如果基音是用1磅的重量得到的，则八度泛音必须用4磅的砝码来得到。

最后，如果长度和张力保持不变，而改变弦的粗细，[1]则将发现，为了得到八度音，弦的粗细必须减小为发出基音的弦的粗细的1/4。而且我

① “粗细”的确切意义请见下文。——英译者

已经说过的关于八度音的话，就是说，从弦的张力和粗细得出的比率，是从长度得出的比率的平方，这种说法对于其他的音程(intervalli musici)也同样好地适用。[144]例如，如果想通过改变长度来得到五度音，就发现长度比必须是 2∶3。换句话说，首先弹响开弦，然后弹响长度为原长的 2/3 的弦；但是，若想通过弦的拉紧或减细来得到相同的结果，那就必须用 3/2 的平方，也就是要取 9/4(dupla sesquiquarta)。因此，如果基音需要一个 4 磅的砝码，则较高的音将不是由 6 磅的而是由 9 磅的砝码来引发；同样的规律对粗细也适用：发出基音的弦比发出五度音的弦要粗，其比率为 9∶4。

注意到这些事实，我看不出那些明智的哲学家们为什么取 2 而不取 4 作为八度音的比率，或者在五度音的事例中他们为什么应用比率 3/2 而不用 9/4 的任何理由。既然由于频率太高而不可能数出一条发音弦的振动次数，我将一直怀疑一条发出高八度音的弦的振动次数是不是为发出基音弦的振动次数的两倍。假若不是有了下列事实的话：在音调跳高八度的那一时刻，永远伴随着振动玻璃杯的波纹分成了更密的波纹，其波长恰好是原波长的 1/2。

萨耳：这是一个很美的实验，使我们能够一个一个地分辨出由物体的振动所引发的波；这种波在空气中扩展开来，把一种刺激带到耳鼓上，而我们的意识就把这种刺激翻译成声音。但是，既然这种波只有当手指继续摩擦玻璃杯时才在水中持续存在，而且即使在那时也不是恒定不变的而是不断地在形成和消逝中，那么，如果有人能够得出一种波，使它长时间地，乃至成年累月地持续存在，以便我们很容易测量它们和计数它们，那岂不是一件好事吗？

萨格：我向你保证，这样一种发明将使我大为赞赏。[145]

萨耳：这种办法是我偶然发现的，我的作用只是观察它并赏识它在确证某一事情方面的价值，关于那件事情我曾经付出了深刻的思考。不过，就其本身来看，这种办法是相当平常的。当我用一个锐利的铁凿子刮一块黄铜片以除去上面的一些斑点并且让凿子在那上面活动得相当快时，我在多次的刮削中有一两次听到铜片发出了相当强烈而清楚的尖啸声；当更仔细地看看那铜片时，我注意到了长长的一排细条纹，彼此平行而等距地排列着。用凿子一次又一次地再刮下去，我注意到，只有当铜片发出嘶嘶的声音时，它上面才能留下任何记号；当刮削并不引起摩擦声时，就连一点记号的痕迹也没有。多次重复这种玩法并且使凿子运动得时而快、时而慢，啸声的调子也相应地时而高、时而低。我也注意到，当声调较高时，得出的记号就排得较密；而当音调降低时，记号就相隔较远。我也注意到，在一次刮削中，当凿子在结尾处运动得较快时，响声也变得更尖，而条纹也靠得更近，但永远是以那样一种方式发出变化，使得各条纹仍然是清晰而等距的。此外，我也注意到，每当刮削造成嘶声时，我就觉得凿子在我的掌握中发抖，而一种颤动就传遍我的手。总而言之，我们在凿子的事例中所看到和听到的，恰好就是在一种耳语继之以高声的事例中所看到和听到的东西。因为，当气体被发出而并不造成声音时，我们不论在气管中还是在嘴中都并不感受到任何运动，这和当发出声音时，特别是发出低而强的声音时，我们的喉头和气管上部的感受是不相同的。

有几次我也曾经观察到，键琴上有两条弦和上述那种由刮削而产生的两个音相合，而在那些音调相差较多的音中，我也找到了两条弦是恰好隔了一个完美的五度音的音程的。通过测量由这两种刮削所引起的各波纹之间的距离，我也发现包含了一个音的 45 条波纹的距离上包含了另一个音的 30 条波纹，二者之间正好是指定给五度音的那个比率。[146]

但是，现在，在进一步讨论下去以前，我愿意唤起你们注意这样一个事实：在那调高音调的三种方法中，你称之为把弦调“细”的那一种应该是指弦的重量。只要弦的质料不变，粗细和轻重就是按相同的比率而变的。例如，在肠弦的事例中，通过把一根弦的粗细做成另一根弦的粗细的 4 倍，我们就得到了八度音。同样，在黄铜弦的事例中，一根弦的粗细也必须是另一根弦的粗细的 4 倍。但是，如果我们现在想用铜弦来得到一根肠弦的八度音，我们就必须把它做得不是粗细为 4 倍，而是重量为肠弦重量的 4 倍。因此，在粗细方面，金属弦并不是粗细为肠弦的 4 倍而是重量为肠弦的 4 倍。因此，金属丝甚至可能比肠弦还要细一些，尽管后者所发的是较高的音。由此可见，如果有两个键琴被装弦，一个装的是金弦而另一个装的是黄铜弦，如果对应的弦各自具有相同长度、直径和张力，就能推知装了金弦的琴在音调上将比装了铜弦的琴约低 5

度，因为金的密度几乎是铜的密度的 2 倍。而且在此也应指出，使运动的改变(velocità del moto)受到阻力的，也是物体的重量而不是它的大小，这和初看起来可能猜想到的情况是相反的。因为，似乎合理的是相信一个大而轻的物体在把媒质推开时将受到比一个细而重的物体所受的更大的对运动的阻力，但是在这里，恰恰相反的情况才是真实的。

现在回到原来的讨论课题。我要断言，一个音程的比率，并不是直接取决于各弦的长度、大小或张力，而是直接取决于各弦的频率之比，也就是取决于打击耳鼓并迫使它以相同频率而振动的那种空气波的脉冲数。确立了这一事实，我们就或许有可能解释为什么音调不同的某两个音会引起一种快感，而另外两个音则产生一种不那么愉快的效果，而再另外的两个音则引起一种很不愉快的感觉。这样一种解释将和或多或少完全的谐和音及不谐和音的解释相等价。后者所引起的不愉快感，我想是起源于两个不同的音的不谐和频率，它们不适时地(sproporzionatamente)打击了耳鼓。特别刺耳的是一些音之间的不调和性，各个音的频率是不可通约的。设有两根调了音的弦，把一根弦用做开弦，而在另一根弦上取一段，使它的长度和总长度之比等于一个正方形的边和对角线之比，当把这两根弦同时弹响时，就得到一种不谐和性，和增大的四度音及减小的五度音(tritono o semidiapente)相似。[147]

悦耳的谐和音是一对一对的音，它们按照某种规律性来触动耳鼓。这种规律性就在于一个事实，即由两个音在同一时段内发出的脉冲在数目上是可通约的，从而就不会使耳鼓永远因为必须适应一直不调和的冲击来同时向两个不同的方向弯曲而感到难受。

因此，第一个和最悦耳的谐和音就是八度音。因为，对于由低音弦向耳鼓发出的每一个脉冲，高音弦总是发出两个脉冲；因此，高音弦发出的每两个脉冲中，就有一个和低音弦发出的脉冲是同时的，于是就有半数的脉冲是调音的。但是，当两根弦本身是调音的时，它们的脉冲总是重合，而其效果就是单独一根弦的效果，因此我们不说这是谐和音。五度音也是一个悦耳的音程，因为对于低音弦发出的每两个脉冲，高音弦将发出三个脉冲，因此，考虑到从高音弦发出的全部脉冲，其中就有三分之一的数目是调音的。也就是说，在每一对调和振动之间，插入了两次单独的振动；而当音程为四度音时，插入的就是三次单独的振动。如果音程是二度音，其比率为 9/8，则只有高音弦的每九次振动才能有一次和低音弦的振动同时到达耳畔；所有别的振动都是不谐和的，从而就对耳鼓产生一种不愉快的效果，而耳鼓就把它诠释为不谐和音。

辛普：你能不能费心把这种论证解释得更清楚一些？[148]

萨耳：设 AB 代表由低音弦发射的一个波的长度(lo spazio e la dilatazione d'una vibrazione)，而 CD 代表一个发射 AB 之八度的高音弦的波长。将 AB 在中点 E 处分开。如果两个弦在 A 和 C 处开始运动，则很清楚，当高音振动已经达到端点 D 时，另一次振动将只传到 E；该点因为并非端点，故不会发射任何脉冲，但却在 D 发生一次打击。因此，当一个波从 D 返回到 C 时，另一波就从 E 传向 B；因此，来自 B 和 C 的两个脉冲将同时触及耳鼓。注意到这些振动是以相同的方式重复出现的，我们就可以得出结论说，每隔一次来自 CD 的脉冲，就和来自 AB 的脉冲同音，但是，端点 A 和 B 上的每一次脉动，总是和一个永远从 C 或永远从 D 出发的脉冲相伴随的。这一点是清楚的，因为如果我们假设波在同一时刻到达 A 和 C，那么，当一个波从 A 传到 B 时，另一个波将从 C 传到 D 然后返回到 C，从而两波将同时触及 C 和 B；在波从 B 回到 A 的时间内，C 处的扰动就传向 D 然后再回到 C，于是 A 和 C 处的脉冲就又一次是同时的。

现在，既然我们已经假设第一次脉动是从端点 A 和 C 同时开始的，那就可以推知，在 D 处分出的第二次脉动是在一个时段以后出现的，该时段等于从 C 传到 D 所需的时段，或者同样也可以说等于从 A 传到 O 所需的时段；但是，下一次脉动，即 B 处的脉动，是和前一次脉动只隔了这一时段的一半的，那就是从 O 传到 B 所需的时间。其次，当一次振动从 O 传向 A 时，另一次振动就从 C 传向 D，其结果就是，两次脉动在 A 和 D 同时出现。这样的循环一次接一次地进行，也就是说，低音弦的一个孤立的脉冲，插入在高音弦的两个孤立脉冲之间。现在让我们设想，时间被分成了很小的相等小段，于是，如果我们假设，在头两个这样的小段中，同时发生在 A 和 C 的扰动已经传到了 O 和 D 并且已经在 D 引起了一个脉冲；而且如果我们假设，在第三个时段和第四个时段中，一次扰

动从 D 回到了 C，在 C 引起一个脉冲，而另一次扰动则从 O 传到 B 再回到 O，在 B 引起一个脉冲；最后，如果在第五个时段和第六个时段中，扰动从 O 和 C 传到 A 和 C，在后两个点上各自引起一个脉冲，则各脉冲触及人耳的顺序将是这样的：如果我们从两个脉冲为同时的任一时期开始计时，则耳鼓将在过了上述那样的两个时段以后接收到一个孤立的脉冲；在第三个时段结束以后，又接收到另一个孤立的脉冲；同样，在第四个时段的末尾，以及另两时段以后，也就是在第六个时段的末尾，听到两个同音的脉冲。在这儿，循环就结束了，这可以称之为“异常”，然后就一个循环又一个循环地继续进行。[149]

萨格：我不能再沉默了，因为要表示我在听到了你对一些现象如此全面的解释时的巨大喜悦；在那些现象方面，我曾经是在很长的时间内茫然无所知的。现在我已经懂得为什么同音和单音并非不同；我理解为什么八度音是主要的谐和音，但它却和同音如此相似，以致常常被误认为同音；而且我也理解它为什么和其他的谐和音一起出现。它和同音相似，因为在同音中各弦的脉动永远是同时的，而八度音中低音弦的那些脉动永远和高音弦的脉动相伴随，而在高音弦的脉动之间却按照相等的间隔插入了低音弦的脉动，而其插入的方式更不会引起扰乱；其结果就是，这样一个谐和音是那样的柔和而缺少火气。但是五度音的特征却是它的变位的节拍以及高音弦的两个孤立节拍和低音弦的一个孤立节拍在每两个同时脉冲之间的插入；这三个孤立节拍是由一些时段分开的，该时段等于分开每一对同时节拍高音弦各孤立节拍的那个时段的一半。于是，五度音的效果就是在耳鼓上引起一种瘙痒的感觉，使它的柔软性变成一种快活感，同时给人以一种轻吻和咬的印象。

萨耳：注意到你已经从这些新鲜事物得到了这么多喜悦，我必须告诉你一种方法，以便可以使眼睛也像耳朵那样欣赏同一游乐。用不同长度的绳子挂起三个铅球或其他材料的重球，使得当最长的摆完成 2 次振动时最短的摆就完成 4 次振动，而中等长度的摆则完成 3 次振动。当最长的摆的长度为 16 个任意单位，中长的摆的长度为 9，而最短的摆的长度为 4，全都用相同的单位时，这种情况就会出现。

现在，把这些摆从竖直位置上拉开，然后在同一时刻放开它们；你将看到各条悬线在以各种方式相互经过时的一种新奇的关系，但是在最长的摆每完成 4 次振动时，所有三个摆将同时到达同一个端点；从那时起，它们就又开始这种循环。这种振动的组合，恰恰就是给出八度音之音程和中间五度音的音程的同样组合。如果我们应用相同的仪器装置而改变悬线的长度，但是却永远改变得使它们的振动和悦耳的音程相对应，我们就会看到这些悬线的不同的相互经过，但却永远是在一个确定的时段以后，而且是在一定次数的振动以后，所有的悬线，不论是三条还是四条，都会在同一时刻到达同一端点，然后又重复这种循环。[150]

然而，如果两条或三条悬线的振动是不可通约的，以致它们永远不会在同一时刻完成确定次数的振动，或者，虽然它们是可通约的，但是它们只有在一个很长的时段中完成了很多次数的振动以后才会同时回来，则眼睛将会被悬线相遇的那种不规则的顺序弄得迷惑起来。同样，耳朵也会因空气波的波动的一种无规则序列不按任何固定的秩序触击耳鼓而感到难受。

但是，先生们，在我们沉迷于各种问题和没有想到的插话的许多个小时中，我们是不是漫无目的呢？天已晚了，而我们还几乎没有触及本打算讨论的课题。确实，我们已经偏离主题太远，以致我只能不无困难地记起我们的引论以及我们在以后的论证所要应用的假说和原理方面取得的少量进展了。

萨格：那么，今天咱们就到此为止吧，为了使我们的头脑可以在睡眠中得到休息，以便我们明天可以再来，而且如果你们高兴的话，咱们就可以接着讨论许多问题。

辛普：我明天不会不准时到这里来，不仅乐于为你们效劳，而且也乐于和你们做伴。

第一天终

[151]

第二天

· The Second Day ·

老实说，我赞成亚里士多德的著作，并精心地加以研究。我只是责备那些使自己完全沦为他的奴隶的人，变得不管他讲什么都盲目地赞成，并把他的话一律当作毫不能违抗的圣旨一样，而不深究其他任何依据。

——伽利略

萨格：当辛普里修和我等着你来到时，我们正在试图回忆你提出来作你打算得出结果的一种原理和基础的那种考虑。这种考虑处理的是一切固体对破裂所显示的抵抗力，它依赖于某种内聚力，此种内聚力把各部分黏合在一起，以致只有在相当大的拉力(potenteattrazzione)下它们才会屈服和分开。后来我们又试着寻求了这一内聚力的解释，主要是在真空中寻求的：这就是我们的许多离题议论的时机，这些议论占用了一整天，并且把我们从原有的问题远远地引开了。那原有的问题，正像我已经说过的那样，就是关于各固体对破裂所显示的抵抗力(resistenza)。

萨耳：我很清楚地记得这一切。现在回到咱们的讨论路线。不论固体对很大拉力(violentà attrazione)所显示的这种抵抗力的本性是什么，至少它的存在是没有疑问的，而且，虽然在直接拉力的事例中这种抵抗力是很大的，但是人们却发现，在弯曲力(nelviolentargli per traverso)的事例中，一般说来抵抗力是较小的。例如一根钢棒或玻璃棒可以支持1000磅的纵向拉力，而一个50磅的重物却将完全足以折断它，如果它是成直角地固定在一堵竖直的墙上的话。[152]

我们必须考虑的正是这第二种类型的抵抗力：我们试图发现它在相同质料而不管形状、长短和粗细是相似还是不相似的棱柱和圆柱中的比例是什么。在这种讨论中，我将认为一条力学原理是充分已知的：该原理已被证实为支配着我们称之为杠杆的一根柱体的性能，就是说，力和抵抗力之比等于从支点分别到力和抵抗力的距离的反比。

辛普：这是由亚里士多德在他的《力学》(*Mechanics*)一书中最初演示了的。

萨耳：在时间方面，我愿意承认他的创始权；但是在严格的演证方面，最高的位子却必须归于阿基米德，因为不仅是杠杆定律，而且还有大多数机械装置的定律，都依赖于阿基米德在他关于平衡的书[①]中证明了的单独一个命题。

◀宗教裁判所对异端进行折磨。

① *Works of Archimedes*，T. L. Heath英译本，pp. 189—220。——英译者

萨格：既然这一原理对于你所要提出的一切证明都是基本的，你是不是最好告诉我们这一命题的一个全面而彻底的证明呢？除非那可能太费时间。

萨耳：是的，那将是相当合适的。但是我想，比较好的办法是用一种和阿基米德所用的方式有些不同的方式来处理我们的课题：那就是首先仅仅假设，相等的重量放在等臂的天平上将形成平衡——这也是由阿基米德假设了的一条原理，然后证明，同样真实的是：不等的重量当秤的两臂具有和所悬重量成反比的长度时也形成平衡；换言之，这就等于说，不论是在相等的距离处放上相等的重量，还是在不等的距离处放上和距离成反比的重量，都会形成平衡。

为了把这一问题讲清楚，设想有一棱柱或实心圆柱 AB，两端各挂在杆(linea) HI 上，其悬线为 HA 和 IB。很显然，如果我在天平梁的中点 C 上加一条线，则根据已设定的原理，整个的棱柱将平衡悬挂，因为一半的重量位于悬点 C 的这边，而另一半重量则位于悬点 C 的那边。[153] 现在设想棱柱被一个平面在 D 处分成不相等的两部分，并设 DA 是较大的部分而 DB 是较小的部分；这样分割以后，设想有一根线 ED 系在点 E 上并且支持着 AD 部分和 DB 部分，以便这两部分相对于直线 HI 保持原位，而且既然棱柱和梁 HI 的相对位置保持不变，那就毫无疑问棱柱将保持其原有的平衡状态。

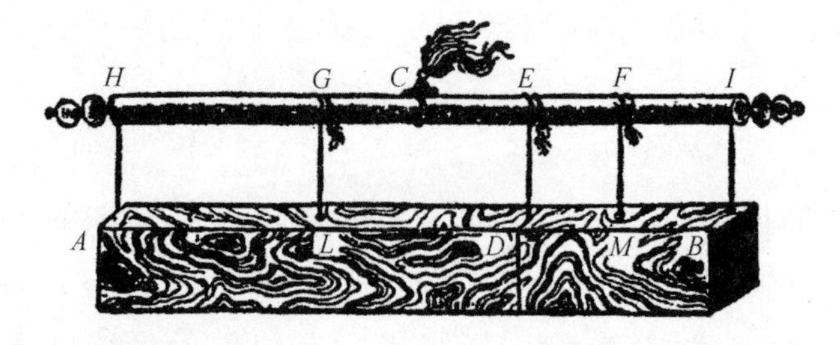

但是，如果现在两端由悬线 AH 和 DE 挂住的这一部分棱柱是在中心处由单独一根线 GL 挂住的，情况将仍然相同；同样，如果另一部分 DB 在它的中心点上被一根线 FM 挂住，它也不会改变位置。假设现在把各线 HA、ED 和 IB 取走，只剩下 GL 和 FM 两条线，则同样的平衡仍然会存在，只要总悬点是位于 C。现在让我们考虑，我们这里有两个重物体 AD 和 DB，挂在一个天平的梁 GF 的两端 G 和 F 上，对点 C 保持平衡，于是线 CG 就是从 C 到重物 AD 之悬点的距离，而 CF 就是另一重

物 DB 的悬挂距离。现在剩下来的，只是要证明这些距离之比等于二重量本身的反比：这就是说，距离 GC 比距离 CF 等于棱柱 DB 比棱柱 DA——这一命题我们将证明如下：既然线 GE 是 EH 的一半而 EF 也是 EI 的一半，整个长度 GF 就将是全线 HI 的一半，因此就等于 CI。如果我们现在减去公共部分 CF，剩下的 GC 就将等于剩下的 FI，也就是等于 FE，而且如果我们在这些量上加上 CF，我们就将得到 GF 等于 CF；由此即得 $GE : EF = FC : CG$。但是 GE 和 FE 之比等于它们的2倍之比，即 HE 和 EI 之比，也就是等于棱柱 AD 和 DB 之比。因此，通过把一些比值相等起来，我们就得到，convertendo，距离 GC 和距离 CF 之比等于重量 BD 和重量 DA 之比，这就是我们所要证明的。[154]

如果以上这些都已清楚，我想你们就会毫不迟疑地承认棱柱 AD 和 DB 是相对于 C 点处于平衡的，因为整个物体 AB 的一半是在悬点 C 的右边，而其另一半则在 C 的左边。换句话说，这种装置等价于安置在相等距离处的两个相等的重量。我看不出任何人如何会怀疑：如果两个棱柱 AD 和 DE 被换成立方体、球体或任何其他形状的物体，而且如果 G 和 F 仍然是悬点，则它们仍然会相对于点 C 而处于平衡，因为十分清楚，形状的变化并不会引起重量的变化，只要物质的量（quantità de materià）并不变化。我们由此可以导出普遍的结论：任何两个重物在和它们的重量成反比的距离上都处于平衡。

确定了这一原理，在进而讨论任何别的课题以前，我希望请你们注意一个事实，那就是，这些力、抵抗力、动量、形状，等等，既可以从抽象的、脱离物质的方面来考虑，也可以从具体的、联系物质的方面来考虑。由此可见，形状的那些仅仅是几何性的而并非物质的性质，当我们在这些形状中充以物质从而赋予它们以重量时，各该性质就必须加以修改。例如，试考虑杠杆 BA，当放在支点 E 上时，它是被用来举起一块沉重的石头 D 的。刚才证明了的原理就清楚地表明了，加在端点 B 上的一个力，将恰好能平衡来自重物 D 的抵抗力，如果这个力（momento）和 D 处的力（momento）之比等于距离 AC 和距离 CB 之比的话：而且这是成立的，只要我们仅仅考虑 B 处单一力的力矩和 D 处抵抗力的力矩，而且把杠杆看成一个没有重量的非物质性的物体。但是，如果我们把杠杆本身的重量考虑在内（杠杆是一种可用木或铁制成的工具），那就很显然，当这一重量被加在[155]B处的力上时，比值就会改变，从而就必须用不同的项来表示。因此，在继续讨论之前，让我们同意区分这两种观点。当我们考虑抽象意义下的一件仪器，即不讨论它本身的物质重量时，我们将说“在绝对意义上对待它”(prendere assolutamente)；但是，如果我们在一个简单而绝对的图形中充以物质并从而赋予其重(质)量，我们将把这样一个物质化的形状称为“矩”或“组合力”(momento o forza composta)。

萨格：我必须打破我不想引导你离开正题的决定，因为不消除我心中的某一疑问我就不能集中精力来注意以后的讲述。那疑问就是，你似乎把B处的力比拟为石头D的重量，其一部分，也可能是一大部分重量是存在于水平面上的，因此……

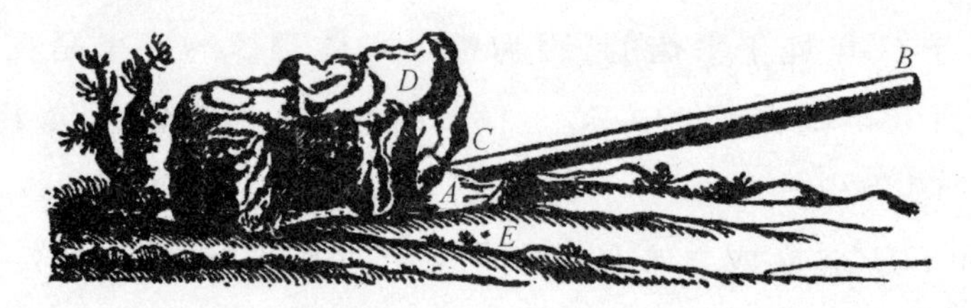

萨耳：你不必说下去了，我完全明白。然而请你注意，我并没有提到石头的总重量，而是只谈到了它在杠杆BA的一端A点上的力(momento)，这个力永远小于石头的总重量，而且是随着它的形状和升高而变的。

萨格：好的，但是这又使我想起另一个我对它很感好奇的问题。为了完全地理解这一问题，如果可能的话请你告诉我，怎样确定总重量的哪一部分是由下面的平面支撑的，哪一部分是由杠杆的端点A支撑的。

萨耳：这个问题的解释费不了多少时间，从而我将很高兴地答应你的要求。在所附的这张图上。让我们理解，重物的重心为A，它和B端都位于水平面上，而其另一端则位于杠杆CG上。设N是杠杆的支点，而对它的力(potenza)则作用在G点上。从重心A和端点C作竖直线AO和CF。然后我就说，总重量的量值(momento)和加在G点上的力的量值(momento della potenza)之比等于距离GN和NC之比乘以FB和BO之比。画一段距离X，使它和NC之比等于BO和FB之比；于是，既然总重量A是被B处和C处的两个力所平衡的，那就可以推知，B处的力和C处的力之比等于距离FO和距离OB之比。[156]因此，

componendo，B 处和 C 处两个力的和，也就是总重量 A（momento di tutto'l peso A）和 C 处的力之比，等于线段 FB 和 BO 之比，也就是等于 NC 和 X 之比，但是作用在 C 上的力（momento della potenza）和作用在 G 处的力之比，等于距离 GN 和距离 NC 之比。由此即得，ex æquali in proportione perturbata[①]，总重量 A 和作用在 G 处的力之比等于距离 GN 和 X 之比。但是 GN 和 X 之比等于 GN 和 NC 之比乘以 NC 和 X 之比，亦即乘以 FB 和 BO 之比，因此 A 和 G 处的平衡力之比，等于 GN 和 NC 之比乘以 FB 和 BO 之比。这就是所要证明。

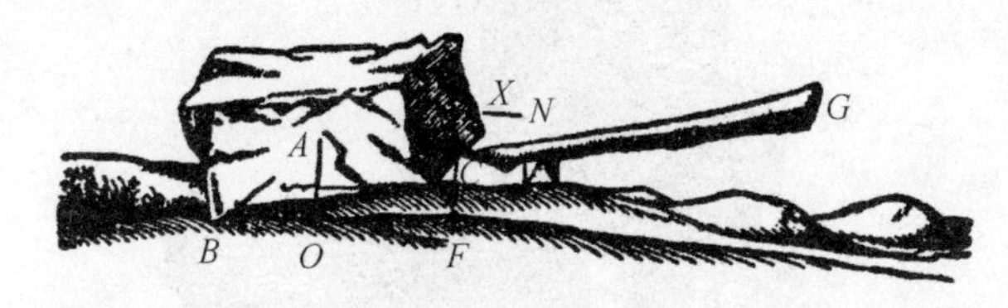

现在让我们回到咱们原来的课题，那么，如果以上所说的一切都已明白，那就很容易理解下面的命题。

命题 1

用玻璃、钢、木或其他可断裂材料制成的棱柱或实心圆柱，当纵向作用时可以支持很大的重量，但是如上所述，它却很容易被横向作用的一个重量所折断，该重量和纵向断裂重量之比，可以远小于杆件的粗细和长度之比。

让我们设想有一个实心的棱柱 $ABCD$，其一端在 AB 处嵌入墙中，其另一端悬一重物 E；此外我们还约定，墙是竖直的，而棱柱或圆柱和墙成直角。显而易见，如果圆柱断掉，断裂将发生在 B 点；在那儿，榫眼的边沿将对杠杆 BC 起一种支点的作用，而力就是作用在这个杠杆上的，固体的粗度 BA 就是杠杆的另一臂，沿该臂分布着抵抗力，这一抵抗力阻止墙外的部分 BD 和嵌入墙内的部分分开。由以上所述可以推知，作用在 C 处的力的量值（momento）和在棱柱的粗度即棱柱的底 BA 和相连部分的接触面上发现的抵抗力的量值（momento）之比，等于长度 CB 和长度 BA 的一半之比；现在，如果我们把对断裂的绝对抵抗力定义为

① 关于 perturbata（扰动？）的定义，见 *Euclid*（《欧几里得》），卷五，定义 20，Todhunter 版。——英译者

物体对纵向拉力(在那种事例中,拉力和物体的运动方向相同)的抵抗力,那么就得到,棱柱 BD 的绝对抵抗力和加在杠杆 BC 一端的作用力之比等于长度 BC 和另一长度之比;在棱柱的事例中,这后一长度是 AB 的一半,而在圆柱的事例中则是它的半径。[157]这就是第一条命题。[①]

请注意,在以上的论述中,固体 BD 本身的重量没有考虑在内,或者说,棱柱曾被假设为没有重量的。但是,如果棱柱的重量必须和重量 E 一起考虑,我们就必须在重量 E 上加上棱柱 BD 的重量的一半;因此,若后者重 2 磅而 E 为 10 磅,我们就必须把 E 看做似乎重 11 磅。

辛普: 为什么不是 12 磅?

萨耳: 亲爱的辛普里修,重量 E 是挂在端点 C 上的,它以其 10 磅的充分力矩作用在杠杆 BC 上;固体 BD 也会如此,假如它是挂在同一点上并以其 2 磅的充分力矩起作用的话。但是,你知道,这个固体是在它的全部长度 BC 上均匀分布的,因此离 B 端较近的部分就比离 B 端较远的部分效果较小。

① 暗中引入到这一命题中并贯穿在第二天的一切讨论中存在一个基本错误,就在于没有认识到,在这样一根梁中,在任何截面上,必然存在张力和压力之间的平衡。正确的观点似乎是由 E. Mariotte 在 1680 年和由 A. Parent 在 1713 年首次发现的。幸好,这一错误并不影响以后的命题,那些命题只讨论了梁的比例关系而不是实际强度。追随着 K. Pearson(Todhunter 的 *Histotry of Elasticity*),可以说伽利略的错误在于假设受力梁的纤维是不可拉伸的。或者,承认了时代的影响,也可以说,错误就在于把梁的最低纤维当成了中轴。——英译者

于是，如果我们取其平均，整个棱柱的重量就应该被看成集中在它的重心上，其位置即杠杆 BC 的中点。但是挂在 C 端的一个重量作用的力矩等于它挂在中点上时的力矩的 2 倍，因此，如果把二者的重量都看成是挂在端点 C 上的，我们就必须在重量 E 上加上棱柱重量的一半。[158]

辛普： 我完全懂了。而且，如果我没弄错，这样分配着的两个重量 BD 和 E，将作用一个力矩，就像整个的 BD 和双倍的 E 一起挂在杠杆 BC 的中点上的力矩一样。

萨耳： 正是这样，而且这是一个值得记住的事实。现在我们可以很容易地理解。

命题 2

设一杆或应称棱柱的宽度大于厚度，当力沿着宽度的方向作用时，棱柱所显示的对断裂的抵抗力将和力沿厚度作用时它所显示的抵抗力成什么比例？

为了清楚起见，考虑一个直尺 ad，其宽度为 ac，而厚度 cb 远远小于宽度。现在问题是，为什么当直尺像第一个图中那样侧放着时可以支持一个很大的重量 T，而当像第二个图中那样平放着时却不能支持一个比 T 还小的重量 X。答案是明显的。我们只要记得：在一种事例中，支点位于直线 bc 上，而在另一种事例中，支点则在 ca 上，而加力的距离在两种事例中都相同，即都是长度 bd；但是，在第一种事例中，从支点到抵抗力的距离，即直线 ca 的一半，却大于在另一种事例中的距离，因为那距离只是 bc 的一半。因此，重量 T 就大于 X，其比值即宽度 ca 的一半大于厚度 bc 的一半的那个比值，因为前者起着 ca 的杠杆臂的作用，而后者则起着 cb 的杠杆臂的作用，它们都是反对的同一抵抗力，即截面 ab 上所有纤维的强度。因此，我们的结论是，任何给定的宽度大于厚度的直尺，或棱柱，当侧放时都将比平放时对断裂显示较大的抵抗力，而二者之比即等于宽度和厚度之比。

命 题 3

现在考虑一个沿水平方向逐渐伸长的棱柱或圆柱，我们必须求出其本身重量的力矩是按什么比例随其对断裂的抵抗力而增加的，我发现这一力矩的增加和长度的平方成比例。[159]

为了证明这一命题，设 AD 是一根棱柱或圆柱，水平放置着，其一端 A 固定在一堵墙中。设通过 BE 部分的加入，棱柱的长度增大得很明显，如果我们忽略它的重量，仅仅杠杆的长度从 AB 增大为 AC，就将增大力（力作用在端点上）的倾向在 A 处造成断裂的力矩，其增长比率为 CA 比 BA。但是，除此以外，固体部分 BE 的重量，加在固体 AB 的重量上也增大了总重量的力矩，其增长比例为棱柱 AE 的重量比棱柱 AB 的重量，这与长度 AC 和 AB 的比值相同。

因此就得到，当长度和重量以任何给定的比例同时增大时，作为此二者之乘积的力矩就将按上述比例之平方的比率而增大。因此结论就是，对于粗细相同而长度不同的棱柱或圆柱来说，其弯曲力矩之比等于其长度平方之比，或者也可以同样地说成等于长度之比的平方。[160]

其次我们将证明，当棱柱和圆柱的粗细增大而长度不变时，其对断裂的抵抗力（弯曲强度）将按什么比率而增大。在这里，我说：

命 题 4

在长度相等而粗细不等的棱柱和圆柱中，对断裂的抵抗力按其底面

直径立方的比率而增大。

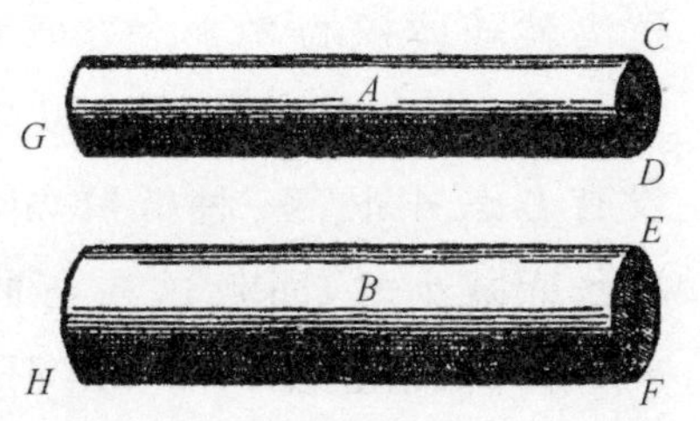

设 A 和 B 为两个具有相等长度 DG 和 FH 的圆柱，设其底面为圆形但不相等，其直径为 CD 和 EF。那么我就说，圆柱 B 所显示的对断裂的抵抗力和圆柱 A 所显示的对断裂的抵抗力之比，等于直径 FE 的立方和直径 DC 的立方之比。因为，如果我们认为对纵向拉力而言的对断裂的抵抗力是依赖于底面的，即依赖于圆 EF 和 DC 的，则谁也不会怀疑圆柱 B 的强度(抵抗力)会大于 A 的强度，其比值等于圆 EF 的面积和圆 CD 的面积之比，因为这恰恰就是一个圆柱中和另一个圆柱中将其各部分连接在一起的那些纤维的数目之比。

但是，在力沿横向而作用的事例中，却必须记得我们是在利用两个杠杆，这时力是在距离 DG、FH 上作用的，其支点位于点 D 和点 F；但是抵抗力却是作用在等于圆 DC 和 EF 的半径的距离上的，因为分布在整个截面上的那些纤维就如同集中在圆心上那样地起作用。记得这一点，并记得力 G 和力 H 的作用臂 DG 和 FH 相等，我们就可以理解，作用在底面 EF 之圆心上而抵抗 H 点上的力的抵抗力，比作用在底面 CD 之圆心上而反抗力 G 的抵抗力更加有效(maggiore)，二者之比等于半径 FE 和半径 DC 之比。由此可见，圆柱 B 所显示的对断裂的抵抗力大于圆柱 A 所显示的对断裂的抵抗力，二者之比等于圆面积 EF 和 DC 之比乘以它们的半径之比即乘以它们的直径之比；但是圆面积之比等于它们的直径平方之比。因此，作为上述二比值之乘积的抵抗力之比就等于直径立方之比。这就是我要证明的。再者，既然一个立方体的体积正比于它的棱长的立方。我们也可以说，一个长度保持不变的圆柱的抵抗力(强度)随其直径的立方而变。[161]

根据以上所述，我们可以得出推论如下：

推论 长度不变的棱柱或圆柱的抵抗力(强度)，随其体积的 3/2 次方而变。

这是很明显的，因为具有恒定高度的一个棱柱或圆柱的体积正比于其底面的面积，也就是正比于其边或底面之直径的平方，但是，上面刚刚证明，其抵抗力(强度)，随同一边的长度或其直径的立方而变。因此，抵抗力就随体积的3/2次方而变——从而也随其重量的3/2次方而变。

辛普：在继续听下去以前我希望解决我的一个困难。直到现在，你没有考虑另外某一种抵抗力，而在我看来，那一种抵抗力是随着固体的增长而减小的，而且这在弯曲的事例中也像在拉伸的事例中一样地正确；情况恰恰就是，在一根绳子的事例中，我们观察到，一根很长的绳子，似乎比一根短绳子更不能支持重物。由此我就相信，一根较短的木棒或铁棒将比它很长时能够支持更大的重量，如果力永远是沿着纵向而不是沿着横向作用的，而且如果我们把随着长度而增加的绳子本身的重量也考虑在内的话。

萨耳：如果我正确地理解了你的意思，辛普里修，我恐怕你在这一特例中正在像别的许多人那样犯同一种错误。那就是，如果你的意思是说，一根长绳子，也许40腕尺长，不能像一根短绳子，譬如说2腕尺同样的绳子一样吊起那么大的重量。

辛普：我正是这个意思，而且照我所能看到的来说，这种说法很可能是对的。

萨耳：相反地，我认为它不仅是不太可能的而且是错的，而且我想可以很容易地使你承认自己的错误。设AB代表绳子，其上端A固定，下端挂一重物C，刚刚足以把绳子拉断。现在，辛普里修，请指出你认为断口所应出现的确切地方。[162]

辛普：让我们说是D点。

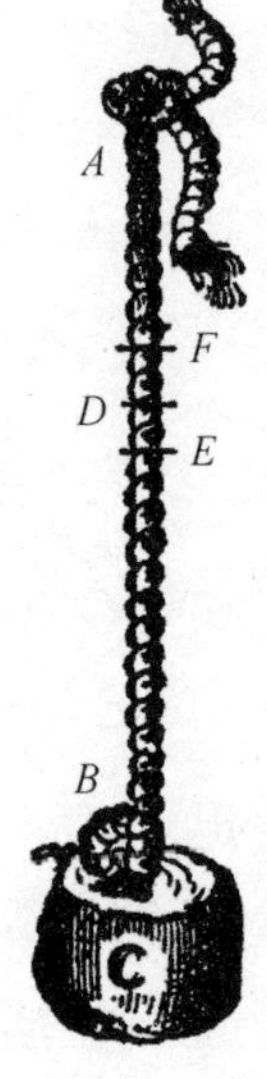

萨耳：那么为什么是D点呢？

辛普：因为在这个地方绳子不够结实，支持不住譬如说由绳子的DB部分和石头C所构成的100磅重量了。

萨耳：如此说来，每当绳子受到100磅重的拉伸（Violentata）时，它就会在那儿断掉了。

辛普：我想是的。

萨耳：但是，请告诉我，如果不把石头挂在绳子的B端，而是把它挂在靠近D的一点，譬如E点；或者，如果不是把绳子的上端A点固定住，而是刚刚在D上面的一点F处把它固定住，则绳子是不是在D点会受到同样的100磅的拉力呢？

辛普：会的，如果你把绳子的 EB 段的重量也包括在石头 C 的重量中的话。

萨耳：因此，让我们假设绳子在 D 点受到了100磅重量的拉力，那么，根据你自己的承认，它会断掉；但是，FE 只是 AB 的一小段，那么你怎能坚持认为长绳子不如短绳子结实呢？那么，请放弃你和许多很聪明的人士所共同主张的错误观点，并且让我们接着谈下去吧。

既已证明在粗细恒定的（重量均匀分布的）棱柱和圆柱的事例中，倾向于造成断裂的力矩（momento sopra le proprieresistenze）随长度的平方而变，而且同样证明了，当长度恒定而粗细变化时，对断裂的抵抗力随粗细即底面直径的立方而变，现在让我们过渡到长度和粗细同时变化的固体的研究。在这里，我注意到：

命题 5

其长度和粗细都不相同的棱柱或圆柱对断裂显示的抵抗力（也就是可以在一端支持的负荷）正比于它们的底面直径的立方而反比于它们的长度。[163]

设 ABC 和 DEF 是这样两个圆柱，则圆柱 AC 的抵抗力（弯曲强度）和圆柱 DF 的抵抗力之比，等于直径 AB 的立方除以直径 DE 的立方再乘上长度 EF 除以长度 BC。作 EG 等于 BC：设 H 为线段 AB 和 DE 的第三比例项而 I 为第四项，（$AB:DE=H:I$），并设 $I:S=EF:BC$。

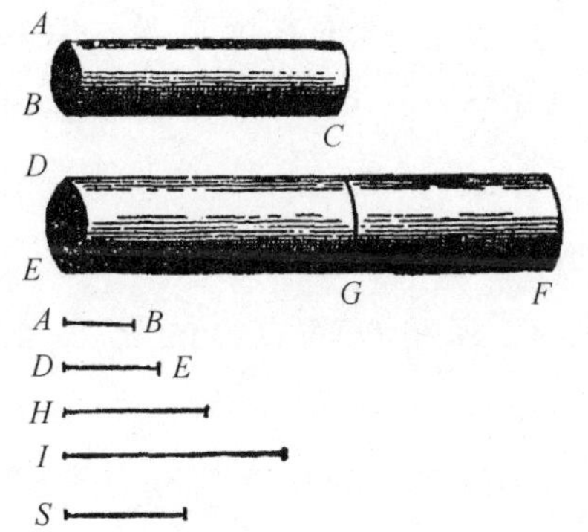

现在，既然圆柱 AC 的抵抗力和圆柱 DG 的抵抗力之比等于直径 AB 的立方和 DE 的立方之比，也就是说，等于长度 AB 和长度 I 之比，而且，既然圆柱 DG 的抵抗力和圆柱 DF 的抵抗力之比等于长度 FE 和 EG 之比，也就是等于 I 和 S 之比，于是就得到，长度 AB 比 S 等于圆柱 AC 的抵抗力比圆柱 DE 的抵抗力。但是线段 AB 和 S 之比等于 $AB:I$ 和 $I:S$ 的乘积。由此即得圆柱 AC 的抵抗力（强度）和圆柱 DF 的抵抗力之比等于 $AB:I$（即 $AB^3:DE^3$）和 $I:S$（$EF:BC$）的乘积。这就是所要证明的。

既已证明了这一命题，其次让我们考虑彼此相似的棱柱和圆柱。关于这些物体，我们将证明：

命 题 6

在相似的圆柱和棱柱的事例中，由它们的重量和长度相乘而得出的力矩（也就是由它们的自身重量和长度而形成的力矩，长度起杠杆臂的作用），相互之间的比值等于它们的底面抵抗力比值的3/2次方。

为了证明这一命题，让我们把两个相似的圆柱称为 *AB* 和 *CD*。于是，圆柱 *AB* 中反对其底面 *B* 上的抵抗力的力（momento）的量值和 *CD* 中反对其底面 *D* 上的抵抗力的力的量值（momento）之比，就等于[164]底面 *B* 的抵抗力和底面 *D* 的抵抗力之比。而既然固体 *AB* 和 *CD* 在反抗它们的底面 *B* 和 *D* 的抵抗力方面是各自和它们的重量及杠杆臂的机械利益（forze）成正比的，而且杠杆臂 *AB* 的机械利益（forza）等于杠杆臂 *CD* 的机械利益（forza）（这是成立的，因为，由于圆柱的相似性，长度 *AB* 和底面 *B* 的半径之比等于长度 *CD* 和底面 *D* 的半径之比），于是就得到圆柱 *AB* 的总力（momento）和圆柱 *CD* 的总力之比，等于圆柱 *AB* 的重量和圆柱 *CD* 的重量之比，也就是等于圆柱 *AB* 的体积（l'istesso cilindro AB）和圆柱 *CD* 的体积（all'istesso CD）之比；但是这又等于它们的底面 *B* 和 *D* 的直径的立方之比；而各底面的抵抗力既然和它们的面积成正比，从而也就和它们的直径平方成正比。因此，各圆柱的力（momenti）之间的相互比率就是它们的底面的抵抗力之比的 3/2 次方。[①]

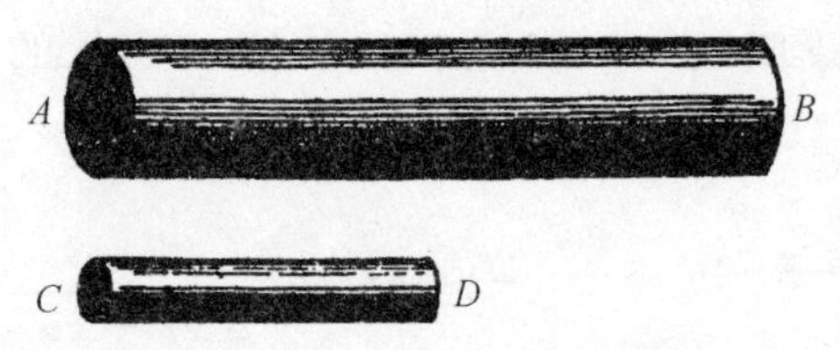

辛普：这个命题在我看来是既新颖又出人意料的；初看起来，它和我自己所可能猜想的情况大不相同，因为，既然这些图形在一切其他方面都是相似的，我就肯定地会认为这些圆柱的力（momenti）和抵抗力都将互相成相同的比例。

---

① 从命题 6 开始的前面一段比平常更加有趣，因为它例示了伽利略当时流行的名词混乱。此处的译文是照样译出的，只除了注有意大利文的地方。伽利略所想到的那些事实是很明显的，以致很难看出这里怎么可能把"力矩"诠释为"反抗其底面的抵抗力"的力，除非把"杠杆臂 *AB* 的力"理解为"由 *AB* 和底面 *B* 的半径所构成的杠杆的机械利益"。"杠杆臂 *CD* 的力"也相似。——英译者

萨格：正如我在咱们的讨论刚一开始时就提到的那样，这就是此命题的证明之所以使我感到不完全懂的缘故。

萨耳：有一段时间，辛普里修，我总是像你那样认为相似固体的抵抗力是相似的，但是一次偶然的观察却向我证实了，相似的固体并不显示和它们的大小成正比的强度；较大的物体比较不适于粗暴地使用，正如高个子比小孩子更容易被摔伤一样。而且，正如我们在开始时所曾指出的那样，从一个给定的高度上掉下来的梁或柱，[165]可能被摔成碎片，而在相同的情况下，一个小东西或一根小的大理石圆柱却不会被摔断。正是这种观察把我引到了一个事实的研讨，那就是我即将向你们演证的。这是一个很可惊异的事实，那就是，在无限多个相似的固体中，并不存在两个固体使它们的力(momenti)和它们的抵抗力都互相成相同的比率。

辛普：现在你使我想起了亚里士多德的《力学问题》(*Questionsin Mechanics*)中的一段话；他在那段话中试图说明为什么一根木梁越长就越不结实而容易折断，尽管短梁较细而长梁较粗。而且如果我记得不错，他正是利用简单的杠杆来解释此事的。

萨耳：很对，但是既然这种解释似乎给人留下了怀疑的余地，曾以其真正渊博的评注大大丰富和阐明了这一著作的圭瓦拉主教①才大量地加入了一些聪明的思索，以期由此而克服所有的困难。尽管如此，甚至连他也在这一特殊问题上被弄糊涂了，就是说，当这些立体图形的长度和粗细按给定的比例增加时，它们的力以及对断裂和弯曲的抵抗力是不是保持恒定。对这一课题进行了许多思考以后，我已经得到了下述的结果。首先，我将证明：

命题 7

在所有形状相似的重棱柱和重圆柱中，有一个而且只有一个棱柱和圆柱在它的自身重量下正好处于断裂和不断裂的界限之间，使得每一个较大的柱体都不能支持它自己的重量而断裂，而每一个较小的柱体则能支持更多一点的重量而并不断裂。

---

① Bishop di Guevara，泰阿诺的主教，生于1561年，卒于1641年。——英译者

设 AB 为能支持本身重量的一个最长的重棱柱，若其长度再稍增一点点便会自动断裂。于是我说，这一棱柱在所有相似的棱柱（其数无限）中在占据断与不断之间的界限方面是唯一的：每一个比它大的棱柱都会在自身的重量下自动断裂，[166]而每一个比它小的棱柱都能不断裂，但是却能承受附加在自身重量上的某一力。

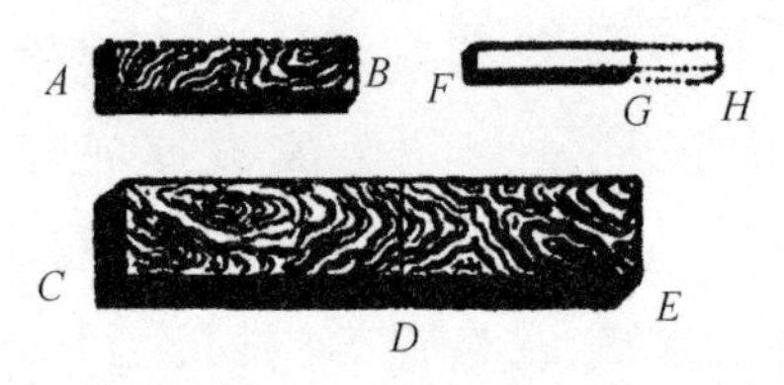

设棱柱 CE 和 AB 相似但大于 AB，于是我说，它不会保持不变，而是将在自身重量作用下断裂。取部分 CD，使其长度等于 AB。于是，既然 CD 的抵抗力（弯曲强度）和 AB 的抵抗力之比等于 CD 的厚度的立方和 AB 的厚度的立方之比，亦即等于棱柱 CE 和相似棱柱 AB 之比，由此即得，CE 的重量就是长度为 CD 的一个棱柱所能承受的最大负荷，但是 CE 的长度是较大的，因此棱柱 CE 就将断裂。现在取另一个小于 AB 的棱柱 FG。设 FH 等于 AB，于是可以用相似的方法证明，FG 的抵抗力（弯曲强度）和 AB 的抵抗力之比等于棱柱 FG 和棱柱 AB 之比，如果距离 AB 即 FH 等于距离 FG 的话，但是 AB 大于 FG，因此作用在 G 点的棱柱 FG 的力矩并不足以折断棱柱 FG。

萨格：证明简单而明白，而初看起来似乎不太可能的这一命题现在却显得既真实而又必然了。因此，为了使棱柱达到这一区分断裂和不断裂的极限条件，就必须改变它的粗细和长度之比，不是增大它的粗细就是减小它的长度。我相信，这种极限事例的研究也是要求同等的巧妙的。

萨耳：呐，甚至需要更巧妙，因为问题是更困难的。我知道这一点，因为我花了许多时间来发现它，现在我愿意和你们共享。

命题 8

已知一圆柱或一棱柱具有满足在自身重量下不会断裂的条件的最大长度；而且给定一更大的长度，试求出另一圆柱或棱柱的直径，使其具有这一较大长度时将成为唯一而且最大的支持其自身重量的圆柱或棱柱。

设 BC 为能支持自身重量之最大圆柱，并设 DE 为一个大于 AC 的长度。问题就是，求出长度为 DE 而正好能支持其自身重量的那一最大圆柱的直径。[167]设 I 为长度 DE 和 AC 的第三比例项，设直径 FD 和直径 BA 之比等于 DE 和 I 之比，画圆柱 FE，于是，在所有具有相同比例的圆柱中，这一圆柱就是恰好能支持其自身重量的唯一最大的圆柱。

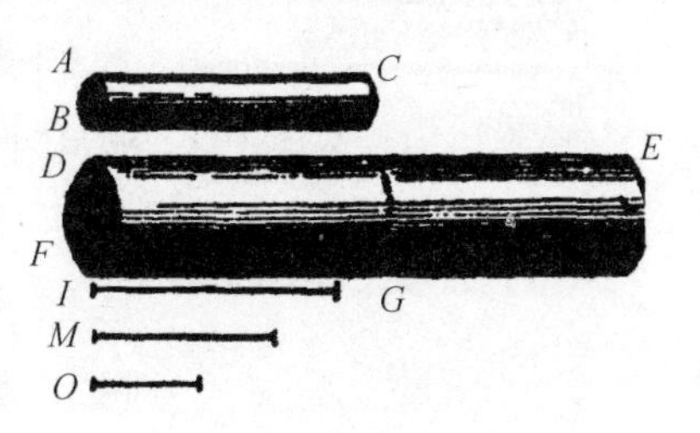

设 M 是 DE 和 I 的一个第三比例项，并设 O 是 DE、I 和 M 的第四比例项。作 FG 等于 AC。现在，既然直径 FD 和直径 AB 之比等于长度 DE 和 I 之比，而 O 是 DE、I 和 M 的第四比例项，那么就有 $FD^3 : BA^3 = DE : O$。但是，圆柱 DG 的抵抗力（弯曲强度）和圆柱 BC 的抵抗力之比等于 FD 的立方和 BA 的立方之比；由此即得，圆柱 DG 的抵抗力和圆柱 DE 的抵抗力之比等于长度 DE 和 O 之比。而且，既然圆柱 BC 的力矩是由它的抵抗力来平衡的（e equale alla），我们将达成我们的目的（即证明圆柱 FE 的力矩等于位于 FG 上的抵抗力），如果我们能证明圆柱 FE 的力矩和圆柱 BC 的力矩之比等于抵抗力 DF 和抵抗力 BA 之比，也就是等于 FD 的立方比 BA 的立方，或者说等于长度 DE 和 O 之比的话。圆柱 FE 的力矩和圆柱 DG 的力矩之比，等于 DE 的平方和 AC 的平方之比，也就是等于长度 DE 和 I 之比；但是圆柱 DG 的力矩和圆柱 BC 的力矩之比等于 DF 的平方和 BA 的平方之比，也就是等于 DE 的平方和 I 的平方之比，或者说等于 I 的平方和 M 的平方之比，或者说等于 I 和 O 之比。因此，通过让各比值相等，结果就是圆柱 FE 的力矩和圆柱 BC 的力矩之比等于长度 DE 和 O 之比，也就是等于 DF 的立方和 BA 的立方之比，或者说等于底面 DF 的抵抗力和底面 BA 的抵抗力之比。这就是所要证明的。

萨格： 萨耳维亚蒂，这一证明相当长而困难，只听一次很难记住。因此，能不能请你再重讲一次？

萨耳： 当然可以；但是我却愿意建议提出一种更直接和更短的证明，然而这却需要另一张图。[168]

萨格： 那将更好得多；不过我希望你能答应我把刚才给出的论证写下来，以便我在空闲时可以再看。

萨耳： 我将乐于这样做，设 A 代表一个圆柱，其直径为 DC，而且是能够支持其自身重量的最大圆柱。问题是要确定一个较大的圆柱，使其是能够支持其自身重量的最大而唯一的圆柱。

设 E 是这样一个圆柱，和 A 相似，具有指定的长度，并且有直径 KL，设 MN 为两个长度 DC 和 KL 的一个第三比例项；设 MN 也是另一圆柱 X 的直径，该圆柱的长度和 E 的相同。于是我就说，X 就是所要求的圆柱。现在，既然底面 DC 的抵抗力和底面 KL 的抵抗力之比等于 DC 的平方和 KL 的平方之比，也就是等于 KL 的平方和 MN 的平方之比，或者说等于圆柱 E 和圆柱 X 之比，也就是等于 E 的力矩和 X 的力矩之比。而且，既然也有底面 KL 的抵抗力（弯曲强度）和底面 MN 的抵抗力之比等于 KL 的立方和 MN 的立方之比，也就是等于 DC 的立方和 KL 的立方之比，或者说等于圆柱 A 和圆柱 E 之比，也就是等于 A 的力矩和 E 的力矩之比。由此即得，ex æquali in proportione perturbata，[①] A 的力矩和 X 的力矩之比等于底面 DC 的抵抗力和底面 MN 的抵抗力之比。因此，力矩和抵抗力在棱柱 X 中和棱柱 A 中都有确切相同的关系。

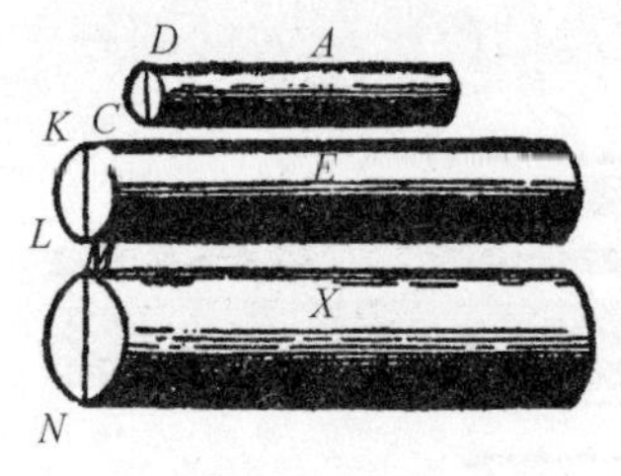

现在让我推广这个问题，于是它就将可以叙述如下：

已知一圆柱 *AC*，柱中的力矩和抵抗力（弯曲强度）有任意给定的关系，设 *DE* 为另一圆柱的长度，试确定其粗细，以使其力矩和抵抗力之间的关系和圆柱 *AC* 中的关系相同。

按照和以上相同的方式利用命题 8 的图，我们可以说，既然圆柱 FE 的力矩和 DG 段的力矩之比等于 ED 的平方和 FG 的平方之比，也就是等于长度 DE 和 I 之比，而且，既然圆柱 FG 的力矩和圆柱 AC 的力矩之比等于 FD 的平方和 AB 的平方之比，或者说等于 ED 的平方和 I 的平方之比，或者说等于 I 的平方和 M 的平方之比，也就是等于长度 I 和 O 之比，于是，ex æquali，由此就得，圆柱 FE 的力矩和[169]圆柱 AC 的力矩之比等于长度 DE 和 O 之比，也就是等于 DE 的立方和 I 的立方之比，或者说等于 FD 的立方和 AB 的立方之比，也就是等于底面 FD 的

① 此注与前面重复，今不赘。——中译者

抵抗力和底面AB的抵抗力之比。这就是所要证明的。

由以上所证,你们可以清楚地看到不论是人为地还是天然地把结构的体积增加到巨大尺寸的不可能性,同样也看到建造巨大体积的船舰、宫殿或庙宇的不可能性,即不可能使它们的船桨、庭院、梁栋、铁栓,总之是所有各部分保持在一起;大自然也不可能产生奇大的树木,因为树枝会在自己的重量下断掉;同样也不能构造人、马或其他动物的骨架使之保持在一起并完成它们的正常功能,如果这些动物的身高要大大增加的话;因为,这种身高的增加只有通过应用一种比寻常材料更硬和更结实的材料或是通过增大其骨骼而使其外形改变得使它们的相貌如同妖怪一般才能做到。我们的聪慧诗人在描述一个巨人时写道:

其高无从计,

其大未可量。[①]

当时他心中所想到的,也许正是此种情况。

为了简单地举例说明,我曾描画了一根骨头,它的自然长度增加了3倍,它的粗细增大得对于一个相应大小的动物可以完成和小骨头在小动物身上所完成的功能相同的功能。从这里出示的这两个图形,你们可以看到这增大了的骨头显得多么的不成比例。于是就很显然,如果有人想在一个巨人中保持一个普通身材的人那样的肢体比例,他就必须或是找到一种更硬和更结实的材料来制造那个巨人的骨骼,或是必须承认巨人的强度[170]比普通身材的人有所减弱;因为,如果他的身高大大增加,他就会在自己的体重作用下跌倒而散架。另一方面,如果物体的尺寸缩小了,这个物体的强度却不会按相同的比例而缩小;事实上,物体越小,其相对强度越大。例如,一只小狗也许背得动它那样大小的两三只狗,但是我相信,一匹马甚至驮不动它那样大小的另一匹马。

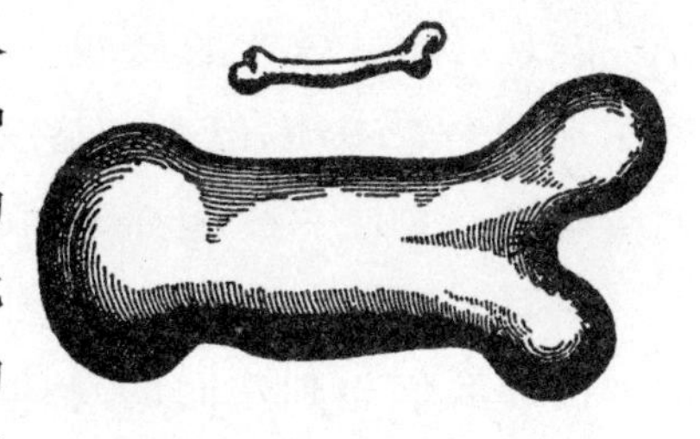

辛普: 这是可能的。但是我却被某些鱼类所达到的巨大体积引导得有些疑问,例如鲸,我知道它们有象的10倍大,但是它们却全能支持

① *Non si può compartir quanto sia lungo, Si smisuratamente è tutto grosso*. Ariosto's *Orlando Furioso*, XVII, 30。——英译者

住自己。

萨耳：你的问题，辛普里修，使人想到另外一条原理。这条原理迄今没有引起我的注意，而且它使得巨人们和其他巨大的动物们能够像较小的动物那样支持自己并行动自如。这一结果可以通过两种方式来获得：或是通过增大骨骼和其他不仅负担其本身重量而且负担可能增加的重量的那些部分的强度，或是保持骨骼的比例不变，骨架将照旧或更容易保持在一起，如果按适当的比例减小骨质重、肌肉以及骨架所必须支持其他一切东西的重量的话。正是这第二条原理，被大自然用在了鱼类的结构中，使得它们的骨骼和肌肉不仅很轻，而且根本没有重量。

辛普：萨耳维亚蒂，你的论证思路是显然的。既然鱼类生活在水中，而由于它的密度（corpulenza）或如别人所说的重度（gravità），水会减低浸在它里边的各物体的重量（peso），于是你的意思就是说，由于这种原因，鱼类的身体将没有重量并将毫发无伤地支持它们的骨骼。但这并不是全部；因为虽然鱼类身体的其余部分可能没有重量，但是绝无问题，它们的骨头是有重量的。就拿鲸的肋骨来说，其大如房梁，谁能否认它的巨大重量或当放在水中时它的一沉到底的趋势呢？因此，人们很难指望这些庞然大物能够支持它们自己。[171]

萨耳：这是巧妙的反驳！那么，作为回答，请告诉我你曾否见过鱼类在水中停着不动，既不沉底又不上游，而且一点儿不费游泳之力呢？

辛普：这是一种众所周知的现象。

萨耳：那么，鱼类能够在水中静止不动这一事实，就是一种决定性的理由使我们想到它们的身体材料和水具有相同的比重；因此，在它们的全身中，如果有些部分比水重，就一定有另一些部分比水轻，因为不然就不会得到平衡。

因此，如果骨骼比较重，则身体的肌肉或其他成分必然较轻，以便它们的浮力可以抵消骨骼的重量。因此，水生动物的情况和陆生动物的情况正好相反；其意义就是，在陆生动物中，骨骼不仅支持自己的重量而且还要支持肌肉的重量，而在水生动物中，却是肌肉不仅支持自己的重量而且还要支持骨骼的重量。因此我们必须不再纳闷这些巨大的动物为什么住在水中而不住在陆上（即空气中）。

辛普：我信服了，我只愿意附带说一句，有鉴于它们生活在空气中，被空气所包围，并且呼吸空气，我们所说的陆生动物其实应该叫做气生动物。

萨格：我欣赏辛普里修的讨论，不但包括所提出的问题，而且包括问题的答案。另外我也可以很容易地理解，这些巨鱼中的一条，如果被拖上岸来，也许自己不会支持多久，而当它们骨骼之间的连接一旦垮掉时就会全身瓦解了。

萨耳：我倾向于你的意见，而且，事实上我几乎认为在很大的船只的事例中也会出现同样的情况：在海上漂浮而不会在货物和武器的负荷下散架的大船，到了岸上的空气中就可能裂开。但是，让我们继续讲下去吧。其次的问题是：[172]

已知一根棱柱或圆柱，以及它自己的重量和它可能承受的最大负荷，然后就能够求出一个最大长度，该柱体不能延长得超过这一最大长度而并不在自身重量的作用下断裂。

设 AC 既代表棱柱又代表它的自身重量，而 D 则代表此棱柱可以在 C 端支持而不致断裂的最大负荷，要求出该棱柱可以延长而并不断裂的最大长度。作 AH 使其长度适当，以致棱柱 AC 的重量和 AC 及两倍重量 D 之和的比等于长度 CA 和 AH 之比，再设 AG 为 CA 和 AH 之间的一个比例中项；于是我说，AG 就是所求的长度。既然作用在 C 点的重量 D 的力矩(momento gravante)等于作用在 AC 中点上的两倍于 D 的力矩，而棱柱 AC 的力矩也作用在中点上，由此即得，位于 A 处的棱柱 AC 之抵抗力的力矩，等价于两倍重量 D 加上 AC 的重量同时作用于 AC 中点上的力矩。而且，既然已经约定，这样定位的一些重量，即两倍 D 加 AC 的力矩和 AC 的力矩之比等于长度 HA 和 CA 之比，而且 AG 又是这两个长度之间的一个比例中项，那么就有，两倍 D 加 AC 的力矩和 AC 的力矩之比等于 GA 的平方和 CA 的平方之比。但是，由棱柱 GA 的重量所引起的力矩(momento premente)和 AC 的力矩之比等于 GA 的平方和 CA 的平方之比，因此，AG 就是所求的最大长度，也就是棱柱延长而仍能支持自己时所能达到的最大长度；超过这一长度棱柱就会断裂。

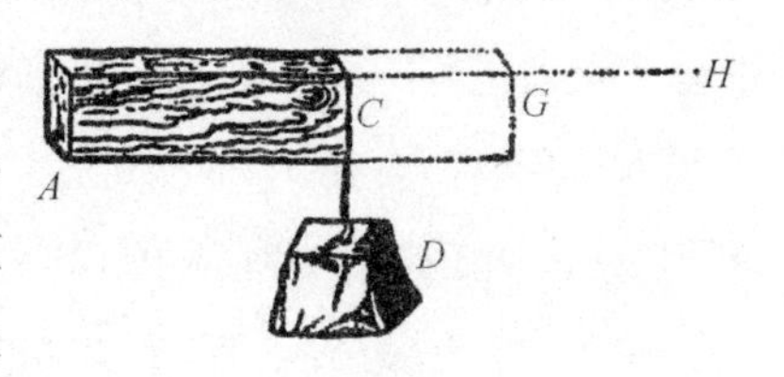

到此为止，我们考虑了一端固定而有一重力作用于另一端的棱柱或

实心圆柱的力矩和抵抗力。共考虑了三种事例，即所加之力是唯一力的事例，棱柱本身的重量也被考虑在内的事例，以及只把棱柱的重量考虑在内的事例。现在让我们考虑同样这些[173]棱柱和圆柱当两端都被支住或在两端之间的某一点上被支住时的情况。

首先我要指出，当两端都被支住或只在中点被支住时，一根只承担自己的重量而又具有最大长度（超过此长度柱体就会断裂）的圆柱，将具有等于它在一端嵌入墙内而只在该端被支住时的最大长度的 2 倍的长度。这是很显然的，因为，如果我们用 ABC 来代表这根圆柱并假设它的一半即 AB 是当一端固定在 B 时能够支持其本身重量的最大长度，那么，按照同样的道理，如果圆柱在 C 点被支住，则其前半段将被后半段所平衡。在圆柱 DEF 的事例中情况也相同，如果它的长度使得当 D 端被固定时只能支持其一半长度的重量，或者，当 F 端被固定时只能支持其另一半长度的重量，那么就显而易见，当像 H 和 I 那样的支持物被分别放在 D 和 F 两端下面时，任何作用在 E 处的附加力或重量的力矩都会使它在该点断裂。

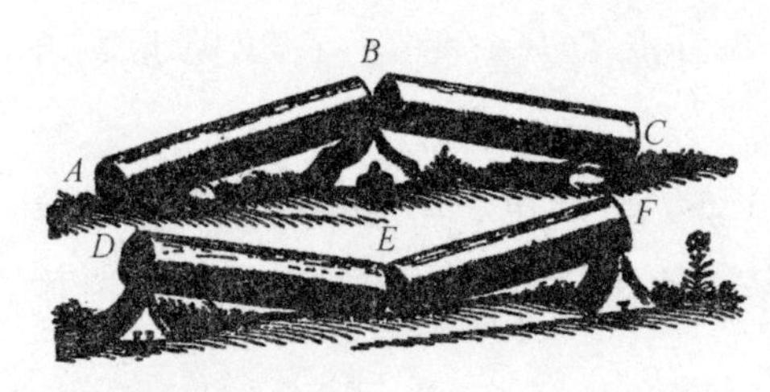

一个更为复杂而困难的问题是这样：忽略像上述那样的一个固体的重量，试求出当作用在两端被支住的圆柱的中点上即将造成断裂的一个力或重量，当作用在离一端较近而离另一端较远的某一点上时会不会也引起断裂。

例如，如果一个人想折断一根棍子。他两手各执棍子的一端而用膝盖一顶棍子的中点就能折断；那么，如果采用相同的姿势，但是膝盖顶的不是中点而是离某一端较近的一点，是不是要用同样大小的力呢？

萨格：我相信，这个问题曾经由亚里士多德在《力学问题》(*Questions in Mechanics*)中触及过。[174]

萨耳：然而他的探索并不完全相同，因为他只是想发现为什么一根棍子当用两手握住两端，即握得离膝盖最远时，比握得较近时更容易被折断。他给出了一种普遍的解释，提到了通过用两手握住两端而得到保证的杠杆臂的增长。我们的探索要求得更多一些：我们所要知道的是，当两手仍握住棍子的两端时，是不是无论膝盖顶在何处都需要用同样大小的力来折断它。

萨格：初看起来似乎会是这样，因为两个杠杆臂以某种方式作用相同的力矩，有鉴于当一个杠杆臂缩短时另一个就增长。

萨耳：呐，你看到人们多么容易陷入错误以及需要多么小心谨慎地去避免它了。刚才你所说的初看起来或许是那样的事实，在仔细考察之下却证实为远远不是那样，因为我们即将看到，膝盖(即两个杠杆臂)之是否顶住中点将造成很大的差别，以致当不在中点时，甚至中点折断力的4倍、10倍、100倍乃至1000倍的力都可能不足以造成折断。在开始时，我们将提出某些一般的考虑，然后再去确定，为了在一个点而不是在另一个点造成折断，所需要的力将按什么比率而变。

设 AB 是一根木圆柱，需要在中点的支撑物 C 的上方被折断；并设 DE 是一根完全相同的木圆柱，需要在并非在中点上的支撑物 F 的上方被折断。首先，很明显，既然距离 AC 和 CB 相等，加在两个端点 B 和 A 上的力也必然相等。其次，既然距离 DF 小于距离 AC，作用在 D 处的任何力的力矩必然小于作用在 A 处的同力的力矩，也就是小于作用距离 AC 上的同力的力矩；而且二力矩之比等于长度 DF 和 AC 之比；由此可见，为了克服乃至平衡 F 处的抵抗力，必须增大 D 处的力(momento)；但是，和长度 AC 相比，距离 DF 可以无限地缩小，因此，为了抵消 F 处的抵抗力，就必须无限地增大作用在 D 上的力(forza)。[175]另一方面，随着距离 FE 在和 CB 相比之下的增长，我们必须减小为了抵消 F 处的抵抗力而作用在 E 上的力，但是按 CB 的标准来量度的距离 FE 并不能通过向 D 端滑动支点 F 而无限地增长。事实上，它甚至不能被弄得达到 CB 的2倍，因此，所需要的作用在 E 上用来平衡 F 处的抵抗力的那个力，将永远大于需要作用在 B 上的那个力的二分之一。于是就很明显，随着支点 F 向 D 端的趋近，我们必将有必要无限地增大作用在 E 和 D 上的二力之和，以便平衡或克服 F 处的抵抗力。

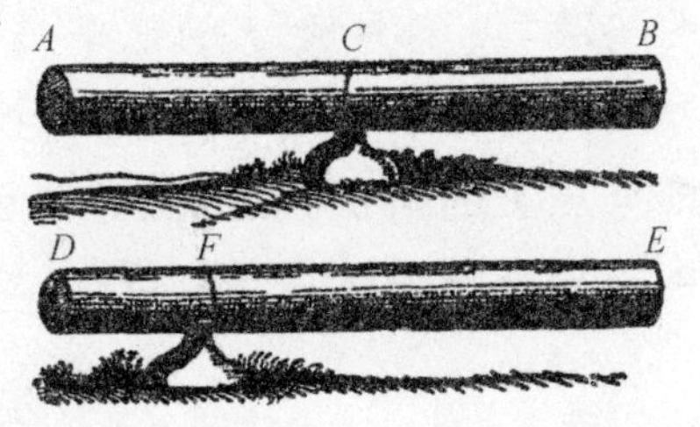

萨格：我们将说些什么呢，萨耳维亚蒂？我们岂不是必须承认，几何学乃是一切工具中最强有力的磨砺我们的智力和训练我们的心智以

使我们正确地思维的工具呀？当柏拉图希望他的弟子们首先要在数学方面打好基础时，他岂不是完全正确的吗？至于我自己，我是相当理解杠杆的性质以及如何通过增大或减小它的长度就可以增大或减小力的力矩和抵抗力的力矩的，而在现在这个问题的解方面，我却并非稍微地而是大大地弄错了。

辛普：确实我开始明白了。尽管逻辑学是谈论事物的一种超级的指南，但是在激励发现方面，它却无法和属于几何学的确切定义的力量相抗衡。

萨格：在我看来，逻辑学教给我们怎样去考验已经发现了和已经完成了的那些论点和证明的结论性，但是我不相信它能教给我们如何去发现正确的论点和证明。但是萨耳维亚蒂最好能够告诉我们，当支点沿着同一根木棍从一点向另一点移动时，为了造成断裂，力必须按什么比例而变化。[176]

萨耳：你所要求的比率是按下述方式来确定的：

如果在一根圆柱上作两个记号，要求在那两个地方造成断裂，则这两个点上的抵抗力之比，等于由每一支点分成的两段圆柱所形成的长方形面积的反比。

设 A 和 B 是将在 C 处造成圆柱断裂的最小的力，同样，设 E 和 F 是将在 D 处造成圆柱断裂的最小的力。

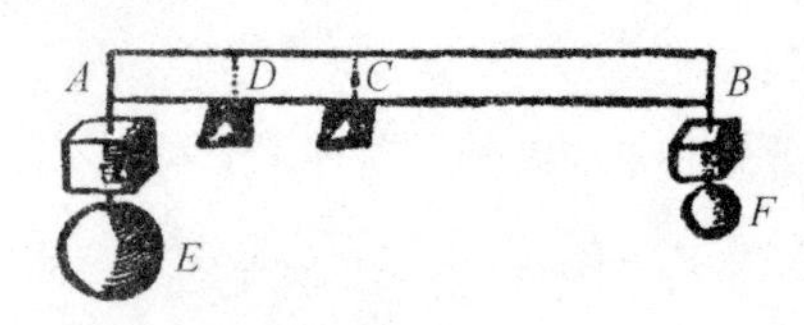

于是我就说，A、B 二力之和与 E、F 二力之和的比，等于长方形 AD、DB 的面积和长方形 AC、CB 的面积之比。因为 A、B 二力之和与 E、F 二力之和的比，等于下列三个比值的乘积，亦即 $(A+B):B$、$B:F$ 和 $F:(F+E)$。但是长度 BA 和长度 CA 之比等于力 A、力 B 之和与力 B 之比，并且也等于长度 DB 和长度 CB 之比，从而也等于力 B 和力 F 之比，也等于长度 AD 和长度 AB 之比；至于力 F 和力 F 及力 E 之和的比值，情况也相同。

由此就得到，力 A 和力 B 之和比力 E 和力 F 之和，等于下列三个比值的乘积，即 $BA:CA$、$BD:BC$ 和 $AD:AB$ 之积。但是，$DA:CA$ 就是 $DA:BA$ 和 $BA:CA$ 的乘积。因此，力 A 和力 B 之和比力 E 和力 F 之和，就等于 $DA:CA$ 和 $DB:CB$ 之积。但是面积长方形 AD · 长方

形 DB 和长方形 AC·长方形 CB 之比等于 $DA:CA$ 和 $DB:CB$ 的乘积。因此，力 A 和力 B 之和比力 E 和力 F 之和，就等于长方形 AD·长形 DB 比长方形 AC·长方形 CB。也就是说，C 处对断裂的抵抗力和 D 处对断裂的抵抗力之比，等于长方形 AD·长方形 DB 和长方形 AC·长方形 CB 之比。

证毕。[177]

另一个相当有趣的问题，可以作为这一定理的推论得到解决。那就是：

已知一圆柱或棱柱在其抵抗力最小的中点上所能支持的最大重量，并给定一较大的重量，试求出柱上的一点，该点所能支持的最大负荷即为该较大重量。

设所给大于圆柱 AB 之中点所能支持的最大重量的那个较大重量和该最大重量之比等于长度 E 和长度 F 之比。问题就是要找出圆柱上的一点，使这一较大重量恰为该点所能支持的最大重量。设 G 是长度 E 和 F 之间的一个比例中项，作 AD 与 S 使它们之比等于 E 和 G 之比；因此 S 将小于 AD。

设 AD 为半圆 AHD 的直径，在半圆上，取 AH 等于 S。作 H 和 D 的连线，并取 DR 等于 HD。于是我说，R 就是所求之点；亦即所给的比圆柱 D 之中点能够支持的最大重量更大的重量，在该点上将是最大负荷。

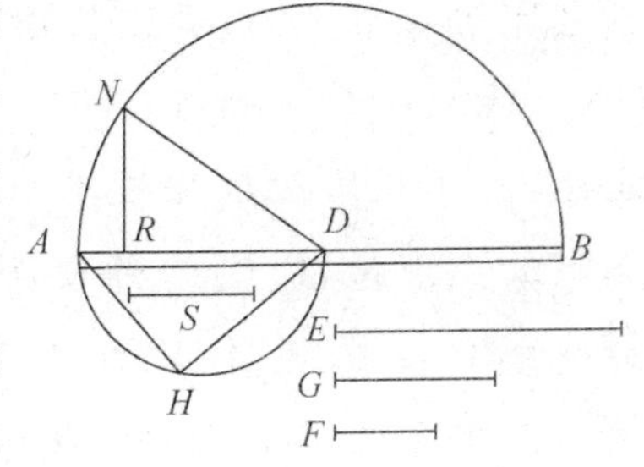

以 AB 为直径作半圆 ANB，作垂线 RN 并画 N、D 二点之连线。现在，既然以 NR 和 RD 为边的两个正方形之和等于以 ND 为边的正方形，亦即等于 AD 的平方，或者说等于 AH 的平方和 HD 的平方之和；而且，既然 HD 的平方等于 DR 的平方，我们就有，NR 的平方，亦即长方形 AR·RB，等于 AH 的平方，从而也等于 S 的平方；但是，S 的平方和 AD 的平方之比等于长度 F 和长度 E 之比，也就是等于在 D 点上所能支持的最大重量和所给重量中的较大重量之比，由此可见，后者将是在 R 点上可以支持的最大负荷。这就是所要求的解。

萨格：现在我完全理解了。而且我正在想，既然棱柱在离中点越远的点上变得越来越坚实而更加能够抵抗负荷的压力，我们在又大又重的梁的事例中或许可以在靠近两端的地方切掉它很大一部分，这将显著地减小其重量，而且在大房屋的架构工作中将被证实很有用和很方便。[178]

如果人们能够发现为了使一个固体在各点上同样强固而所应给予它的适当形状，那将是一件很可喜的事情；在那种事例中，加在中点上的一个负荷将不会比加在任何另外的点上时容易造成断裂。[①]

萨耳：我正好在打算提到和这一问题有联系的一个有趣的和值得注意的事实。如果我画一幅图，我的意思就会清楚了。设 DB 代表一个棱柱：那么，正如我们已经证明的那样，由于加在 B 端的一个负荷，棱柱 AD 端对断裂的抵抗力（弯曲强度）就将小于 CI 处的抵抗力，二者之比等于长度 CB 和 AB 之比。现在设想把棱柱沿对角线切成两半，使其相对的两面成为三角形，朝向我们的一面为 FAB。这样的一个固体将和棱柱具有不相同的性质；因为，如果负荷保持于 B，则 C 处对断裂的抵抗力（弯曲强度）将小于 A 处的抵抗力，二者之比等于长度 CB 和长度 AB 之比。这是容易证明的，因为，如果 CNO 代表一个平行于 AFD 的截面，则 $\triangle FAB$ 中长度 FA 和长度 CN 之比，等于长度 AB 和长度 CB 之比。因此，如果我们设想 A 和 C 为所选定的支点位置，则这种事例中的杠杆臂 BA、AF 和 BC、CN 将互成比例(simili)。因此，作用在 B 处通过臂 BA 而反抗位于距离 AF 上的抵抗力的那个力的力矩，将等于同一个力作用在 B 通过臂 BC 而反抗位于距离 CN 上的同一抵抗力时的力矩。但是，喏，如果力仍然作用在 B，当支点位于 C 时，此力通过臂 CN 而要克服的抵抗力将小于支点位于 A 时的抵抗力，二者之比等于长方形截面 CO 面积和长方形截面 AD 面积之比，也就是等于长度 CN 和 AF 之比，或者说等于 CB 和 BA 之比。

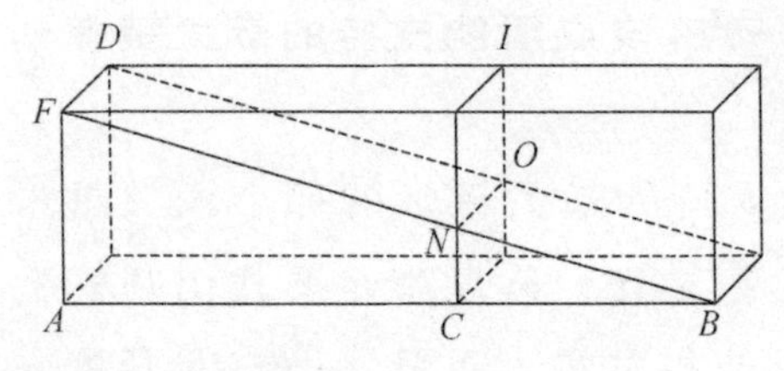

由此可知，由 OBC 部分引起的 C 处的对抗断裂的抵抗力小于由整块物体 DAB 引起的 A 处对断裂的抵抗力，二者之比等于长度 CB 和长

① 读者将注意到，这里涉及了两个不同的问题。萨格利多在上一段议论中提出的问题是：试求一梁，当一个恒值负荷从该梁的一端运动到另一端时，梁中的最大胁强将有相同的值。萨耳维亚蒂所要证明的第二个问题是：试求一梁，对于固定点上的恒值负荷，该梁的每一截面上的最大胁强都相同。——英译者

度 AB 之比。

通过这样对角锯开,我们现在已经从原来的梁或棱柱 DB 上切除了一半,剩下来的是一个楔形体或称三角棱形体 FAB。这样,我们就有了两个具有相反性质的固体:当变短时,一个固体将越来越坚固,而另一个固体则越来越[179]脆弱。情况既已如此,看来不仅合理而且不可避免的就是,存在一条截开线,使得当多余的材料被截去以后,剩下来的固体就具有适当的形状,使得它在所有各点上都显示相同的抵抗力(强度)。

辛普:当从大过渡到小时,显然必将遇到相等。

萨格:但现在的问题是锯子应该沿着什么路线锯下去。

辛普:在我看来这似乎不应该是什么困难的任务。因为,如果通过沿对角线锯开并除去一半材料,剩下来的部分就得到一种和整个棱柱的性质恰好相反的性质,使得在后者强度增大的每一点上前者的强度都减小,那么我就觉得,通过采取一个中间性的路程,即锯掉前一半的一半,或者说通过锯掉整个物体的 1/4,则剩下来的形状的强度就将在所有那样的点上都为恒量;在那些点上,前两个形状中一个形状的所得等于另一个形状的所失。

萨耳:你弄错了目标,辛普里修。因为,正如我即将向你证明的那样,你可以从棱柱上取掉而不使它变弱的那个数量,不是 1/4 而是 1/3。现在剩下来的工作就是,正如萨格利多建议的那样,找出锯子必须经过的路线。正如我将证明的那样,这条路线必须是一条抛物线。但是首先必须证明下述的引理:

如果在两个杠杆或天平中支点的位置适当,使得二力所作用的二臂之比等于二抵抗力所作用的二臂的平方之比,而且二抵抗力之比等于它们所作用的二臂之比,则该二作用力将相等。[180]

设 AB 和 CD 代表两个杠杆,各被其支点分为两段,使得距离 EB 和距离 FD 之比等于距离 EA 和 FC 之比的平方。设 A 和 C 处的抵抗力之比等于 EA 和 FC 之比。那么我就说,为了和 A 及 C 处的抵抗力保持平衡而必须作用在 B 和 D 上的二力相等。设 EG 为 BE 和 FD 之间的一个比例中项,于是我们就有 $BE:EG=EG:FD$

$=AE:CF$。但是后一比值恰好就是我们假设存在于 A 和 C 处的两个抵抗力之间的比值。而且，既然 $EG:FD=AE:CF$，于是，permutando，就得到 $EG:AE=FD:CF$。注意到距离 DC 和 GA 是由点 F 和 E 分为相同比例的，就得到，当作用在 D 上将和 C 处的抵抗力保持平衡的同一个力作用在 G 上时就将和 A 上的一个抵抗力相平衡，而该抵抗力等于在 C 上看到的那个抵抗力。

但是问题的一个条件就是，A 处的抵抗力和 C 处的抵抗力之比等于距离 AE 和距离 CF 之比，或者说等于 BE 和 EG 之比。因此，作用在 G 上，或者倒不如说作用在 D 上的力，当作用在 B 上时将平衡 A 处的抵抗力。

证毕。

这一点既已清楚，就可以在棱柱 DB 的 FB 面上画一条抛物线，其顶点位于 B。将棱柱沿此抛物线锯开，剩下的固体部分将包围在底面 AD、长方形平面 AG、直线 BG 和曲面 $DGBF$ 之间，该曲面的曲率和抛物线 FNB 的曲率等同。我说，这一固体将在每一点都有相同的强度。设固体被一个平行于 AD 的平面 CO 所切开，设想点 A 和点 C 是两个杠杆的支点，其中一个杠杆以 BA 和 AF 为臂，而另一个则以 BC 和 CN 为臂。于是，既然在抛物线 FNB 上我们有 $BA:BC=AF^2:CN^2$，那么就很清楚，一个杠杆的臂 BA 和另一杠杆的臂 BC 之比，等于臂 AF 的平方和另一臂 CN 的平方之比。既然应由杠杆 BA 来平衡的抵抗力和应由杠杆 BC 来平衡的抵抗力之比等于长方形 DA 和长方形 OC 之比，也就是等于长度 AF 和长度 CN 之比，而这两个长度就是各杠杆的另外两个臂，那么，根据刚才证明的那条引理就得到，当作用在 BG 上将平衡 DA 上的抵抗力的那同一个力，也将平衡 CO 上的抵抗力。同样情况对任何其他截面也成立。因此这一抛物面固体各处的强度都是相同的。[181]

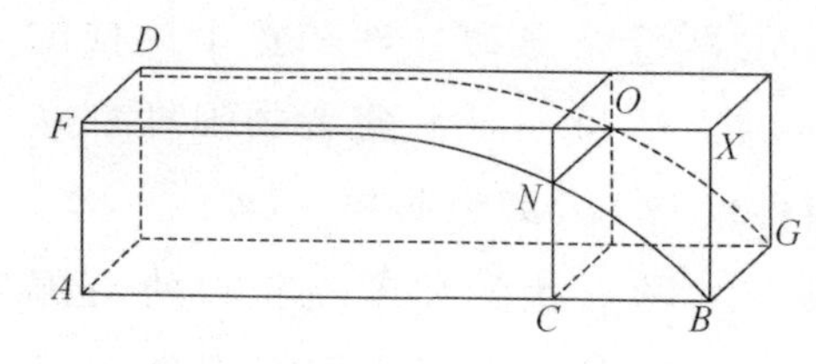

现在可以证明，如果棱柱沿着抛物线 FNB 被锯开，它的三分之一就将被锯掉。因为，长方形 FB 和以抛物线为界的抛物平面 $FNBA$，是介于两个平行平面之间（即长方形 FB 和 DG 之间）的两个固体的底面；因此，两个固体的体积之比就等于它们的底面之比。但是，长方形 FB

的面积是抛物线下面的 $FNBA$ 面积的 1.5 倍，由此可见，通过沿着抛物线将棱柱锯开，我们就会锯掉其体积的三分之一。这样就看到了，可以怎样减小一个横梁的重量的百分之三十三（即 1/3）而并不降低它的强度；这是一件在大容器的制造方面很有用处的事实，特别是在结构的轻化具有头等重要性的甲板支撑问题上。

萨格：从这一事实引出的益处是那样的数目众多，以致既太烦人也不可能把它们全都提到了。但是，此事不谈，我却愿意知道上述这种重量的减低是怎么发生的。我可以很容易地理解，当沿着对角线切开时，一半重量就会被取走；但是，关于沿抛物线锯开就会取走棱柱的三分之一，我只能接受萨耳维亚蒂的说法，他永远是可以依靠的，然而我却愿意听听别人所讲的第一手知识。

萨耳：那么你将喜欢听听那件事的证明，就是说，一个棱柱的体积比我们称之为抛物面固体的物体的体积大出了棱柱体积的三分之一。这种证明我已经在早先的一个场合告诉过你们，然而我现在将试着回忆一下那个证明。在证明中，我记得曾经用到过阿基米德《论螺线》(*On Spinals*)[①]一书中的一条引理；就是说，已知若干条直线，长度不等，彼此之间有一公共差，该差等于其中最短的直线；另外有同样数目的一些直线，每一条的长度都等于前一组直线中最长的一条的长度；那么，第二组中各线长度的平方和，将小于第一组中各线长度的平方和的 3 倍。但是，第二组中各线长度的平方和，将大于第一组中除最长者外各线长度的平方和。[182]

承认了这一点，将抛物线 AB 内接于长方形 $ACBP$ 中。现在我们必须证明，以 BP 和 PA 为边而以抛物线 BA 为底的混合三角形是整个长方形 CP 的三分之一。假如不是这样，它不是大于就是小于三分之一。假设它比三分之一小一个用 X 来代表的面积。通过画一些平行于 BP 和 CA 两边的直线，我们可以把长方形

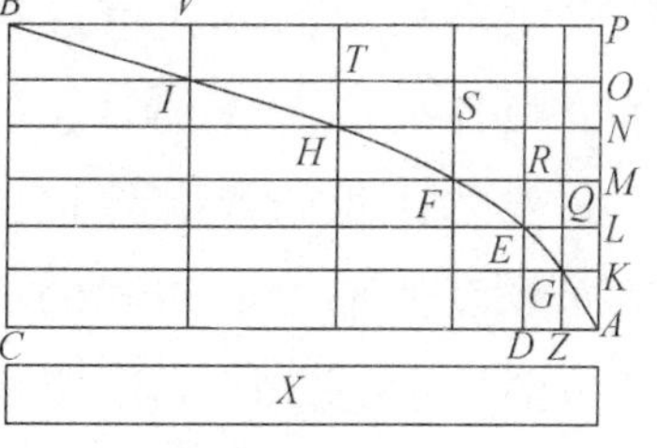

① 关于此处所提到的这条定理的证明，见"*Works of Archimedes*"，T. L. Heath 译，(Camb. Univ. Press，1897) p. 107 及 p. 162。——英译者

CP 分成许多相等的部分；而且如果这种过程继续进行，我们最后就可以达到一种分法，使得其中每一部分都小于 X。设长方形 OB 代表其中一个这样的部分。而且通过抛物线和其他各平行线相交的各点，画直线平行于 AP。现在让我们在“混合三角形”周围画一个图形，由一些长方形如 BO、IN、HM、FL、EK 和 GA 构成；这个图也将小于长方形 CP 的三分之一，因为这个图比“混合三角形”多出的部分仍然远小于长方形 BO，而 BO 是被假设为小于 X 的。

萨格：请慢一点儿，因为我看不出在“混合三角形”周围画的这个图的超出部分怎么会远小于长方形 BO。

萨耳：长方形 BO 是不是有一个面积，等于抛物线所经过的各个小长方形的面积之和呢？我指的就是长方形 BI、IH、HF、FE、EG 和 GA，它们各自只有一部分位于“混合三角形”之内。我们是不是已把长方形 BO 取为小于 X 呢？因此，如果正像我们的反对者所可能说的那样，三角形加 X 等于长方形 CP 的三分之一；外接的图形在三角形上增加了一个小于 X 的面积，将仍然小于长方形 CP 的三分之一。然而这是不可能的，因为外接图形大于总面积的三分之一。因此，说我们的“混合三角形”小于长方形的三分之一是不对的。[183]

萨格：你已经清除了我的困难：但是仍然有待证明外接图形大于长方形 CP 的三分之一，我相信这个任务将被证实为不太容易。

萨耳：关于此事没有什么很困难的。既然在抛物线上有 $DE^2 : ZG^2 = DA : AZ =$ 长方形 KE : 长方形 AG，注意到这两个长方形的高 AK 和 KL 相等，就得到 $ED^2 : ZG^2 = LA^2 : AK^2 =$ 长方形 KE : 长方形 KZ。按照完全相同的办法可以证明，其他各长方形 LF、MH、NI、OB 彼此之间也和各线段 MA、NA、OA、PA 的平方成相同的比例关系。

现在让我们考虑外接图形，它由一些面积组成，各该面积之间和一系列线段的平方成相同的比例关系，而各线段长度之公共差等于系列中最短的线段；此外，再注意到长方形 CP 是由相等数目的面积组成的，其中每一面积都等于最大的面积并等于长方形 OB。因此，按照阿基米德的引理，外接图形就大于长方形 CP 的三分之一，但它同时又小于三分之一这是不可能的。因此“混合三角形”不小于长方形 CP 的三分之一。

同样，我说它也不能大于长方形 CP 的三分之一。因为，让我们假

设它大于长方形 CP 的三分之一，设它超出的面积为 X，将长方形 CP 划分成许多相等的小长方形，直到其中每一个小长方形小于 X，设 BO 代表一个这种小于 X 的长方形。利用上页的图，我们就在“混合三角形”中有一个内接图形，由长方形 VO、TN、SM、RL 和 QK 组成；此图将不小于大长方形 CP 的三分之一。

因为“混合三角形”比内接图形大一个量，而该量小于该三角形大于长方形 CP 三分之一的那个量。为了看出这一点是对的，我们只要记得三角形大于 CP 三分之一的量等于面积 X，而 X 则小于长方形 BO，而 BO 又远小于三角形超出内接图形的量。因为长方形 BO 是由[184]小长方形 AG、GE、EF、FH、HI 和 IB 构成的，而三角形超出内接图形的量则小于这些小长方形的总和的二分之一。于是，既然三角形超出长方形 CP 三分之一的量为 X，此量大于三角形超出内接图形之量，后者也将超过长方形 CP 的三分之一。但是，根据我们已设的引理，它又是较小的。因为长方形 CP 是那些最大的长方形之和，它和组成内接图形的长方形之比，等于相同数目的最长线段的平方和，和那些具有公共差的线段的平方之比，后者不包括最长的线段。

因此，正如在正方形的事例中一样，各最大长方形的总和，也就是长方形 CP，就大于具有公共差而不包含最大者在内的那些长方形之总和的 3 倍，但是后面这些长方形却构成内接图形。由此可见，“混合三角形”既不大于也不小于长方形 CP 的三分之一，因此它只能等于 CP 的三分之一。

萨格：这是一种漂亮而巧妙的证明，特别是因为它给了我们抛物线的面积，证明它是内接三角形[1]的三分之四。这个事实曾由阿基米德证明过，他利用了两系列不同的然而却可赞赏的许多命题。这同一个定理近来也曾由卢卡·瓦勒里奥[2]所确立，他是我们这个时代的阿基米德，他的证明见他讨论固体重心的书。

萨耳：那是一本确实不应该放在任何杰出几何学家的作品之下的书，不论是现在的还是过去的几何学家。那本书一到我们的院士先生之手，就立即引导他放弃了他自己沿这些路线的研究，因为他十分高兴地

---

① 请仔细区分这一三角形和前面提到的混合三角形。——英译者

② Luca Valerio，和伽利略同时代的一位杰出的意大利数学家。——英译者

发现每一事物都已经由瓦勒里奥处理了和证明了。[185]

萨格：当院士先生亲自告诉了我此事时，我请求他告诉我他在看到瓦勒里奥的书以前就已经发现了的那种证明，但是我在这方面没有成功。

萨耳：我有一份那些证明并将拿给你们看。因为你们将欣赏这两位作者在达到并证明同一些结论时所用方法的不同；你们也将发现，有些结论是用不同的方式解释了的，虽然二者事实上是同样正确的。

萨格：我将很高兴地看它们，并将认为它是一大幸事，如果你能把它们带到咱们的例会上来的话。但是在此以前，当考虑通过抛物线切割而由棱柱形成的那个固体的强度时，有鉴于这一事实有可能既有兴趣又在许多机械操作方面很有用处，如果你能给出一些迅速而又容易的法则以供一个机械师用来在一个平面上画一条抛物线，那不也是一件好事吗？

萨耳：有许多方法画这些曲线。我只准备提到其中最快的两种。其中一种是确实可惊异的：因为利用此法我可以画出 30 条或 40 条抛物曲线，而其精密性和准确性并不很次，而且所用的时间比另一个人借助于圆规来在纸上很清楚地画出四五个不同大小的圆所用的时间还要短。我拿一个完全圆的黄铜球，大小如一个核桃，把它沿一个金属镜子的表面扔出，镜子的位置几乎是竖直的，这样，铜球在运动中就轻轻地压那镜面，并在上面画出一条精细而清楚的抛物线；当仰角增大时，这一抛物线将变得更长和更窄。上述实验提供了清楚而具体的证据，表明一个抛射体的路径是一条抛物线，这一事实是由我们的朋友首先观察到并在他有关运动的书中证明了的，关于这些事将在我们下一次的聚会中加以讨论。在这一方法的实施中，最好预先通过在手中滚动那个球而使它稍微变热和湿润一些，以便它在镜面上留下的痕迹更加清楚。[186]在棱柱面上画所要的曲线的第二种方法如下：在适当的高度且在同一水平线上的一面墙上钉两个钉子，使这两个钉子之间的距离等于想在上面画所要求的半边抛物线的那个长方形宽度的 2 倍。在两个钉子上挂一条轻链，其长度使它的下垂高度等于棱柱的长度。这条链子将下垂而成抛物线形。[①] 因此，如果把这种形式用点子在墙上记下来，我们就将描出一

① 现在已经清楚地知道，这条曲线不是抛物线而是悬链线，其方程是在伽利略去世 49 年以后由杰姆斯·伯努利首先给出的。——英译者

条完整的抛物线；在两个钉子之间的中点上画一条竖直线，就能把这条抛物线分成两个相等的部分。把这条曲线移到棱柱的相对的两个面上是毫无困难的，任何普通技工都知道怎么做。

利用画在我们朋友的罗盘上的那些几何曲线，①很容易把那些能够定位这同一曲线的点画在棱柱的同一个面上。

到此为止，我们曾经证明了许多和固体对断裂显示的抵抗力有关的结论。作为这门科学的一个出发点，我们假设了固体对一种纵向拉力的抵抗力是已知的；从这种基础开始，可以进而发现许多其他的结果以及它们的证明；关于这些结果，将在自然界中被发现的是无限多的。但是，为了使我们的逐日讨论有一个结尾，我想讨论一下中空物体的强度；这种物体被应用在人工上——更多地应用在大自然中——的上千种操作中，其目的是大大地增加强度而不必增加重量；这些现象的例子可以在鱼类的骨头和许多种芦苇中见到，它们很轻，但却对弯曲和破碎有很大的抵抗力。因为，假如一根麦秆要支撑比整根秆子还重的麦穗，假如它是用相同数量的材料做成实心的，它就会[187]对弯曲和破碎表现更小的抵抗力。这是在实践中得到验证和肯定的一种经验：在实践中，人们发现一支中空的长矛或一根木管或金属管要比同样长度和同样重量的实心物体结实得多；实心物体必然会较细，因此，人们曾经发现，为了把长矛做得尽可能地又轻又结实，必须把它做成中空的。现在我们将证明：

在体积相同、长度相同的一中空、一实心的两根圆柱的事例中，它们的抵抗力（弯曲强度）之比等于它们的直径之比。

设 AE 代表一中空圆管，而 IN 代表一重量相同和长度相同的实心圆柱；于是我说，圆管 AE 对断裂显示的抵抗力和圆柱 IN 所显示的抵抗力之比，等于直径 AB 和直径 IL 之比。这是很显然的；因为，既然圆管 AE 和圆柱 IN 具有相同的体积和长度，圆形底面 IL 的面积就将等于作为管 AE 之底面的环形 AB 的面积（此处所说的环形面积是指不

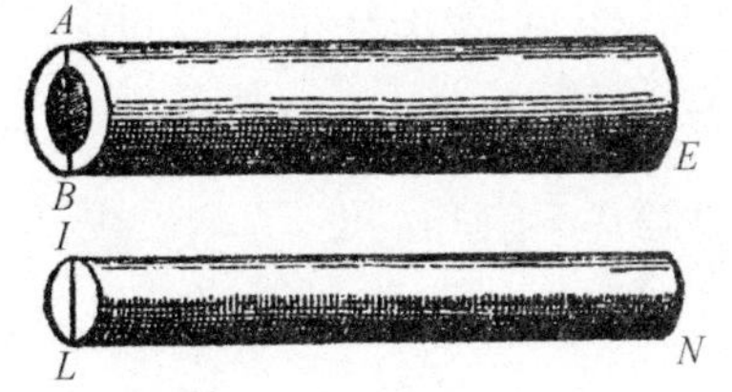

① 伽利略的几何学和军事学的罗盘描述在 Nat. Ed. Vol. 2。——英译者

同半径的两个同心圆之间的面积)。因此，它们对纵向拉力的抵抗力是相等的：但是，当利用横向拉力来引起断裂时，在圆柱 IN 的事例中，我们用长度 LN 作为杠杆臂，用点 L 作为支点，而用直径 LI 或其一半作为反抗杠杆臂；而在管子的事例中，起着第一杠杆臂的作用的长度 BE 等于 LN，支点 B 对应的反抗杠杆臂则是直径 AB 或其一半。于是很明显，管子的抵抗力(弯曲强度)大于实心圆柱的抵抗力，二者之比等于直径 AB 和直径 IL 之比，这就是所求的结果。[188]就这样，圆管的强度超过圆柱的强度，二者之比等于它们的直径之比，只要它们是用相同的材料制成的，并且具有相同的重量和长度。

其次就可以研究圆管和圆柱的普遍事例了，它们的长度不变，但其重量和中空部分却是可变的。首先我们将证明：

给一中空圆管，可以确定一个等于(eguale)它的实心圆柱。

方法很简单。设 AB 代表管子外直径而 CD 代表其内直径。在较大的圆上取一点 E，使 AE 的长度等于直径 CD。连接 E、B 二点。现在，既然 E 处的角内接在一个半圆上，$\angle AEB$ 就是一个直角。直径为 AB 的圆的面积等于直径分别为 AE 和 EB 的两个圆的面积之和。但是 AE 就是管子的中空部分的直径。因此，直径为 EB 的圆的面积就和环形 $ACBD$ 的面积相同。由此可知，圆形底面的直径为 EB 的一个实心圆柱，就将和等长的管壁具有相同的体积。根据这一定理，就很容易解决：

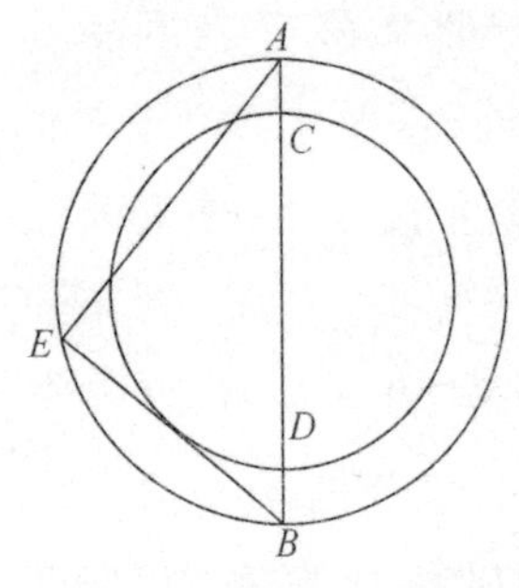

试求长度相等的任一圆管和任一圆柱的抵抗力(弯曲强度)之比。

设 ABE 代表一根圆管而 RSM 代表一根等长的圆柱；现要求找出它们的抵抗力之比。利用上述的命题，确定一根圆柱 ILN，使之与圆管具有相同的体积和长度。画一线段 V，使其长度 RS(圆柱 IN 底面积的直径)及 RM 有如下的关系：$V:RS=RS:IL$。于是我就说，圆管 AE 的抵抗力和圆柱 RM 的抵抗力之比，等于线段 AB 的长度和

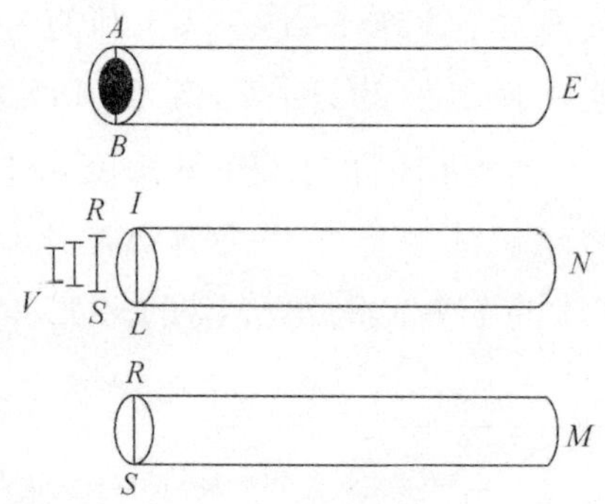

线段 V 的长度之比。[189]因为，既然圆管 AE 在体积和长度上都与圆柱 IN 相等，圆管的抵抗力和该圆柱的抵抗力之比就应该等于线段 AB 和 IL 之比；但是圆柱 IN 的抵抗力和圆柱 RM 的抵抗力之比又等于 IL 的立方和 RS 的立方之比，也就是等于长度 IL 和长度 V 之比。因此，ex æquali，圆管 AE 的抵抗力（弯曲强度）和圆柱 RM 的抵抗力之比就等于长度 AB 和 V 之比。

证毕。

第二天终

[190]

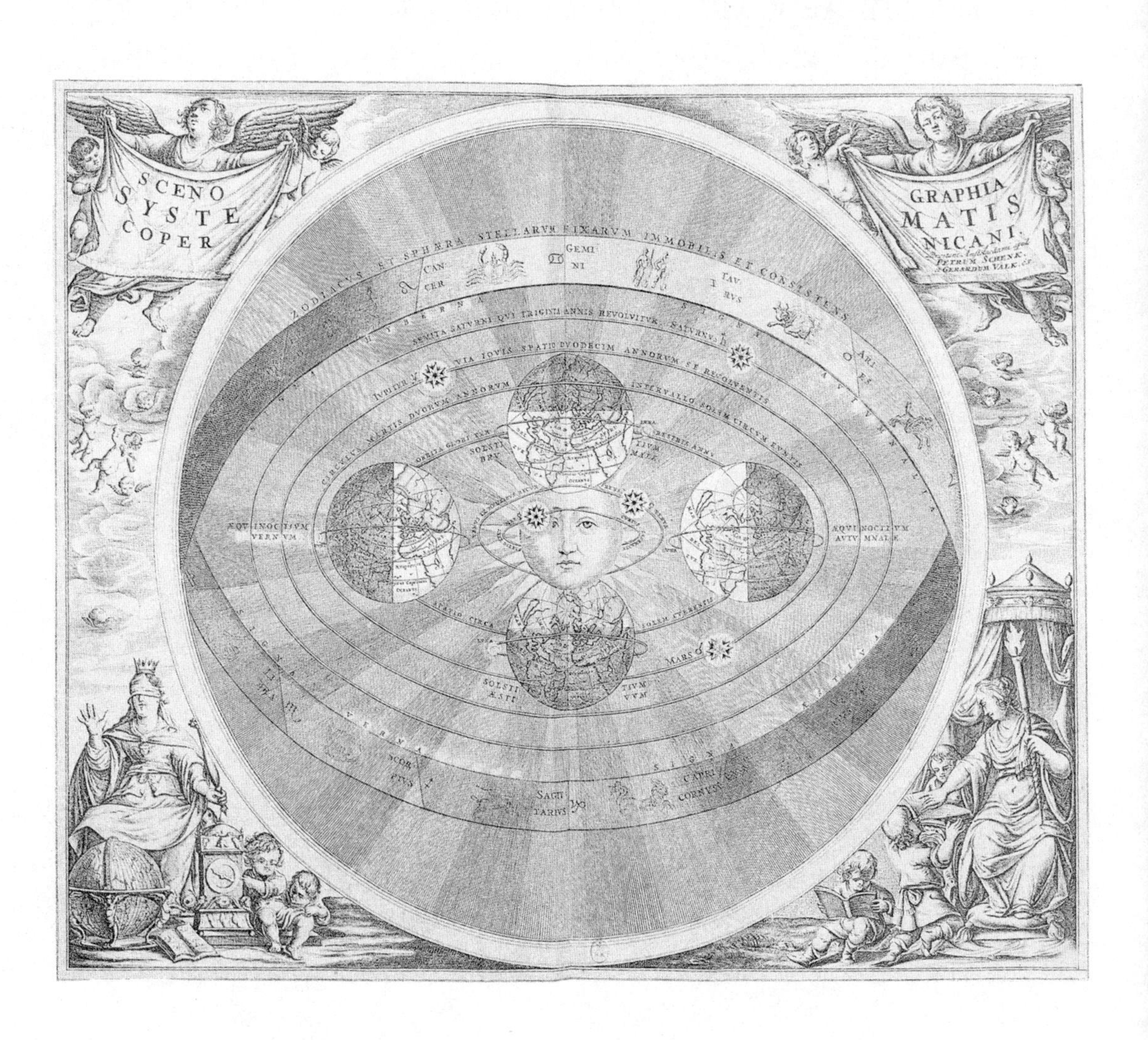

SCENO
SYSTE
COPER
GRAPHIA
MATIS
NICANI.

伽利略一生以对话体写了两本不朽的著作，即《关于托勒密和哥白尼两大世界体系的对话》和《关于两门新科学的对谈》。这两本书都是以三个人：萨耳维亚蒂、萨格利多和辛普里修进行4天对话的形式写成。前两人分别代表伽利略的化身和他的朋友，第三人则代表受旧学说影响较深而又有探求兴趣的发问者。

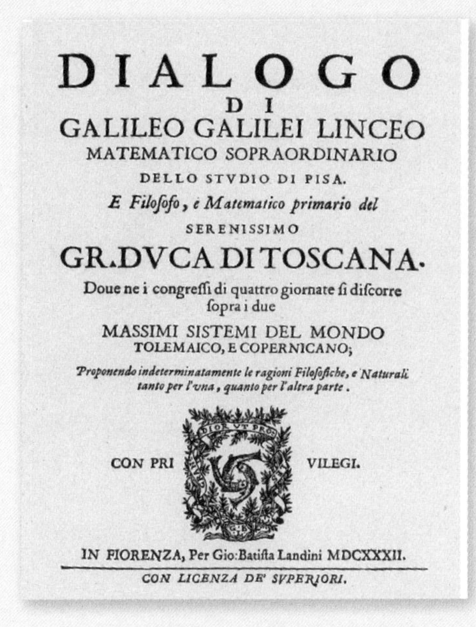

DIALOGO
DI
GALILEO GALILEI LINCEO
MATEMATICO SOPRAORDINARIO
DELLO STVDIO DI PISA.
E Filoſofo, e Matematico primario del
SERENISSIMO
GR.DVCA DI TOSCANA.
Doue ne i congreſſi di quattro giornate ſi diſcorre
ſopra i due
MASSIMI SISTEMI DEL MONDO
TOLEMAICO, E COPERNICANO;
Proponendo indeterminatamente le ragioni Filoſofiche, e Naturali
tanto per l'vna, quanto per l'altra parte.
CON PRI VILEGI.
IN FIORENZA, Per Gio:Batiſta Landini MDCXXXII.
CON LICENZA DE' SVPERIORI.

▲1632年版《关于托勒密和哥白尼两大世界体系的对话》的扉页。

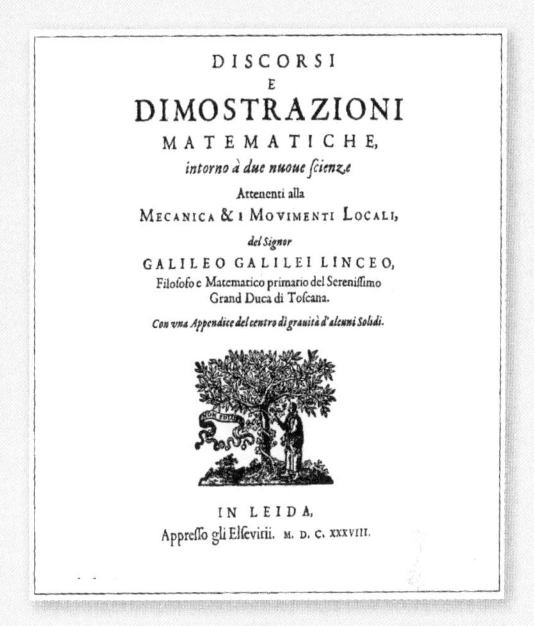

DISCORSI
E
DIMOSTRAZIONI
MATEMATICHE,
intorno à due nuoue ſcienze
Attenenti alla
MECANICA & I MOVIMENTI LOCALI,
del Signor
GALILEO GALILEI LINCEO,
Filoſofo e Matematico primario del Sereniſſimo
Grand Duca di Toſcana.
Con vna Appendice del centro di grauità d'alcuni Solidi.
IN LEIDA,
Appreſſo gli Elſevirii. M. D. C. XXXVIII.

▲1638年于荷兰出版的《关于两门新科学的对谈》扉页。

《关于两门新科学的对谈》被广泛认为是近代物理学的基柱之一。本书集中讨论了两门新科学，即材料强度的研究和运动的研究。

前半部分对于动力学、弹性力学、材料力学、声学、弹道学与科学方法论等均有生动的叙述。

关于材料强度的论述，伽利略认为同样粗细的麻绳、木杆、石条、金属棒，其承载能力与横截面成正比，而与它们的长度无关。

▲麻绳

▲铁棍

▲木棍

伽利略介绍了梁的强度的实验、提出了等强度梁的概念，讨论了在重力作用下物体尺寸对强度的影响。正确地断定梁的抗弯能力和几何尺寸的力学相似关系。

▲伽利略悬臂梁试验图

伽利略关于真空的讨论，记载了用水泵抽水只能够抽到一个极限高度的经验事实，表示对亚里士多德“自然拒斥真空”信条的怀疑。

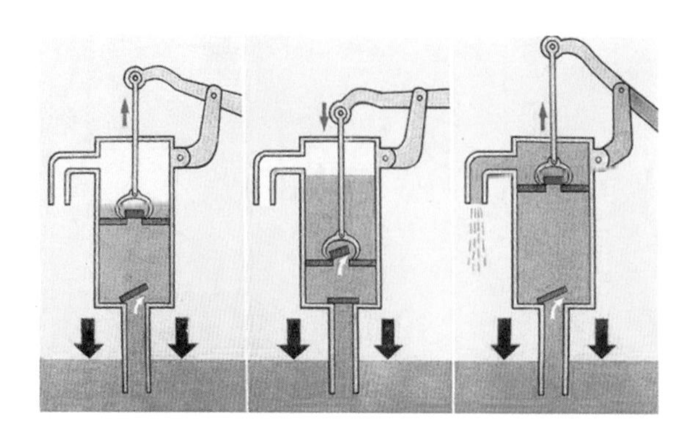

◀活塞式抽水机是完全依靠大气压强来升高水位的，所以水柱可以升高到10.336米。离心泵除了利用大气压强之外本身还对水有额外作用力，可以把水甩起，根据不同功率可以把水柱升至大于10.336米的高度。

伽利略还着重讨论亚里士多德关于真空中的物体下落得比轻的物体快得多的说法。提到自己曾经观察到从高处下落的一磅的炮弹和一颗半磅的炮弹差不多同时落地，不过并没有讲是不是在比萨斜塔上扔下来的。他驳斥了亚里士多德不同重量物体从高处不同时落地的说法。

从今天的观点看，轻重物体同时落地表明自由落体加速度与其质量无关，实质上是引力质量等于惯性质量。这是形成广义相对论的重要线索之一。

▲比萨斜塔和比萨大教堂（周雁翎/摄）。据说，1591年，身为比萨大学教授的伽利略曾在此塔上做过著名的落体实验。不过，科学史家否认了这种说法。

伽利略还从观察比萨教堂里吊灯摆动的等时性开始，进一步讨论共振现象，并且他自己设计一个在不同的激发条件下，从容器水面（或者铜板上）纹波疏密比例与先后发出的声音对比的实验，判定描写音高的物理量应当是频率。这在当时是一项了不起的成就。

▶1966年厄瓜多尔发行的纪念伽利略的邮票，上面印着伽利略的肖像和晃动的吊灯。

▲在伽利略之前的几百年，中国已经制造出了如今在一些旅游景点还可见到的“鱼洗”，它实际上是与伽利略的实验器具性质类似的一种声学仪器。

鱼洗是一个由青铜铸造的、具有一对提把的盆。传说此物曾于古代作为退兵之器，因共振波发出轰鸣声，众多鱼洗汇成千军万马之势，传数十里，敌兵闻声却步。现今仿古制作的震盆盆内刻有龙形，故亦称龙洗。

▲1995年，意大利发行纪念第14届国际相对论讨论大会在佛罗伦萨召开的邮票，上面有广义相对论公式和伽利略与爱因斯坦的头像。

▲1991年中国发行了纪念伽利略发现“惯性定律”和“引力质量等价”400周年的邮资明信片。

伽利略在科学上另一重大贡献是将力学确定为一门科学。

伽利略在《关于两门新科学的对谈》后半部分介绍了力与运动的研究，铺平了通向动力学大门的道路。

▲在物体的运动方面，古希腊学者亚里士多德（前384—前322）认为：如果要使一个物体持续运动，就必须对它施加力的作用。如果力被撤销，物体就会停止运动。图为亚里士多德雕塑。

▲阿基米德（前287—前212），伟大的古希腊哲学家、科学家，静态力学和流体静力学的奠基人，享有“力学之父”的美称。他有句名言：“给我一个支点，我就能撬起整个地球。”

伽利略通过自己设计的著名的斜面实验验证了他关于“自然加速运动”中速度与时间成比例的假定。实验表明：物体的运动并不需要力来维持，运动之所以会停下来，是因为受到了外界的阻力。

◀在佛罗伦萨博物馆的这幅壁画中，伽利略正在讲解他的斜面实验，从画的背景中可以看到比萨斜塔。

爱因斯坦对伽利略的斜面实验给予了高度评价：“伽利略的发现以及他所应用的科学的推理方法是人类思想史上最伟大的成就之一，标志着物理学的真正开端。”

长期以来，学者们认为《关于两门新科学的对谈》开辟了牛顿运动定律的先河。伽利略在书中提出的力与运动的概念和它们相互间的关系，促使牛顿窥破天文的奥秘。

牛顿在伽利略等人工作的基础上进行深入研究，总结出了物体运动的三个基本定律（牛顿三定律）。

▲牛顿故居伍尔索普庄园。

▲哥白尼是文艺复兴时期的波兰天文学家、数学家。

哥白尼体系的胜利，与伽利略的研究成就是分不开的。

1543年，哥白尼出版伟大著作《天体运行论》，提出日心说。1632年，伽利略出版《关于托勒密和哥白尼两大世界体系的对话》对哥白尼学说起到了重要补充作用，使日心说真正战胜地心说，从此为世人所接受。

◀1632年版《关于托勒密和哥白尼两大世界体系的对话》的卷首插画，画中左边是亚里士多德，中间是手持地心说浑天仪的托勒密，右边是拿着日心说宇宙模型、穿着教士长袍的哥白尼。

▼《天体运行论》第一版扉页，上面有后人的批注。

伽利略的学说在全世界广泛传播，早在明末清初正式传入了中国。

16世纪末，17世纪初，意大利天主教传教士利玛窦以西方科学，特别是数学和天文历法与中国士大夫交往，并和徐光启等共同翻译《几何原本》《天文实义》等书。当时中国历法失修，历书记载和天象常有出入，利玛窦借机宣传西方历法，不断向罗马教会请求派遣真正的天文学家到中国进行修改历法的工作。

就在利玛窦去世8年后的1618年，罗马天主教会派遣五位通晓天文历算的耶稣会传教士到中国，其中有意大利人罗雅各（Giacomo Rho，1596—1638）、德国人汤若望（Johann Adam Schall Von Bell，1591—1666）和瑞士人邓玉函（Johann Schreck，1571—1638）。其中邓玉函曾是伽利略的学生，他是第一个把天文望远镜带进中国的人。

◀利玛窦（Matteo Ricci，1552—1610）肖像画。他是天主教在中国传教的最早开拓者，也是最早把西方科学带入中国的人。

1615年耶稣会教士阳玛诺（Emmanuel Diaz，1574—1659）在北京刊印《天问略》，该书通过问答形式，阐述了月相和日月交食原理、节气、昼夜和太阳运动，并突出阐述了用伽利略望远镜所发现的四颗卫星、月球表面、金星盈亏、太阳黑子及银河带的星体结构。

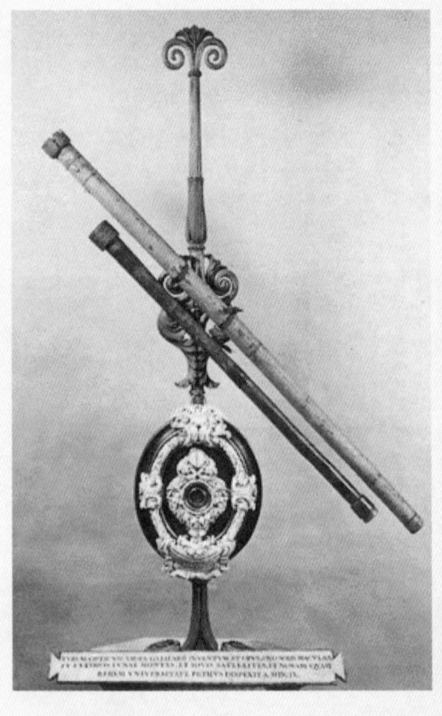

▲伽利略制造的望远镜，现保存于佛罗伦萨博物馆。

◀徐光启主编的《崇祯历书》多处谈到有关伽利略在天文学上的贡献。左图为伽利略的望远镜和《关于两门新科学的对谈》一书，太阳系仪上的木星卫星以及远处的木星。

1633年6月22日伽利略因反对教皇、宣扬“邪说”而被罗马宗教裁判所判处终生监禁，《关于托勒密和哥白尼两大世界体系的对话》亦被判为禁书（直到1882年，这个禁令才从罗马教会禁书目录中删除）。这次审判是宗教史和科学史上的重要事件。

▲布鲁诺（Giordano Bruno，1548—1600），意大利思想家、哲学家和文学家。

早在1600年，布鲁诺就由于宣传哥白尼学说和新教思想，被宗教裁判所以8项异端罪名烧死在罗马鲜花广场。

▼罗马鲜花广场上的布鲁诺雕像，他面朝梵蒂冈，注视着不远处森严的教庭。

▲意大利画家尼可罗·巴拉宾（Niccollo Barabion，1832—1891）作品——《伽利略的审判》，描绘了伽利略备受折磨之后的疲惫和苍老。审判结束后，伽利略转向出口，等在那里的士兵会押送他去执行终身监禁。在画的远景，几位陪审员聚集在一起背对着伽利略讨论着什么。

几个世纪以来，伽利略的审判成了科学与宗教冲突的重大历史事件，许多绘画作品对这一事件进行了描绘。

▲壁画《伽利略的审判》描绘在豪华的大教堂里，一个巨大的十字架立在画面中间，伽利略端坐于前。（匿名，17世纪意大利学院派）

◀德国浪漫主义画家郝斯曼（Fredrich K. Hausmann，1825—1886）作品——《审判会上的伽利略》，作于1861。

20世纪以后，为了表示教廷不是科学研究的敌人，并希望在科学与信仰之间建立融洽的关系，教皇庇护十一世招揽一大批科学家，于1936年成立了梵蒂冈教皇科学院。1979年在梵蒂冈纪念爱因斯坦诞辰一百周年的时候，教皇约翰·保罗二世表示要重新审查“曾使一位科学家遭受莫大痛苦的案件，而且教廷的声誉长期以来因为此案而受到很大损害。”这里指的就是伽利略案件。审查案件的工作在主教保罗·普帕尔领导下进行。1992年10月31日，教皇在梵蒂冈教皇科学院发表了了结这一案件的讲话，他说：“人们可以从伽利略案件中吸取仍具有现实意义的教训，以防止可能在今天或明天出现类似的情况。”

第三天

· *The Third Day* ·

真理不在蒙满灰尘的权威著作中，而是在宇宙、自然界这部伟大的无字书中。

——伽利略

一切推理都必须从观察与实验得来。

——伽利略

io esser caduto in qualche parte come ho già detto, presento questa
scrittura con una fede aggiunta del già Ill.mo S. Card.l Beller
mino scritta di propria mano del med.o S. Card.le della quale già
presentai una copia di mia mano. Del rimanente mi rimetto in
tutto, e per tutto alla solita pietà, e clemenza di questo Trib.le
et habita eius subscriptione fuit remissus ad domum supradicti
Oris Ser.mi Magni Ducis modo et forma iam sibi notificatis.

Io Galileo Galilei mano pp.a

位置的改变(De Motu Locali)

我的目的是要推进一门很新的科学,它处理的是一个很老的课题。在自然界中,也许没有任何东西比运动更古老。关于此事,哲学家们写的书是既不少也不小的。尽管如此,我却曾经通过实验而发现了运动的某些性质,它们是值得知道的,而且迄今还不曾被人们观察过和演示过。有些肤浅的观察曾被做过,例如,一个重的下落物体的自由运动(naturalem motum)[①]是不断加速的;但是,这种加速到底达到什么程度,却还没人宣布过;因为,就我所知,还没有任何人曾经指出,从静止开始下落的一个物体在相等的时段内经过的距离彼此成从 1 开始的奇数之间的关系。[②]

曾经观察到,炮弹或抛射体将描绘某种曲线路程,然而却不曾有人指出一件事实,即这种路程是一条抛物线。但是这一事实的其他为数不少和并非不值一顾的事实,我却在证明它们方面得到了成功,而且我认为更加重要的是,现在已经开辟了通往这一巨大的和最优越的科学的道路;我的工作仅仅是开始,一些方法和手段正有待于比我更加头脑敏锐的人们用来去探索这门科学的更遥远的角落。

这种讨论分成三个部分。第一部分处理稳定的或均匀的运动;第二部分处理我们在自然界发现其为加速的运动;第三部分处理所谓“剧烈的”运动以及抛射体。[191]

◀1633 年,伽利略宣誓放弃哥白尼学说的誓词的最后一部分。

① 在这儿,作者的“natural motion”被译成了“自由运动”,因为这是今天被用来区分文艺复兴时期的“natural motion”和“violent motion”的那个名词。——英译者

② 这个定理将在下文中证明。——英译者

均匀运动

在处理稳定的或均匀的运动时，我们只需要一个定义。我给出此定义如下：

定 义

所谓稳定运动或均匀运动，是指那样一种运动，粒子在运动中在任何相等的时段中通过的距离都彼此相等。

注 意

旧的定义把稳定运动仅仅定义为在相等的时间内经过相等的距离。在这个定义上，我们必须加上“任何”二字，意思是“所有的”相等时段，因为，有可能运动物体将在某些相等的时段内走过相等的距离，不过在这些时段的某些小部分中走过的距离却可能并不相等，即使时段是相等的。

由以上定义可以得出四条公理如下：

公 理 1

在同一均匀运动的事例中。在一个较长的时段中通过的距离大于在一个较短的时段中通过的距离。

公 理 2

在同一均匀运动的事例中，通过一段较大距离所需要的时间长于通过一段较小距离所需要的时间。

公 理 3

在同一时段中，以较大速率通过的距离大于以较小速率通过的距离。[192]

公理 4

在同一时段中,通过一段较长的距离所需要的速率大于通过一段较短距离所需要的速率。

定理 1　命题 1

如果一个以恒定速率而均匀运动的粒子通过两段距离,则所需时段之比等于该二距离之比。

设一粒子以恒定速率均匀运动而通过两段距离 AB 和 BC,并设通过 AB 所需要的时间用 DE 来代表,通过 BC 所需要的时间用 EF 来代表;于是我就说,距离 AB 和距离 BC 之比等于时间 DE 和时间 EF 之比。

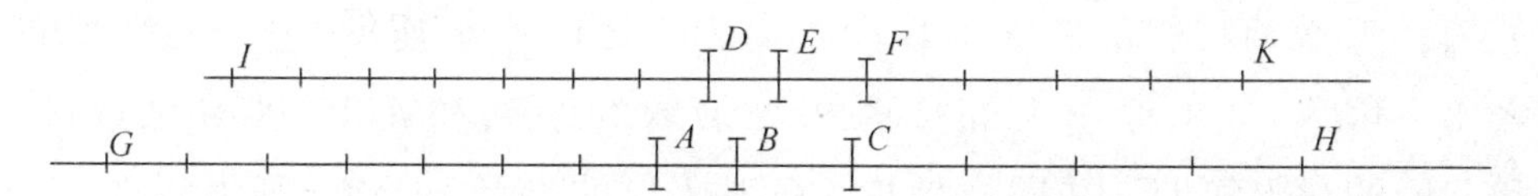

设把距离和时间都向着 G、H 和 I、K 前后延伸。将 AG 分成随便多少个等于 AB 的间隔,而且同样在 DI 上画出数目相同的等于 DE 的时段。另外,再在 CH 上画出随便多少个等于 BC 的间隔,并在 FK 上画出数目正好相同的等于 EF 的时段;这时距离 BG 和时间 EI 将等于距离 BA 和时间 ED 的任意倍数;同样,距离 HB 和时间 KE 也等于距离 CB 和时间 FE 的任意倍数。

而且既然 DE 是通过 AB 所需要的时间,整个的时间 EI 将是通过整个距离 BG 所需要的;而且当运动是均匀的时候,EI 中等于 DE 的时段个数就将和 BG 中等于 BA 的间隔数相等,而且同样可以推知 KE 代表通过 HB 所需要的时间。

然而,既然运动是均匀的,那就可以得到,如果距离 GB 等于距离 BH,则时间 IE 也必等于时间 EK;而且如果 GB 大于 BH,则 IE 也必大于 EK;而且如果小于,则也小于。[①] 现在共有四个量:第一个是 AB,第二个是 BC,第三个是 DE,而第四个是 EF;时间 IE 和距离 GB 是第

---

① 伽利略在此所用的方法,是欧几里得在其《几何原本》(*Elements*)第五卷中著名的定义 5 中提出的方法,参见《大英百科全书》"几何学"条,第十一版,p. 683。——英译者

一个量和第三个量即距离 AB 和时间 DE 的任意倍。[193]但是已经证明，后面这两个量全都或等于或大于或小于时间 EK 和距离 BH 而 EK 和 BH 是第二个量和第四个量的任意倍数。因此，第一个量和第二个量即距离 AB 和距离 BC 之比，等于第三个量和第四个量即时间 DE 和时间 EF 之比。 证毕。

定理 2 命题 2

如果一个运动粒子在相等的时段内通过两个距离，则这两个距离之比等于速率之比。而且反言之，如果距离之比等于速率之比，则二时段相等。

参照上页图，设 AB 和 BC 代表在相等的时段内通过的两段距离，例如，设距离 AB 是以速度 DE 被通过的，而距离 BC 是以速度 EF 被通过的。那么，我就说，距离 AB 和距离 BC 之比等于速度 DE 和速度 EF 之比。因为，如果像以上那样取相等倍数的距离和速率，即分别取 AB 和 DE 的 GB 和 IE，并同样地取 BC 和 EF 的 HB 和 KE，则可以按和以上同样的方式推知，倍数量 GB 和 IE 将同时小于、等于或大于倍数量 BH 和 EK。由此本定理即得证。

定理 3 命题 3

在速率不相等的事例中，通过一段距离所需要的时段和速率成反比。

设两个不相等的速率中较大的一个用 A 来表示，其较小的一个用 B 来表示，并设和二者相对应的运动通过给定的空间 CD。于是我就说，以速率 A 通过距离 CD 所需要的时间和以速率 B 通过同一距离所需要的时间之比等于速率 B 和速率 A 之比。因为，设 CD 比 CE 等于 A 比 B，则由前面的结果可知，以速率 A 通过距离 CD 所需要的时间和以速率 B[194]通过距离 CE 所需要的时间相同；但是，以速率 B 通过距离 CE 所需要的时间和以相同的速率通过距离 CD 所需要的时间之比，等于 CE 和 CD 之比。因此，以速率 A 通过 CD 所需要的时间和以速率 B 通过 CD 所需要的时间之比，就等于

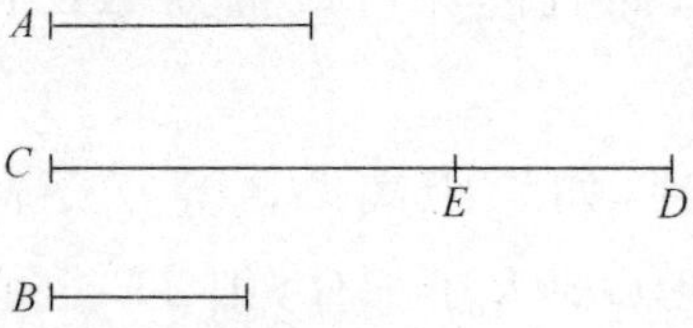

CE 和 CD 之比，也就是等于速率 B 和速率 A 之比。　　证毕。

定理 4　命题 4

如果两个粒子在进行均匀运动，但是可有不同的速率，在不相等的时段中由它们通过的距离之比，将等于速率和时间的复合比。

设进行均匀运动的两个粒子为 E 和 F，并设物体 E 的速率和物体 F 的速率之比等于 A 和 B 之比：但是却设 E 的运动所费时间和 F 的运动所费时间之比等于 C 和 D 之比。于是我就说，E 在时间 C 内以速率 A 而通过的距离和 F 在时间 D 内以速率 B 而通过的距离之比，等于速率 A 和速率 B 之比乘以时间 C 和时间 D 之比而得到的乘积。因为，如果 G 是 E 在时段 C 中以速率 A 而通过的距离，而且如果 G 和 I 之比等于速率 A 和速率 B 之比，而且如果也有时段 C 和时段 D 之比等于 I 和 L 之比，那么就可以推知，I 就是在 E 通过 G 的相同时间内 F 所通过的距离，因为 G 比 I 等于速率 A 比速率 B。而且，既然 I 和 L 之比等于时段 C 和 D 之比，如果 I 是 F 在时段 C 内通过的距离，则 L 将是 F 在时段 D 内以速率 B 通过的距离。

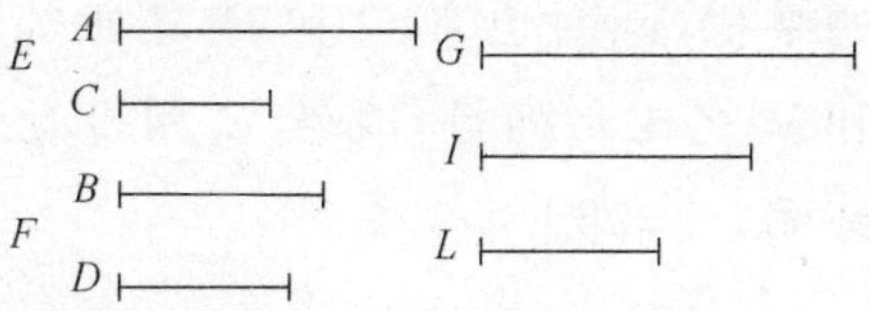

E　A
C
F　B
D
G
I
L

但是 G 和 L 之比是 G 和 I 的比值与 I 和 L 的比值的乘积，也就说是速率 A 和速率 B 之比与时段 C 和时段 D 之比的乘积。

证毕。[195]

定理 5　命题 5

如果两个均匀运动的粒子以不同的速率通过不相等的距离，则所费时间之比等于距离之比乘以速率的反比。

设两个运动粒子用 A 和 B 来代表，并设 A 的速率和 B 的速率之比等于 V 和 T 之比；同样，设所通过的两个距离之比等于 S 和 R 之比；于是我就说，A 的运动所需要的时段和 B 的运动所需要的时段之比，等于速率 T 和速率 V 之比乘以距离 S 和距离 R 之比所得的乘积。

设 C 为 A 的运动所占据的时段，并设时段 C 和时段 E 之比等于速率 T 和速率 V 之比。

而且，既然C是A以速率V在其中通过距离S的时段，而且B的速率T和速率V之比等于时段C和时段E之比，那么E就应是粒子B通过距离S所需要的时间。如果现在我们令时段E和时段G之比等于距离S和距离R之比，则可以推知G是B通过距离R所需要的时间。既然C和G之比等于C和E之比乘以E和G之比而得到的乘积(同时也有C和E之比等于A和B的速率的反比，这也就是T和V之比)；而且，既然E和G之比与距离S和R之比相同。命题就已证明。[196]

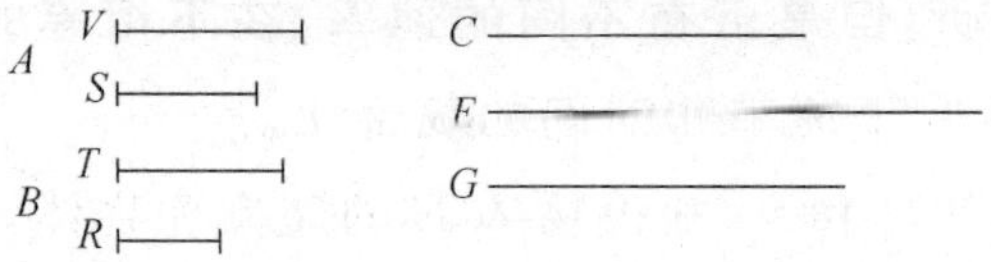

定理6 命题6

如果两个粒子是做均匀运动的，则它们的速率之比等于它们所通过的距离之比乘以它们所占用的时段之反比而得到的乘积。

设A和B是以均匀速率运动的两个粒子，并设它们各自通过的距离之比等于V和T之比，但是却设各时段之比等于S和R之比。于是我就说，A的速率和B的速率之比等于距离V和距离T之比乘以时段R和时段S之比而得到的乘积。

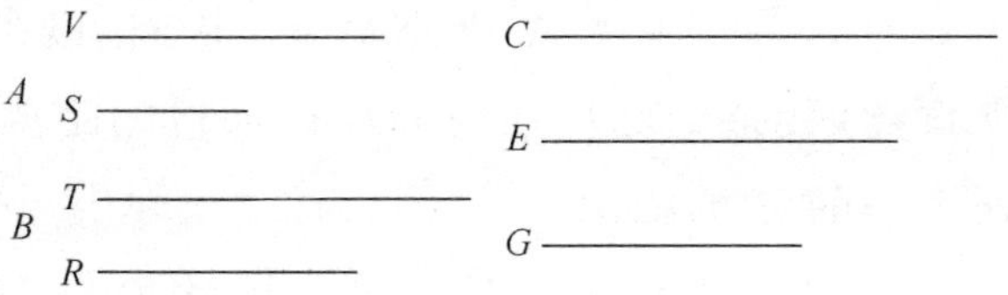

设C是A在时段S内通过距离V的速率，并设速率C和另一个速率E之比等于V和T之比；于是E就将是B在时段S内通过距离T的速率。如果现在速率E和另一个速率G之比等于时段R和时段S之比，则G将是B在时段R内通过距离T的速率。于是我们就有粒子A在时段S内通过距离V的速率C，以及粒子B在时段R内通过距离T的速率G。C和G之比等于C和E之比乘以E和G之比而得出的乘积；根据定义，C和E之比就是距离V和距离T之比，而E和G之比就是R和S之比。由此即得命题。

萨耳：以上就是我们的作者所写的关于均匀运动的内容。现在我们过渡到例如重的下落物体所一般经受到的那种自然加速的运动的一种新的和更加清晰的考虑。下面就是标题和引言。[197]

自然加速的运动

属于均匀运动的性质已经在上节中讨论过了,但是加速运动还有待考虑。

首先,看来有必要找出并解释一个最适合自然现象的定义。因为,任何人都可以发明一种任意类型的运动并讨论其性质。例如,有人曾经设想螺线或蚌线是由某些在自然界中遇不到的运动所描绘的,而且曾经很可称赞地确定了它们根据定义所应具有的性质;但是我们却决定考虑在自然界中实际发生的那种以一个加速度下落的物体的现象,并且把这种现象弄成表现观察到的加速运动之本质特点的加速运动的定义。而且最后,经过反复的努力,我相信我们已经成功地做到了这一点。在这一信念中,我们主要是得到了一种想法的支持,那就是,我们看到实验结果和我们一个接一个地证明了的这些性质相符合和确切地对应。最后,在自然地加速的运动的探索中,我们就仿佛被亲手领着那样去追随大自然本身的习惯和方式,按照它的各种其他过程来只应用那些最平常、最简单和最容易的手段。

因为我认为没人会相信游泳和飞翔能够用比鱼儿们和鸟儿们本能地应用的那种方式更简单的方式来完成。

因此,当我观察一块起初是静止的石头从高处下落并不断地获得速率的增量时,为什么我不应该相信这样的增长是以一种特别简单而在每人看来都相当明显的方式发生的呢?如果现在我们仔细地检查一下这个问题,我们就发现,没有比永远以相同方式重复进行的增加或增长更为简单的。当我们考虑时间和运动之间的密切关系时,我们就能真正地理解这一点。因为,正如运动的均匀性是通过相等的时间和相等的空间来定义和想象的那样(例如当相等的距离是在相等的时段中通过的时,我们就说运动是均匀的),我们也可以用相似的方式通过相等的时段来想象速率的增加是没有任何复杂性地进行的:例如我们可以在心中描绘一种运动是均匀而连续地被加速的,当在任何相等的时段中运动的速率都得到相等的增量时。[198]例如,从物体离开它的静止位置而开始下降的那一时刻开始计时,如果不论过了多长的时间,都是在头两个时段中得到的速率将等于在第一个时段中得到的速率的 2 倍;在三个这样的时段中增加的量是第一时段中的 3 倍,而在四个时段中的增加量是第一时段中的 4 倍。为了把问题说得更清楚些,假若一个物体将以它在第一时段中获得的速率继续运动,它的运动就将比它以在头两个时段中获得的速率继续运动时慢 1 倍。

由此看来,如果我们令速率的增量和时间的增量成正比,我们就不会错得太多;因此,我们即将讨论的这种运动的定义,就可以叙述如下:一种运动被称为均匀加速的,如果从静止开始,它在相等的时段内获得相等的速率增量。

萨格:人们对于这一定义,事实上是对任何作者所发明的任何定义提不出任何合理的反驳,因为任何定义都是随意的。虽然如此,我还是愿意并无他意地表示怀疑,不知上述这种用抽象方式建立的定义是否和我们在自然界的自由下落物体的事例中遇到的那种加速运动相对应,并能描述它。而且,既然作者显然主张他的定义所描述的运动就是自由下落物体的运动,我希望能够排除我心中的一些困难,以便我在以后可以更专心地听那些命题和证明。

萨耳:你和辛普里修提出这些困难是很好的。我设想,这些困难就是我初次见到这本著作时所遇到的那些相同的困难,它们是通过和作者本人进行讨论或在我自己的心中反复思考而被消除了的。[199]

萨格:当我想到一个从静止开始下落的沉重物体时,就是说它从零速率开始并且从运动开始时起和时间成比例地增加速率;这是一种那样的运动,例如在八次脉搏的时间获得 8 度速率;在第四次脉搏的结尾获得 4 度;在第二次脉搏的结尾获得 2 度;在第一次脉搏的结尾获得 1 度:而且既然时间是可以无限分割的,由所有这些考虑就可以推知,如果一个物体的较早的速率按一个恒定比率而小于它现在的速率,那么就不存在一个速率的不论多小的度(或者说不存在迟慢性的一个无论多大的度),是我们在这个物体从无限迟慢即静止开始以后不会发现的。因此,如果它在第四次脉搏的末尾所具有的速率是这样的:如果保持均匀运动,物体将在 1 小时内通过 2 英里;而如果保持它在第二次脉搏的末尾所具有的速率，它就会在 1 小时内通过 1 英里。我们必须推测，当越来越接近开始的时刻时，物体就会运动得很慢，以致如果保持那时的速率，它就在 1 小时，或 1 天，或 1 年，或 1000 年内也走不了 1 英里；事实上，它甚至不会挪动 1 英寸，不论时间多长。这种现象使人们很难想象，而我们的感官却告诉我们，一个沉重的下落物体会突然得到很大的速率。

萨耳：这是我在开始时也经历过的困难之一，但是不久以后我就排除了它；而且这种排除正是通过给你们带来困难的实验而达成的。你们说，实验似乎表明，在重物刚一开始下落以后，它就得到一个相当大的速率；而我却说，同一实验表明，一个下落物体不论多重，它在开始时的运动都是很迟慢而缓和的。把一个重物体放在一种柔软的材料上，让它留在那儿，除它自己的重量以外不加任何压力。很明显，如果把物体抬高一两英尺再让它落在同样的材料上，由于这种冲量，它就会作用一个新的比仅仅由重量引起的压力更大的压力，而且这种效果是由下落物体(的重量)和在下落中得到的速度所共同引起的。这种效果将随着下落高度的增大而增大，也就是随着下落物体的速度的增大而增大，于是，根据冲击的性质和强度，我们就能够准确地估计一个下落物体的速率。[200]但是，先生们，请告诉我这是不对的：如果一块夯石从 4 英尺的高度落在一个橛子上而把它打进地中 4 指的深度；如果让它从 2 英尺高处落下来，它就会把橛子打得更浅许多；最后，如果只把夯石抬起 1 指高，它将比仅仅被放在橛子上更多打进多大一点儿？当然很小。如果只把它抬起像一张纸的厚度那么高，那效果就会完全无法觉察了。而且，既然撞击的效果依赖于这一打击物体的速度，那么当(撞击的)效果小得不可觉察时，能够怀疑运动是很慢而速率是很小吗？现在请看看真理的力量吧！同样的一个实验，初看起来似乎告诉我们一件事，当仔细检查时却使我们确信了相反的情况。

上述实验无疑是很有结论性的。但是，即使不依靠那个实验，在我看来也应该不难仅仅通过推理来确立这样的事实。设想一块沉重的石头在空气中被保持于静止状态。支持物被取走了，石头被放开了；于是，既然它比空气重，它就开始下落，而且不是均匀地下落，而是开始时很慢，但却是以一种不断加速的运动而下落。现在，既然速度可以无限制地增大和减小，有什么理由相信，这样一个以无限的慢度(即静止)开始的运动物体立即会得到一个10度大小的速率，而不是4度，或2度，或1度，或0.5度，或0.01度，而事实上可以是无限小值的速率呢？请听我说，我很难相信你们会拒绝承认，一块从静止开始下落的石头，它的速率的增长将经历和减小时相同的数值序列；当受到某一强迫力时，石头就会被扔到起先的高度，而它的速率就会越来越小。但是，即使你们不同意这种说法，我也看不出你们怎么会怀疑速率渐减的上升石头在达到静止以前将经历每一种可能的慢度。

辛普：但是如果越来越大的慢度有无限多个，它们就永远不能被历尽，因此这样一个上升的重物体将永远达不到静止，而是将永远以更慢一些的速率继续运动下去。但这并不是观察到的事实。[201]

萨耳：辛普里修，这将会发生，假如运动物体将在每一速度处在任一时间长度内保持自己的速率的话；但是它只是通过每一点而不停留到长于一个时刻；而且，每一个时段不论多么短都可以分成无限多个时刻，这就足以对应于无限多个渐减的速度了。

至于这样一个上升的重物体不会在任一给定的速度上停留任何时间，这可以从下述情况显然看出：如果某一时段被指定，而物体在该时段的第一个时刻和最后一个时刻都以相同的速率运动，它就会从这第二个高度上用和从第一高度上升到第二高度的完全同样的方式再上升一个相等的高度，而且按照相同的理由，就会像从第二个高度过渡到第三个高度那样而最后将永远进行均匀运动。

萨格：从这些讨论看来，我觉得所讨论的问题似乎可以由哲学家来求得一个适当的解；那问题就是，重物体的自由运动的加速度是由什么引起的？在我看来，既然作用在上抛物体上的力(virtù)使它不断地减速，这个力只要还大于相反的重力，就会迫使物体上升；当二力达到平衡时，物体就停止上升而经历它的平衡状态。在这个状态上，外加的冲量(impeto)并未消灭，而只是超过物体重量的那一部分已经用掉了，那就是使物体上升的部分；然后，外加冲量(impeto)的减少继续进行，使重力占了上风，下落就开始了。但是由于反向冲量(virtù impressa)的原因，起初下落得很慢，这时反向冲量的一大部分仍然留在物体中；随着这种反向冲量的继续减小，它就越来越多地被重力所超过，由此即得运动的不断加速。

辛普：这种想法很巧妙，不过比听起来更加微妙一些；因为，即使论证是结论性的，它也只能解释一种事例：在那种事例中，一种自然运动以一种强迫运动为其先导，在那种强迫运动中，仍然存在一部分外力(virtù esterna)。但是当不存在这种剩余部分而物体从一个早先的静止状态开始时，整个论点的严密性就消失了。

萨格：我相信你错了，而你所作出的那种事例的区分是表面性的，或者倒不如说是不存在的。但是，请告诉我，一个抛射体能不能从抛射者那里接受一个或大或小的力(virtù)，例如把它抛到100腕尺的高度，或甚至是20腕尺，或4腕尺，或1腕尺的高度的那种力呢？[202]

辛普：肯定可以。

萨格：那么，外加的力(virtù impressa)就可能稍微超过重量的阻力而使物体上升1指的高度，而且最后，上抛者的力可能只大得正好可以平衡重量的阻力，使得物体并不是被举高而只是悬空存在。当一个人把一块石头握在手中时，他是不是只给它一个强制力(virtù impellente)使它向上，等于把它向下拉的重量的强度(facoltà)而没有做任何别的事呢？而且只要你还把石头握在手中，你是不是继续在对它加这个力(virtù)呢？在人握住石头的时间之内，这个力会不会或许随着时间在减小呢？

而且，这个阻止石头下落的支持是来自一个人的手，或来自一张桌子，或来自一根悬挂它的绳子，这又有什么不同呢？肯定没有任何不同。因此，辛普里修，你必须得出结论说，只要石头受到一个力(virtù)的作用，反抗它的重量并足以使它保持静止。至于它在下落之前停留在静止状态的时间是长是短乃至只有一个时刻，那都是没有任何相干的。

萨耳：现在似乎还不是考察自由运动之加速原因的适当时刻。关于那种原因，不同的哲学家曾经表示了各式各样的意思：有些人用指向中心的吸引力来解释它，另一些人则用物体中各个最小部分之间的排斥力来解释它，还有一些人把它归之于周围媒质中的一种应力，这种媒质在下落物体的后面合拢起来而把它从一个位置赶到另一个位置。现在，所有这些猜想，以及另外一些猜想，都应该加以检查，然而那却不一定值得。在目前，我们这位作者的目的仅仅是考察并证明加速运动的某些性质(不论这种加速的原因是什么)。所谓加速运动，是指那样一种运动，即它的速度的动量(i momentidella sua velocità)在离开静止状态以后不断地和时间成正比而增大。这和另一种说法相同,就是说,在相等的时段,物体得到相等的速度增量;而且,如果我们发现以后即将演证的(加速运动的)那些性质是在自由下落的和加速的物体上实现的,我们就可以得出结论说,所假设的定义包括了下落物体的这样一种运动,而且它们的速率(accelerazione)是随着时间和运动的持续而不断增大的。[203]

萨格:就我现在所能看到的来说,这个定义可能被弄得更清楚一些而不改变其基本想法。就是说,均匀加速的运动就是那样一种运动,它的速率正比于它所通过的空间而增大,例如,一个物体在下落 4 腕尺中所得到的速率,将是它在下落 2 腕尺中所得到的速率的 2 倍;而后一速率则是在下落 1 腕尺中所得到的速率的 2 倍。因为毫无疑问,一个从 6 腕尺高度下落的物体,具有并将以之来撞击的那个动量(impeto),是它在 3 腕尺末端上所具有的动量的 2 倍,并且是它在 1 腕尺末端上所具有的动量的 3 倍。

萨耳:有这样错误的同伴使我深感快慰;而且,请让我告诉你,你的命题显得那样的或然,以致我们的作者本人也承认,当我向他提出这种见解时,连他也在一段时间内同意过这种谬见。但是,使我最吃惊的是看到两条如此内在地有可能的以致听到它们的每一个人都觉得不错的命题,竟然只用几句简单的话就被证明不仅是错误的,而且是不可能的。

辛普:我是那些人中的一个,他们接受这一命题,并且相信一个下落物体会在下落中获得活力(vires),它的速度和空间成比例地增加,而且下落物体的动量(momento)当从 2 倍高度处下落时也会加倍。在我看来,这些说法应该毫不迟疑和毫无争议地被接受。

萨耳:尽管如此,它们还是错误的和不可能的,就像认为运动应该在一瞬间完成那样的错误和不可能;而且这里有一种很清楚的证明。假如速度正比于已经通过或即将通过的空间,则这些空间是在相等的时段内通过的;因此,如果下落物体用以通过 8 英尺的空间的那个速度是它用以通过前面 4 英尺空间的速度的 2 倍(正如一个距离是另一距离的 2 倍那样),则这两次通过所需要的时段将是相等的。但是,对于同一个物体来说,在相同的时间内下落 8 英尺和 4 英尺,只有在即时(discontinous)运动的事例中才是可能的。但是观察却告诉我们,下落物体的运动是需要时间的,而且通过 4 英尺的距离比通过 8 英尺的距离所需的时间要少;因此,所谓速度正比于空间而增加的说法是不对的。[204]

另一种说法的谬误性也可以同样清楚地证明。因为,如果我们考虑单独一个下击的物体,则其撞击的动量之差只能依赖于速度之差;因为假如从双倍高度下落的下击物体应该给出一次双倍动量的下击,则这一物体必须是以双倍的速度下击的,但是以这一双倍的速度,它将在相同时段内通过双倍的空间。然而观察却表明,从更大高度下落所需要的时间是较长的。

萨格:你用了太多的明显性和容易性来提出这些深奥问题;这种伟大的技能使得它们不像用一种更深奥的方式被提出时那么值得赏识了。因为,在我看来,人们对自己没太费劲就得到的知识,不像对通过长久而玄秘的讨论才得到知识那样重视。

萨耳:假如那些用简捷而明晰的方式证明了许多通俗信念之谬误的人们被用了轻视而不是感谢的方式来对待,那伤害还是相当可以忍受的。但是,另一方面,看到那样一些人却是令人很不愉快而讨厌的,他们以某一学术领域中的贵族自居,把某些结论看成理所当然,而那些结论后来却被别人很快地和很容易地证明为谬误的了。我不把这样一种感觉说成忌妒,而忌妒通常会堕落为对那些谬误发现者的仇视和恼怒。我愿意说它是一种保持旧错误而不接受新发现的真理的强烈欲望。这种欲望有时会引诱他们团结起来反对这些真理,尽管他们在内心深处是相信那些真理的;他们起而反对之,仅仅是为了降低某些别的人在不肯思考的大众中受到的尊敬而已。确实,我曾经从我们的院士先生那里听说过许多这样的被认为是真理但却很容易被否证的谬说,其中一些我一直记着。[205]

萨格:你务必把它们告诉我们,不要隐瞒,但是要在适当的时候,甚至可以举行一次额外的聚会。但是现在,继续我们的思路,看来到了现在,我们已经确立了均匀加速运动的定义。这定义叙述如下:

一种运动被称为等加速运动或均匀加速运动,如果从静止开始,它的动量(celeritatis momenta)在相等的时间内得到相等的增量。

萨耳:确立了这一定义,作者就提出了单独一条假设,那就是:

同一物体沿不同倾角的斜面滑下，当斜面的高度相等时，物体得到的速率也相等。

所谓一个斜面的高度，是指从斜面的上端到通过其下端的水平线上的竖直距离。例如，为了说明，设直线 AB 是水平的，并设平面 CA 和 CD 为倾斜于它的平面；于是，作者就称垂线 CB 为斜面 CA 和 CD 的“高度”：他假设说，同一物体沿斜面 CA 和 CD 而下滑到 A 端和 D 端时所得到的速率是相等的，因为二斜面的高度都是 CB：而且也必须理解，这个速率就是同一物体从 C 下落到 B 时所将得到的速率。

萨格：你的假设使我觉得如此合理，以致它应该被毫无疑问地被认同。当然，如果没有偶然的或外在的阻力，而且各平面是坚硬而平滑的，而运动物体的形状也是完全圆滑的，从而平面和运动物体都不粗糙的话，当一切阻力和反抗力都已消除时，我的理智立刻就告诉我，一个重的和完全圆的球沿直线 CA、CD 和 CB 下降时将以相等的动量(impeti eguali)到达终点 A、D、B。[206]

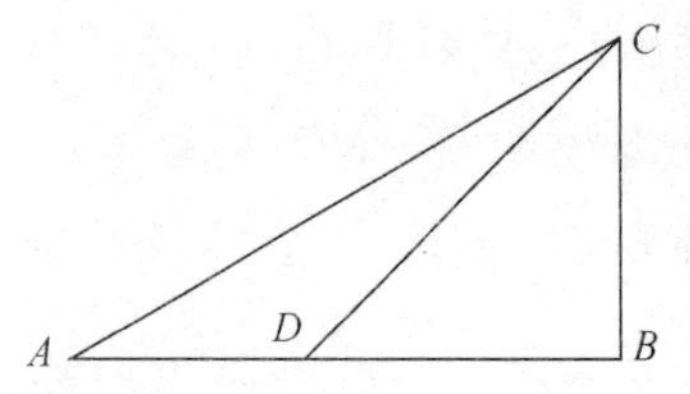

萨耳：你的说法是很可同意的，但是我希望用实验来把它的或然性增大到不缺少严格证明的程度。

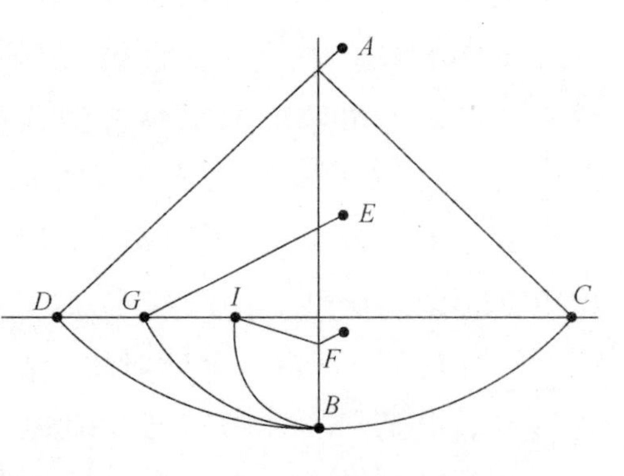

设想纸面代表一堵竖直的墙，有一个钉子钉在上面，钉上用一根竖直的细线挂了一个一两或二两重的弹丸，细线 AB 譬如说有 4～6 英尺长，离墙约有 2 指远近；垂直于竖线在墙上画一条水平线 DC。现在把悬线和小球拿到位置 AC，然后放手；起初我们会看到它沿着$\widehat{CBD}$下落，通过点 B，并沿$\widehat{BD}$前进，直到几乎前进到水平线 CD，所差的一点儿高度是由空气的阻力和悬线的阻力引起的。我们由此可以有理由地推测，小球在其沿$\widehat{CB}$下降中，当到 B 时获得了一个动量(impeto)，而这个动量正好足以把它通过一条相似的弧线送到同一高度。多次重复了这个实验以后，现在让我们再在墙上靠近垂直线 AB 处钉一个钉子，例如在 E 或 F 处；这个钉子伸出大约五六指，以便悬线带着小球经过了 CB 时可以碰着钉子，这样就迫使小球经过以 E 为心的 $\overset{\frown}{BG}$。[①] 由此我们可以看到同一动量(impeto)可以做些什么；它起初是从同一 B 点出发，带着同一物体通过 $\overset{\frown}{BD}$ 而走向水平线 CD。现在，先生们，你们将很感兴趣地看到，小球摆向了水平线上的 G 点。而且，如果障碍物位于某一较低的地方，譬如位于 F，你们就将看到同样的事情发生，这时小球将以 F 为心而描绘 $\overset{\frown}{BI}$，球的升高永远确切地保持在直线 CD 上。但是如果钉子的位置太低，以致剩下的那段悬线达不到 CD 的高度时(当钉子离 B 点的距离小于 AB 和水平线 CD 的交点离 B 的[207]距离时就会发生这种情况)，悬线将跳过钉子并绕在它上面。

这一实验没有留下怀疑我们的假设的余地，因为，既然两个弧 $\overset{\frown}{CB}$ 和 $\overset{\frown}{DB}$ 相等而且位置相似，通过沿 $\overset{\frown}{CB}$ 下落而得到的动量(momento)就和通过沿 $\overset{\frown}{DB}$ 下落而得到的动量(momento)相同；但是，由于沿 $\overset{\frown}{CB}$ 下落而在 B 点得到的动量(momento)，却能够把同一物体(mobile)沿着 $\overset{\frown}{BD}$ 举起来。因此，沿 $\overset{\frown}{BD}$ 下落而得到的动量，就等于把同一物沿同弧从 B 举到 D 的动量。普遍说来，沿一个弧下落而得到的每一个动量，都等于可以把同一物体沿同弧举起的动量。但是，引起沿各 $\overset{\frown}{BD}$、$\overset{\frown}{BG}$ 和 $\overset{\frown}{BI}$ 的上升的所有这些动量(momenti)都相等，因为它们都是由沿 $\overset{\frown}{CB}$ 下落而得到的同一动量引起的，正像实验所证明的那样。因此，通过沿 $\overset{\frown}{DB}$、$\overset{\frown}{GB}$、$\overset{\frown}{IB}$ 下落而得到的所有各动量全都相等。

萨格： 在我看来，这种论点是那样的有结论性，而实验也如此地适合于假说的确立，以致我们的确可以把它看成一种证明。

萨耳： 萨格利多，关于这个问题，我不想太多地麻烦咱们自己，因为我们主要是要把这一原理应用于发生在平面上的运动，而不是应用于发生在曲面上的运动。在曲面上，加速度将以一种和我们对平面运动所假设的那种方式大不相同的方式而发生变化。

因此，虽然上述实验向我们证明，运动物体沿 $\overset{\frown}{CB}$ 的下降使它得到一个动量(momento)，足以把它沿着 $\overset{\frown}{BD}$、$\overset{\frown}{BG}$、$\overset{\frown}{BI}$ 举到相同的高度，但是在一个完全圆的球沿着倾角分别和各弧之弦的倾角相同的斜面下降的事

① 此处原谓小球达到 B 时悬线才碰到钉子。这似乎不可能，不知是伽利略原文之误还是英译本之误。今略为斟酌如此。——中译者

例中，我们却不能用相似的方法证明事件将是等同的。相反地，看来似乎有可能，既然这些斜面在 B 处有一个角度，它们将对沿弦 CB 下降并开始沿弦 BD、BG、BI 上升的球发生一个阻力。

在碰到这些斜面时它的一部分动量(impeto)将被损失掉，从而它将不能再升到直线 CD 的高度；但是，这种干扰实验的障碍一旦被消除，那就很明显，动量(impeto)(它随着[208]下降而增强)就将能够把物体举高到相同的高度。那么，让我们暂时把这一点看成一条公设，其绝对真实性将在我们发现由它得出的推论和实验相对应并完全符合时得以确立。假设了这单独一条原理，作者就过渡到了命题：他清楚地演证了这些命题，其中的第一条如下：

定理 1　命题 1

一个从静止开始做均匀加速运动的物体通过任一空间所需要的时间，等于同一物体以一个均匀速率通过该空间所需要的时间；该均匀速率等于最大速率和加速开始时速率的平均值。

让我们用直线 AB 表示一个物体通过空间 CD 所用的时间，该物体在 C 点从静止开始而均匀加速；设在时段 AB 内得到的速率的末值，即最大值，用垂于 AB 而画的一条线段 EB 来表示；画直线 AE，则从 AB 上任一等价点上平行于 EB 画的线段就将代表从 A 开始的速率的渐增的值。设点 F 将线段 EB 中分为二；画直线 FG 平行于 BA，画 GA 平行于 FB，于是就得到一个平行四边形(实为长方形)$AGFB$，其面积将和 $\triangle AEB$ 的面积相等，因为 GF 边在 I 点将 AE 边平分；因为，如果 $\triangle AEB$ 中的那些平行线被延长到 GI，就可以看出长方形 $AGFB$ 的面积将等于 $\triangle AEB$ 的面积；因为 $\triangle IEF$ 的面积等于 $\triangle GIA$ 的面积。既然时段中的每一时刻都在直线 AB 上有其对应点，从各该点在 $\triangle AFG$ 内部画出的那些平行线就代表速度的渐增的值；而且，既然在长方形 $AGFB$ 中那些平行线代表一个不是渐增而是恒定的值，那就可以看出，按照相同的方式，运动物体所取的动量(momenta)，在加速运动的事例中可以用 $\triangle AEB$ 中那些渐增的平行线来代表，而在均匀运动的事例中

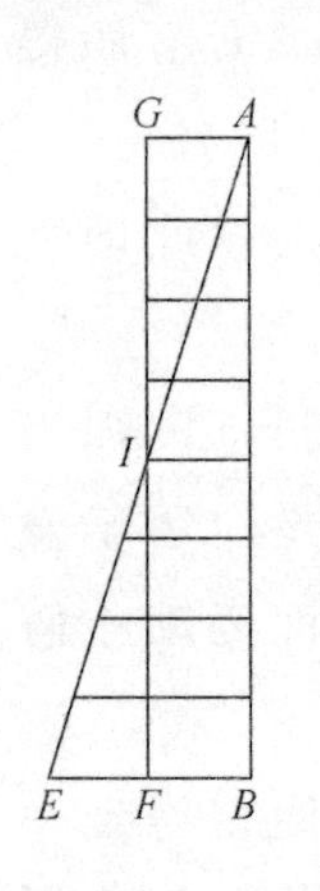

则可以[209]用长方形 GB 中那些平行线来代表,加速运动的前半段所短缺的动量(所缺的动量用△AGI 中的平行线来代表)由△IEF 中各平行线所代表的动量来补偿。

由此可以清楚地看出,相等的空间可以在相等的时间由两个物体所通过,其中一个物体从静止开始而以一个均匀加速度运动,另一个以均匀速度运动的物体的动量则等于加速运动物体的最大动量的一半。

证毕。

定理 2　命题 2

一个从静止开始以均匀加速度而运动的物体所通过的空间,彼此之比等于所用时段的平方之比。

设从任一时刻 A 开始的时间用直线 AB 代表,在该线上,取了两个任意时段 AD 和 AE,设 HI 代表一个从静止开始以均匀加速度由 H 下落的物体所通过的距离。设 HL 代表在时段 AD 中通过的空间,而 HM 代表在时段 AE 中通过的空间,于是就有,空间 MH 和空间 LH 之比,等于时间 AE 和时间 AD 之比的平方,或者,我们也可以简单地说,距离 HM 和 HL 之间的关系与 AE 的平方和 AD 的平方之间的关系相同。

画直线 AC 和直线 AB 成任意交角,并从 D 点和 E 点画平行线 DO 和 EP;在这两条线中,DO 代表在时段 AD 中达到的最大速度,而 EP 则代表在时段 AE 中达到的最大速度。但是刚才已经证明,只要涉及的是所通过的距离,两种运动的结果就是确切相同的:一种是物体从静止开始以一个均匀的加速度下落,另一种是物体在相等的时段内以一个均匀速率下落,该均匀速率等于加速运动在该时段内所达到的最大速率的一半。由此可见,距离 HM 和 HL 将和以分别等于 DO 和 EP 所代表的速率之一半的均匀速率在时段 AE 和 AD 中所通过的距离相同,因此,如果能证明距离 HM 和 HL 之比等于时段 AE 和 AD 的平方之比,我们的命题就被证明了。[210]

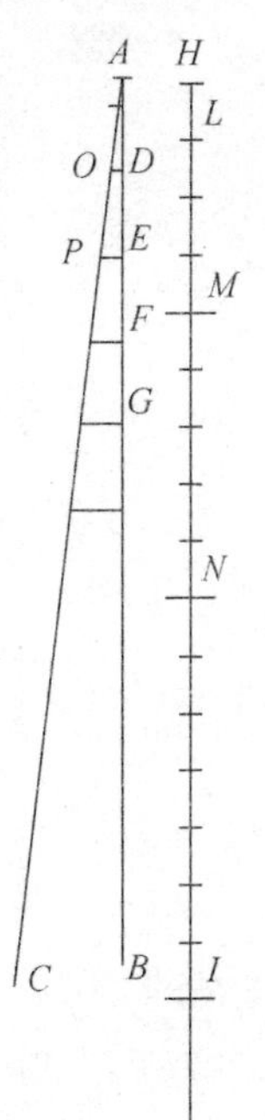

但是在"均匀运动"部分的命题 4(见上文)中已经证明,两个均匀运动的粒子所通过的空间之比,等于速度之比和

时间之比的乘积。但是在这一事例中，速度之比和时段之比相同（因为 AE 和 AD 之比等于 $1/2EP$ 和 $1/2DO$ 之比，或者说等于 EP 和 DO 之比）。由此即得，所通过的空间之比等于时段之比的平方。 证毕。

那么就很显然，距离之比等于终末速度之比的平方，也就是等于线段 EP 和 DO 之比的平方，因为后二者之比等于 AE 和 AD 之比。

推论Ⅰ 由此就很显然，如果我们取任何一些相等的时段，从运动的开始数起，例如 AD、DE、EF、FG，在这些时段中，物体所通过的空间是 HL、LM、MN、NI，则这些空间彼此之间的比，将是各奇数 1、3、5、7 之间的比，因为这就是各线段（代表时间）的平方差之间的比，即依次相差一个相同量的差，而其公共差等于最短的线（即代表单独一个时段的线）；或者，我们可以说，这就是从一开始的自然数序列的差。

因此，尽管在一些相等的时段中，各速度是像自然数那样递增的，但是在各相等时段中所通过的那些距离的增量却是像从一开始的奇数序列那样变化的。

萨格：请把讨论停一下，因为我刚刚得到了一个想法。为了使你们和我自己都更清楚，我愿意用作图来说明这个想法。

设直线 AI 代表从起始时刻 A 开始的时间的演进；通过 A 画一条和 AI 成任意角的直线 AF，将端点 I 和 F 连接起来；在 C 点将 AI 等分为两段；画 CB 平行于 IF。起初速度为零，然后它就正比于和 BC 相平行的直线和 $\triangle ABC$ 的交割段落而增大；或者换句话说，我们假设速度正比于时间而渐增；让我们把 CB 看成速度的最大值。然后，注意到以上的论证，我毫无疑问地承认，按上述方式下落的一个物体所通过的空间，等于同一物体在相同长短的时间内以一个等于 EC（即 BC 的一半）的均匀速率通过的空间。[211]另外，让我们设想，物体已经用加速运动下落，使得它在时刻 C 具有速度 BC。很显然，假如这个物体继续以同一速率 BC 下落而并不加速，在其次一个时段 CI 中，它所通过的距离就将是以均匀速率 EC（等于 BC 的一半）在时段 AC 中通过的距离的 2 倍；但是，既然

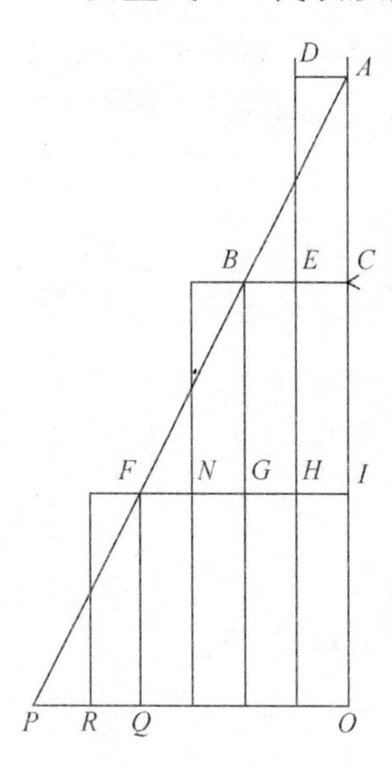

下落物体在相等的时段内得到相等的速率增量，那就可以推知，速度 BC 在其次一个时段中将得到一个增量，用和△ABC 相等的△BFG 内的平行线来代表。那么，如果在速度 GI 上加上速度 FG 的一半，就得到在时间 CI 中将会通过相同空间的那个均匀速度；此处 FG 是加速运动所得到的、由△BFG 内的平行线来决定的最大速率；而既然这一均匀速度 IN 是 EC 的 3 倍，那就可以知道，在时段 CI 中通过的空间 3 倍于在时段 AC 中通过的空间。让我们设想运动延续到另一个相等的时段 IO，而三角形也扩大为 APO；于是就很显然，如果运动在时段 IO 中以恒定速率 IF（即在时间 AI 中加速而得到的速率）持续进行，则在时段 IO 中通过的空间将是在第一个时段中通过的空间的 4 倍，因为速率 IF 是速率 EC 的 4 倍。但是如果我们扩大三角形使它把等于△ABC 的△FPQ 包括在内，而仍然假设加速度为恒量，我们就将在均匀速度上再加上等于 EC 的 RQ；于是时段 IO 中的等效均匀速率的值就将是第一个时段 AC 中等效均匀速率的 5 倍；因此所通过的空间也将是在第一个时段 AC 中通过的空间的 5 倍。因此，由简单的计算就可以显然得到，一个从静止开始其速度随时间而递增的物体将在相等的时段内通过不同的距离，各距离之比等于从一开始的奇数 1,3,5…，之比；①或者，若考虑所通过的总距离，则在双倍时间内通过的距离将是在单位时间内所通过距离的 4 倍；而[212]在 3 倍时间内通过的距离将是在单位时间内通过的距离的 9 倍；普遍说来，通过的距离和时间的平方成比例。

辛普：说实话，我在萨格利多这种简单而清楚的论证中得到的快感比在作者的证明中得到的快感还要多；他那种证明使我觉得相当地不明显；因此我相信，一旦接受了均匀加速运动的定义，情况就是像所描述的那样了。但是，至于这种加速度是不是我们在自然界中的下落物体事例中遇到的那种加速度，我却仍然是怀疑的；而且在我看来，不仅为了我，而且也为了所有那些和我抱有同样想法的人们，现在是适当的时刻，可以引用那些实验中的一个了；我了解，那些实验是很多的，它们用多种方

---

① 作为现代分析方法之巨大优美性和简明性的例示，命题 2 的结果可以直接从基本方程 $s=g/2(t_2^2-t_1^2)=g/2(t_2+t_1)(t_2-t_1)$ 得出，式中 g 是重力加速度，设各时段为 1 秒，于是在时刻 t_1 和 t_2 之间通过的距离就是 $s=g/2(t_2+t_1)$，此处 t_2+t_1 必须是一个奇数，因为它是自然数序列中相邻的数之和。——英译者[中译者按：从现代眼光看来，这一问题本来非常简单，似乎不必如此麻烦加此小注，而且注得并非多么明白。]

式演示了已经得到的结论。

萨耳：作为一位科学人物，你所提出的要求是很合理的；因为在那些把数学证明应用于自然现象的科学中，这正是一种习惯——而且是一种恰当的习惯；正如在透视法、数学、力学、音乐及其他领域的事例中看到的那样，原理一旦被适当选择的实验所确定，就变成整个上层结构的基础。因此，我希望，如果我们相当长地讨论这个首要的和最基本的问题，这并不会显得是浪费时间；在这个问题上，连接着许多推论的后果，而我们在本书中看到的只是其中的少数几个——那是我们的作者写在那里的，他在开辟一个途径方面做了许多工作，即途径本来对爱好思索的人们一直是封闭的。谈到实验，它们并没有被作者所忽视；而且当和他在一起时，我曾经常常试图按照明确的次序来使自己相信，下落物体所实际经历的加速，就是上面描述的那种。[213]

我们取了一根木条，长约 12 腕尺，宽约半腕尺，厚约 3 指，在它的边上刻一个槽，约一指多宽。把这个槽弄得很直、很滑和很好地抛光以后，给它裱上羊皮纸，也尽可能地弄光滑，我们让一个硬的、光滑的和很圆的青铜球沿槽滚动。将木条的一端比另一端抬高 1 腕尺或 2 腕尺，使木条处于倾斜位置，我们像刚才所说的那样让铜球在槽中滚动，同时用一种立即会加以描述的办法注意它滚下所需的时间。我们重复进行了这个实验，以便把时间测量得足够准确，使得两次测量之间的差别不超过1/10次脉搏跳动时间。完成了这种操作并相信了它的可靠性以后，我们就让球只滚动槽长的四分之一；测量了这种下降的时间，我们发现这恰恰是前一种滚动的时间的一半。其次我们试用了其他的距离，把全长所用的时间，和半长所用的时间，或四分之三长所用的时间，事实上是和任何分数长度所用的时间进行了比较，在重复了整百次的这种实验中，我们发现所通过的空间彼此之间的比值永远等于所用时间的平方之比。而且这对木板的，也就是我们让球沿着它滚动的那个木槽的一切倾角都是对的。我们也观察到，对于木槽的不同倾角，各次下降的时间相互之间的比值，正像我们等一下就会看到的那样，恰恰就是我们的作者所预言了和证明了的那些比值。

为了测量时间，我们应用了放在高处的一个大容器中的水。并在容器的底上焊了一条细管，可以喷出一个很细的水柱；在每一次下降中，我们就把喷出的水收集在一个小玻璃杯中，不论下降是沿着木槽的全长还是沿着它的长度的一部分；在每一次下降以后，这样收集到的水都用一个很准确的天平来称量。这些重量的差和比值，就给我们以下降时间的差和比值，而且这些都很准确，使得虽然操作重复了许多许多次，所得的结果之间却没有可觉察的分歧。

辛普：我但愿曾经亲自看到这些实验，但是因为对你们做这些实验时的细心以及你叙述它们时的诚实感到有信心，我已经满意了并承认它们是正确而成立的了。

萨耳：那么咱们就可以不必讨论而继续进行了。[214]

推论Ⅱ　其次就可以得到，从任何起点开始，如果我们随便取在任意两个时段中通过的两个距离，这两个时段之比就等于一个距离和两个距离之间的比例中项之比。

因为，如果我们从起点 S 量起取两段距离 ST 和 SY，其比例中项为 SX，则通过 ST 的下落时间和通过 SY 的下落时间之比就等于 ST 和 SX 之比；或者也可以说，通过 SY 的下落时间和通过 ST 的下落时间之比，等于 SY 和 SX 之比。现在，既已证明所通过的各距离之比等于时间的平方之比，而且，既然空间 SY 和空间 ST 之比是 SY 和 SX 之比的平方，那么就得到，通过 SY 和 ST 的二时间之比等于相应距离 SY 和 SX 之比。

旁　注

上一引理是针对竖直下落的事例证明了的，但是，对于倾角为任意值的斜面，它也成立。因为必须假设，沿着这些斜面，速度是按相同的比率增大的，就是说，是和时间成正比而增大的。或者，如果你们愿意，也可以说是按照自然数的序列而增大的。[1]

萨耳：在这儿，萨格利多，如果不太使辛普里修感到厌烦，我愿意打断一下现在的讨论，来对我们已经证明的以及我们已经从咱们的院士先生那里学到的那些力学原理的基础做些补充。我做的这些补充，是为了

[1] 介于这一旁注和下一定理之间的对话，是在伽利略的建议下由维维安尼(Viviani)撰写的。见 National Edition，ⅷ. 23。——英译者

使我们把以上已经讨论了的原理更好地建立在逻辑的和实验的基础上，而更加重要的是为了在首先证明了对运动(impeti)的科学具有根本意义的单独一条引理以后，来几何地推导那一原理。

萨格：如果你表示要做出的进展是将会肯定并充分建立这些运动科学的，我将乐于在它上面花费任意长的时间。事实上，[215]我不但得高兴地听你谈下去，而且要请求你立刻就满足你在关于你的命题方面已经唤起的我的好奇心，而且我认为辛普里修的意见也是如此。

辛普：完全不错。

萨耳：既然得到你们的允许，就让我们首先考虑一个值得注意的事实，即同一个物体的动量或速率(i momenti o le velocità)是随着斜面的倾角而变的。

速率在沿竖直方向时达到最大值，而在其他方向上，则随着斜面对竖直方向的偏离而减小。因此，运动物体在下降时的活力、能力、能量(I'impeto il talento l'energia)或也可称之为动量(il momento)，是由支持它的和它在上面滚动的那个平面所减小了的。

为了更加清楚，画一条直线 AB 垂直于水平线 AC，其次画 AD、AE、AF，等等，和水平线成不同的角度。于是我说，下落物体的全部动量都是沿着竖直方向的，而且当它沿此方向下落时达到最大值；沿着 DA，动量就较小；沿着 EA，动量就更小；而沿着更加倾斜的 FA，则动量还要更小。最后，在水平面上，动量完全消失，物体处于一种对运动或静止漠不关心的状态：它没有向任何方向运动的内在倾向，而在被推向任何方向运动时也不表现任何阻力。因为，正如一个物体或体系不能自己向上运动，或是从一切重物都倾向靠近的中心而自己后退一样，任一物体除了落向上述的中心以外也不可能自发地开始任何运动。因此，如果我们把水平面理解为一个面，它上面的各点都和上述公共中心等距的话，则物体在水平面上没有沿任何方向的动量。[216]

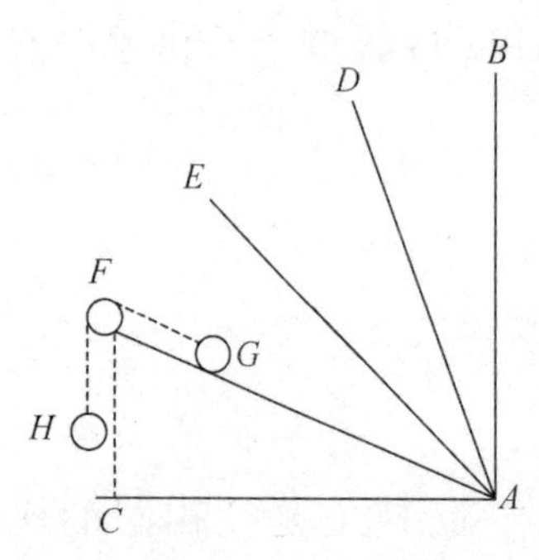

动量的变化既已清楚，我在这里就有必要解释某些事物：这是由我们的院士先生在帕多瓦写出的，载入只供他的学生们使用的一本著作

中。他在考虑螺旋这一神奇的机件的起源和本性时详尽而确定地证明了这一情况。他所证明的就是动量(impeto)随斜面倾角而变化的那种方式。例如,图中的平面 FA,它的一端被抬起了一个竖直距离 FC。这个 FC 的方向,正是重物的动量沿着它变为最大的那个方向。让我们找出这一最大动量和同一物体沿斜面 FA 运动时的动量成什么比率。我说,这一比率正是前面提到的那两个长度的反比。这就是领先于定理的那个引理。至于定理本身,我希望等一下就来证明。

显然,作用在下落物体上的促动力(impeto)等于足以使它保持静止的阻力或最小力(resistenza o forza minima)。为了量度这个力和阻力(forza e resistenza),我建议利用另一物体的重量。让我们在斜面 FA 上放一个物体 G,用一根绕过 F 点的绳子和重物 H 相连。于是,物体 H 将沿着垂直线上升或下降一个距离,和物体 G 沿着斜面 FA 下降或上升的距离相同。但是这个距离并不等于 G 在竖直方向上的下落或上升,只有在该方向上,G 也像其他物体那样作用它的力(resistenza)。这是很显然的。因为,如果我们把物体 G 在$\triangle AFC$ 中从 A 到 F 的运动看成由一个水平分量 AC 和一个竖直分量 CF 所组成,并记得这个物体在水平方向的运动方面并不经受阻力(因为通过这种运动物体离重物体公共中心的距离既不增加也不减少),就可以得到,只有由于物体通过竖直距离 CF 的升高才会遇到阻力。[217]那么,既然物体 G 在从 A 运动到 F 时只在它通过竖直距离的上升时显示阻力,而另一个物体 H 则必须竖直地通过整个距离 FA,而且此种比例一直保持,不论运动距离是大是小。因为两个物体是不可伸缩地连接着的,那么我们就可以肯定地断言,在平衡的事例中(物体处于静止),二物体的动量、速度或它们的运动倾向(propensioni al moto),也就是它们将在相等时段内通过的距离,必将和它们的重量成反比。这是在每一种力学运动的事例中都已被证明了的。[①] 因此,为了使重物 G 保持静止,H 必须有一个较小的重量,二者之比等于 CF 和较小的 FA 之比。如果我们这样做,$FA : FC=$重量 G : 重量 H,那么平衡就会出现。也就是说重物 H 和 G 将具有相同的策动力(momenti eguali),从而两个物体将达到静止。

---

① 此种处理近似于约翰·伯努利于1717年提出的“虚动原理”。——英译者

既然我们已经同意一个运动物体的活力、能力、动量或运动倾向等于足以使它停止的力或最小阻力(forza o resistenza minima),而既然我们已经发现重物 H 能够阻止重物 G 的运动,那么就可以得到,其总力(momento totale)是沿着竖直方向的较小重量 H 就将是较大的重量 G 沿斜面 FA 方向的分力(momento parziale)的一种确切的量度。但是物体 G 自己的总力(total momento)的量度却是它自己的重量,因为要阻止它下落只需用一个相等的重量来平衡它,如果这第二个重量可以竖直地运动的话;因此,沿斜面 FA 而作用在 G 上的分力(momento parziale)和总力之比,将等于重量 H 和重量 G 之比。但是由作图可知,这一比值正好等于斜面高度 FC 和斜面长度 FA 之比,于是我们就得到我打算证明的引理。而你们即将看到,这一引理已经由我们的作者在后面的命题6的第二段证明中引用过了。

萨格: 从你以上讨论了这么久的问题看来,按照 ex ⍜quali conla proportione perturbata 的论证,我觉得似乎可以推断,同一物体沿着像 FA 和 FI 那样的倾角不同但高度却相同的斜面而运动的那些倾向(momenti),是同斜面的长度成反比的。[218]

萨耳: 完全正确。确立了这一点以后,我将进而证明下列定理:

若一物体沿倾角为任意值而高度相同的一些平滑斜面自由滑下,则其到达底端时的速率相同。

首先我们必须记得一件事实,即在一个倾角为任意的斜面上,一个从静止开始的物体将和时间成正比地增加速率或动量(la quantità dell' impeto),这是和我们的作者所给出的自然加速运动的定义相一致的。由此即得,正像他在以上的命题中所证明的那样,所通过的距离正比于时间的平方,从而也正比于速率的平方。在这儿,速度的关系和在起初研究的运动(即竖直运动)中的关系相同,因为在每一事例中速率的增大都正比于时间。

设 AB 为一斜面,其离水平面 BC 的高度为 AC。正如我们在以上所看到的那样,迫使一个物体沿竖直线下落的力(I' impeto)和迫使同一物体沿斜面下滑的力之比,等于 AB 比 AC。在斜面 AB 上,画 AD 使之等于 AB 和 AC 的第三比例项;于是,引起沿 AC 的运动的力和引起沿 AB(即沿 AD)的运动的力之比等于长度 AC 和长度 AD 之比。因此,物

体将沿着斜面 AB 通过空间 AD，所用的时间和它下落一段竖直距离 AC 所用的时间相同[因为二力(momenti)之比等于这两个距离之比]；另外，C 处的速率和 D 处速率之比也等于距离 AC 和距离 AD 之比。但是根据加速运动的定义，B 处的物体速率和 D 处的物体速率之比等于通过 AB 所需的时间和通过 AD 所需的时间；而且根据命题 2 的推论Ⅱ，通过距离 AB 所需的时间和通过 AD 所需的时间之比，等于距离 AC(AB 和 AD 的一个比例中项)和 AD 之比。因此，B 和 C 处的两个速率和 D 处的速率有相同的比值，即都等于距离 AC 和 AD 之比，因此可见它们是相等的。这就是我要证明的那条定理。

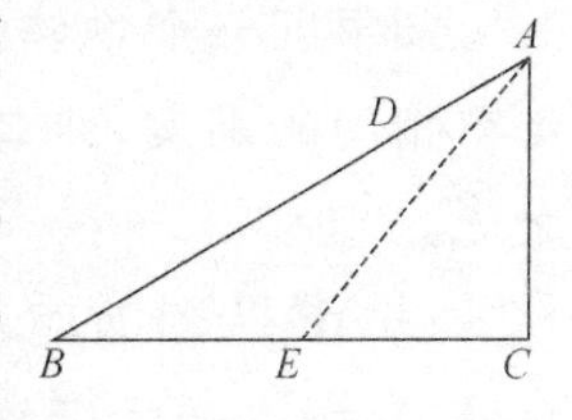

由以上所述，我们就更容易证明作者的下述命题 3 了。在这种证明中，他应用了下述原理：通过一个斜面所需的时间和通过该斜面的竖直高度所需的时间之比，等于斜面的长度和高度之比。[219]

因为，按照命题 2 的推论Ⅱ，如果 BA 代表通过距离 BA 所需的时间，则通过 AD 所需的时间将是这两个距离之间的一个比例中项，并将由线段 AC 来代表；但是如果 AC 代表通过 AD 所需的时间，它就也将代表下落而通过 AC 所需的时间，因为距离 AC 和 AD 是在相等的时间内被通过的。由此可见，如果 AB 代表 AB 所需的时间，则 AC 将代表 AC 所需的时间，因此，通过 AB 所需的时间和通过 AC 所需的时间之比，等于距离 AB 和 AC 之比。

同样也可以证明，通过 AC 而下落所需的时间和通过任何另一斜面 AE 所需的时间之比，等于长度 AC 和长度 AE 之比；因此，ex æquali，沿斜面 AB 下降的时间和沿斜面 AE 下降的时间之比，等于距离 AB 和距离 AE 之比，等等。①

正如萨格利多将很快看到的那样，应用这同一条定理，将可立即证明作者的第六条命题。但是让我们在这儿停止这次离题之言，这也许使萨格利多厌倦了，尽管我认为它对运动理论来说是相当重要的。

---

① 将这一论证用现代的明显符号表示出来，就有 $AC=1/2gt_c^2$，以及 $AD=1/2\cdot AC/ABgt_d^2$。如果现在 $AC^2=AB\cdot AD$，则立即得到 $t_d=t_c$。证毕。——英译者

萨格：恰恰相反，它使我大为满足，我确实感到这对掌握这一原理是必要的。

萨耳：现在让我们重新开始阅读。[220]

定理 3　命题 3

如果同一个物体，从静止开始，沿一斜面下滑或沿竖直方向下落，二者有相同的高度，则二者的下降时间之比将等于斜面长度和竖直高度之比。

设 AC 为斜面而 AB 为竖直线，二者离水平面的高度 BA 相同，于是我就说，同一物体沿斜面 AC 的下滑时间和它沿竖直距离 AB 的下落时间之比，等于长度 AC 和 AB 之比。[221]设 DG、EI 和 LF 是任意一些平行于水平线 CB 的直线；那么，从前面的讨论就可以得出，一个从 A 点出发的物体将在点 G 和点 D 得到相同的速率，因为在每一事例中竖直降落都是相同的。同样，在 I 点和 F 点，速率也相同；在 L 点和 E 点也是如此。而且普遍地说，在从 AB 上任何点上画到 AC 上对应之点的任意平行线的两端，速率也将相等。[222]

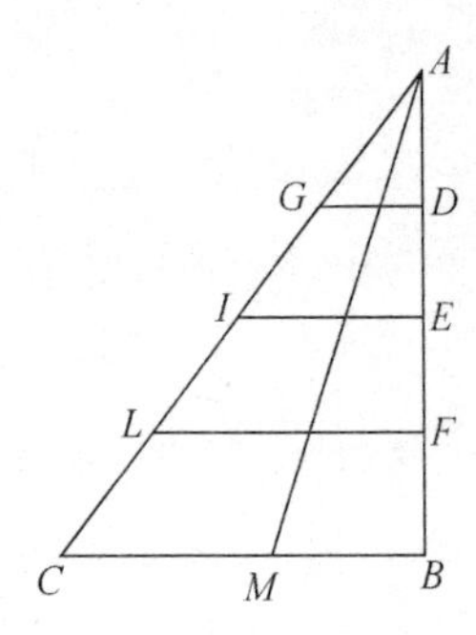

这样，二距离 AC 和 AB 就是以相同速率被通过的。但是已经证明，如果两个距离是由一个以相等的速率运动着的物体所通过的，则下降时间之比将等于二距离本身之比；因此，沿 AC 的下降时间和沿 AB 的下降时间之比，就等于斜面长度 AC 和竖直距离 AB 之比。

证毕。[223]

萨格：在我看来，上述结果似乎可以在一条已经证明的命题的基础上清楚而简洁地被证明了。那命题就是，在沿 AC 或 AB 的加速运动的事例中，物体所通过的距离和它以一个均匀速率通过的距离相同，该均匀速率之值等于最大速率 CB 的一半；两个距离 AC 和[224]AB 既然是由相同的均匀速率通过的，那么由命题 1 就显然可知，下降时间之比等于距离之比。

推论　因此我们可以推断，沿着一些倾角不同但竖直高度相同的斜面的下降时间，彼此之比等于各斜面的长度之比。因为，试考虑任何一

个斜面 AM，从 A 延伸到水平面 CB 上，于是，仿照上述方式就可以证明，沿 AM 的下降时间和沿 AB 的下降时间之比，等于距离 AM 和 AB 之比。但是，既然沿 AB 的下降时间和沿 AC 的下降时间之比等于长度 AB 和长度 AC 之比，那么，ex æquali，就得到，沿 AM 的时间和沿 AC 的时间之比也等于 AM 和 AC 之比。

定理 4　命题 4

沿长度相同而倾角不同的斜面的下降时间之比等于各斜面的高度的平方根之比。

从单独一点 B 画斜面 BA 和 BC，它们具有相同的长度和不同的高度；设 AE 和 CD 是和竖直线 BD 相交的水平线，并设 BE 代表斜面 AB 的高度而 BD 代表斜面 BC 的高度。另外，[225] 设 BI 是 BD 和 BE 之间的一个比例中项；于是 BD 和 BI 之比等于 BD 和 BE 之比的平方根。现在我说，沿 BA 和 BC 的下降时间之比等于 BD 和 BE 之比，于是，沿 BA 的下降时间就和另一斜面 BC 的高度联系了起来。就是说，作为沿 BC 的下降时间的 BD 和高度 BI 联系了起来。现在必须证明，沿 BA 的下降时间和沿 BC 的下降时间之比等于长度 BD 和长度 BI 之比。

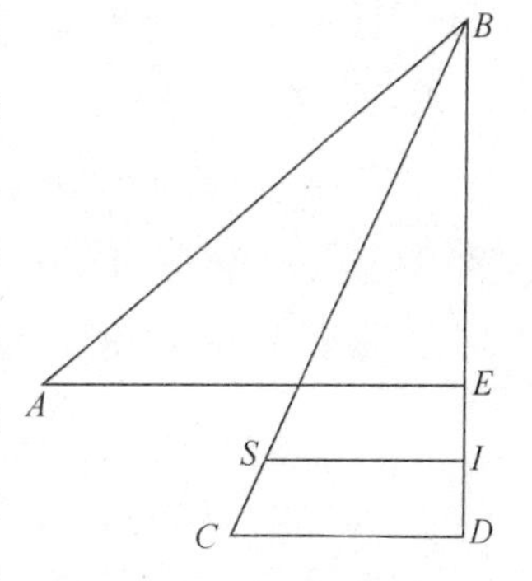

画 IS 平行于 DC；既然已经证明沿 BA 的下降时间和沿竖直线 BE 的下降时间之比等于 BA 和 BE 之比，而且也已证明沿 BE 的下降时间和沿 BD 的下降时间之比等于 BE 和 BI 之比。而同理也有，沿 BD 的时间和沿 BC 的时间之比等于 BD 和 BC 之比，或者说等于 BI 和 BS 之比，于是，ex æquali，就得到，沿 BA 的时间和沿 BC 的时间之比等于 BA 和 BS 之比，或者说等于 BC 和 BS 之比。然而，BC 比 BS 等于 BD 比 BI，由此即得我们的命题。

定理 5　命题 5

沿不同长度、不同斜角和不同高度的斜面的下降时间，相互之间的比率等于长度之间的比率乘以高度的反比的平方根而得到的乘积。

画斜面 AB 和 AC，其倾角、长度和高度都不相同。我们的定理于是就是，沿 AC 的下降时间和沿 AB 的下降时间之比，等于长度 AC 和 AB 之比乘以各斜面高度之反比的平方根。

设 AD 为一竖直线，向它那边画了水平线 BG 和 CD；另外设 AL 是高度 AG 和 AD 之间的一个比例中项，从点 L 作水平线和 AC 交于 F，因此 AF 将是 AC 和 AE 之间的一个比例中项。现在，既然沿 AC 的下降时间和沿 AE 的下降时间之比等于长度 AF 和 AE 之比，而且沿 AE 的时间和沿 AB 的时间之比等于 AE 和 AB 之比，即就显然有，沿 AC 的时间和沿 AB 的时间之比等于 AF 和 AB 之比。[226]

于是，剩下来的工作就是要证明 AF 和 AB 之比等于 AC 和 AB 之比乘以 AG 和 AL 之比，后一比值即等于高度 DA 和 GA 之平方根的反比。现在，很显然，如果我们联系到 AF 和 AB 来考虑线段 AC，则 AF 和 AC 之比就与 AL 和 AD 之比或说与 AG 和 AL 之比相同，而后者就是二长度本身之比。由此即得定理。

定理 6　命题 6

如果从一个竖直圆的最高点或最低点任意画一些和圆周相遇的斜面，则沿这些斜面的下降时间将彼此相等。

在水平线 GH 上方画一个竖直的圆。在它的最低点(和水平线相切之点)，画直径 FA，并从最高点 A 开始，画斜面到 B 和 C；B、C 为圆周上的任意点。然后，沿这些斜面的下降时间都相等。画 BD 和 CE 垂直于直径。设 AI 是二斜面的高度 AE 和 AD 之间的一个比例中项；而且既然长方形 $FA \cdot AE$ 和 $FA \cdot AD$ 分别等于正方形 $AC \cdot AC$ 和 $AB \cdot AB$ 之比，而长方形 $FA \cdot AE$和长方形 $FA \cdot AD$ 之比等于 AE 和 AD 之比，于是就得到 AC 的平方和 AB 的平方之比等于长度 AE 和长度 AD 之比。但是，既然长度 AE 和 AD 之比等于 AI 的平方和 AD 的

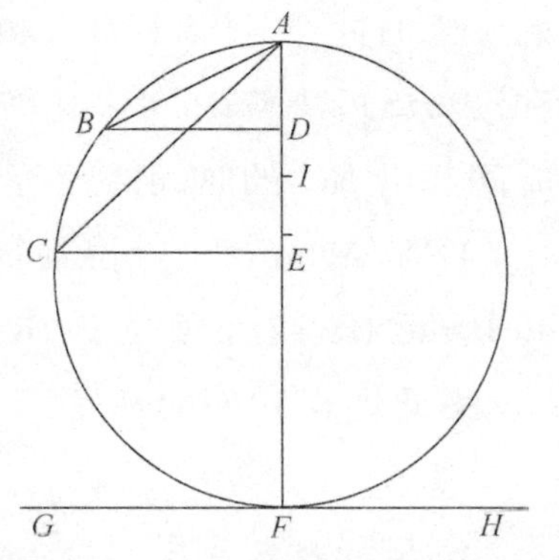

平方之比，那就得到，以线段 AC 和 AB 为边的两个正方形之比，等于各以 AI 和 AD 为边的两个正方形之比，于是由此也得到，长度 AC 和长度 AB 之比等于 AI 和 AD 之比，但是以前已经证明，沿 AC 的下降时间和沿 AB 的下降时间之比等于 AC 和 AB 以及 AD 和 AI 两个比率之积，而后一比率与 AB 和 AC 的比的比率相同。因此沿 AC 的下降时间和沿 AB 的下降时间之比等于 AC 和 AB 之比乘以 AB 和 AC 之比，因此这两下降时间之比等于 1。由此即得我们的命题。

利用力学的原理(ex mechanicis)可以得到相同的结果，也就是说一个下降的物体将需要相等的时间来通过[227]下页左上图(指下图，编者注)中所示的距离 CA 和 DA。沿 AC 作 BA 等于 DA，并作垂线 BE 和 DF；由力学原理即得，沿斜面 ABC 作用的分动量(momentum ponderis)和总动量(即自由下落物物体的动量)之比等于 BE 和 BA 之比。同理，沿斜面 AD 的分动量和总动量(即自由下落物体的动量)之比，等于 DF 和 DA 之比，或者说等于 DF 和 BA 之比。因此，同一重物沿斜面 DA 的动量和沿斜面 ABC 的动量之比，等于长度 DF 和长度 BE 之比。因为这种原因，按照命题 2，同一重物将在相等的时间内沿斜面 CA 和 DA 而通过空间；二者之比等于长度 BE 和 DF 之比。但是，可以证明，$CA : DA = BE : DF$。因此，下降物体将在相等的时间内通过路程 CA 和 DA。

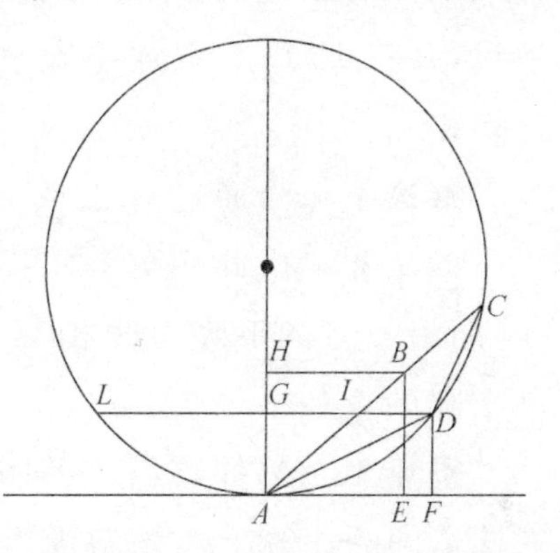

另外，$CA : DA = BE : DF$ 这一事实可以证明如下：连接 C 和 D；经过 D 画直线 DGL 平行于 AF 而与 AC 相交于 I；通过 B 画直线 BH 也平行于 AF。于是，$\angle ADI$ 将等于 $\angle DCA$，因为它们所张的 $\widehat{LA}$ 和 $\widehat{DA}$ 相等，而既然 $\angle DAC$ 是公共角，$\triangle CAD$ 和 $\triangle DAI$ 中此角的两个边将互成比例；因此 $DA : IA$ 就等于 $CA : DA$，亦即等于 $BA : IA$，或者说等于 $HA : GA$，也就是 $BE : DF$。　　证毕。

这同一条命题可以更容易地证明如下：在水平线 AB 上方画一个圆，其直径 DC 是竖直的。从这一直径的上端随意画一个斜面 DF 延伸到圆周上；于是我说，一物体沿斜面 DF 滑下所需的时间和沿直径 DC

下落所需的时间相同。因为,画直线 FG 平行于 AB 而垂直于 DC,连接 FC;既然沿 DC 的下落时间和沿 DG 的下落时间之比等于 CD 和 GD 之间的比例中项[228]和 GD 本身之比,而且 DF 是 DC 和 DG 之间的一个比例中项,内接于半圆之内的 $\angle DFC$ 为一直角,而 FG 垂直于 DC,于是就得到,沿 DC 的下落时间和沿 DG 的下落时间之比等于长度 FD 和 GD 之比。但是前已证明,沿 DF 的下降时间和沿 DG 的下降时间之比等于长度 DF 和 DG 之比,因此沿 DF 的下降时间和沿 DC 的下降时间各自和沿 DG 的下降时间之比是相同的,从而它们是相等的。

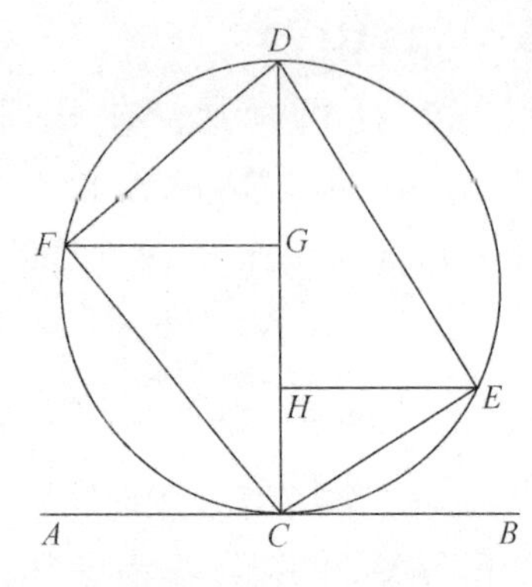

同样可以证明,如果从直径的下端开始画弦 CE,也画 EH 平行于水平线,并将 E、D 二点连接起来,则沿 EC 的下降时间将和沿 DC 的下降时间相同。

推论Ⅰ 沿通过 C 点或 D 点的一切弦的下降时间都彼此相等。

推论Ⅱ 由此可知,如果从任何一点开始画一条竖直线和一条斜线,而沿二者的下降时间相等,则斜线将是一个半圆的弦而竖直线则是该半圆的直径。

推论Ⅲ 另外,对若干斜面来说,当各斜面上长度相等处的竖直高度彼此之间的比等于各该斜面本身长度之比时,沿各该斜面的下降时间将相等。例如在前页上图中,如果 AB(AB 等于 AD)的竖直高度,即 BE,和竖直高度 DF 之比等于 CA 比 DA 的话,沿 CA 和 DA 的下降时间将相等。

萨格:请允许我打断一下你的讲话,以便我弄明白刚刚想到的一个概念。这一概念如果不涉及什么谬见,[229]它就至少会使人想到一种奇特而有趣的情况,就像在自然界和在必然推论范围内常常出现的那种情况一样。

如果从水平面上一个任意定点向一切方向画许多伸向无限远处的直线,而且我们设想沿着其中每一条线都有一个点从给定的点从同一时刻以恒定的速率开始运动,而且运动的速率是相同的,那么就很显然,所有的这些点将位于同一个越来越大的圆周上,永远以上述那个定点为圆心。这个圆向外扩大,完全和一个石子落入静止的水中时水面上波纹的扩展方式相同，那时石子的撞击引起沿一切方向传播的运动，而打击之点则保持为这种越来越扩大的圆形波纹的中心。设想一个竖直的平面，从面上最高的一点沿一切倾角画一些直线通向无限远处，并且设想有一些重的粒子沿着这些直线各自进行自然加速运动，其速率各自适应其直线的倾角。如果这些运动粒子永远是可以看到的，那么它们的位置在任一时刻的轨迹将是怎样的呢？现在，这个问题的答案引起了我的惊讶，因为我被以上这些定理引导着相信这些粒子将永远位于单独一个圆的圆周上，随着粒子离它们的运动开始的那一点越来越远，该圆将越来越大。为了更加确切，设 A 是直线 AF 和 AH 开始画起的那个固定点，二直线的倾角可为任意值。在竖直线 AB 上取任意的点 C 和 D，以二点为心各画一圆通过点 A 并和二倾斜直线相交于点 F、H、B、E、G、I。由以上各定理显然可知，如果各粒子在同一时刻从 A 出发而沿着这些直线下滑，则当一个粒子达到 E 时，另一粒子将达到 G，而另一粒子将达到 I；在一个更晚的时刻，它们将同时在 F、H 和 B 上出现，这些粒子，而事实上是无限多个[230]沿不同的斜率而行进的粒子，将在相继出现的时刻永远位于单独一个越来越扩大的圆上。因此，发生在自然界中的这两种运动，引起两个无限系列的圆，它们同时是相仿的而又是相互不同的：其中一个序列起源于无限多个同心圆的圆心，而另一个系列则起源于无限多个非同心圆的最高的相切点。前者是由相等的、均匀的运动引起的，而后者则是由一些既不均匀、彼此也不相等而是随轨道斜率而各不相同的运动引起的。

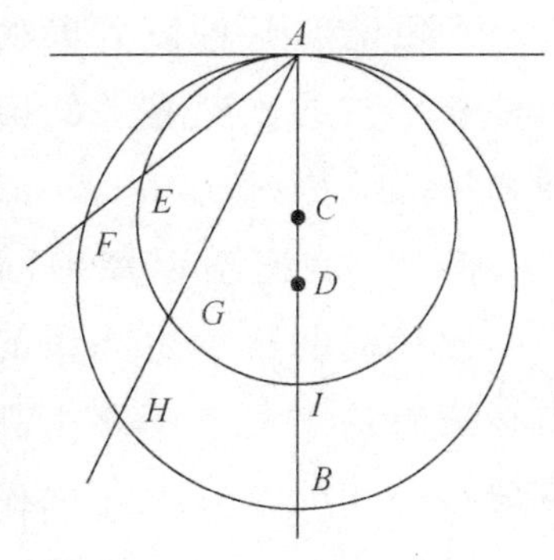

另外，如果从取作运动原点的两个点开始，我们不仅是在水平的和竖直的平面上而是沿一切方向画那些直线，则正如在以上两种事例中那样，从单独一个点开始，产生一些越来越扩大的圆；而在后一种事例中，则在单独一点附近造成无限多的球面，或者，也可以说是造成单独一个其体积无限膨胀的球，而且这是用两种方式发生的，一种的原点在球心，而另一种的原点在球面上。

萨耳：这个概念实在美妙，而且无愧于萨格利多那聪明的头脑。

辛普： 至于我，我用一种一般的方法来理解两种自然运动如何引起圆和球；不过关于加速运动引起的圆及其证明，我却还不完全明白。但是可以在最内部的圆上或是在球的正顶上取运动原点这一事实，却引导人想到可能有某种巨大奥秘隐藏在这些真实而奇妙的结果中，这可能是一种和宇宙的创生有关的奥秘（据说宇宙的形状是球形的），也可能是一种和第一原因（prima causa）的所在有关的奥秘。

萨耳： 我毫不迟疑地同意你的看法。但是这一类深奥的考虑属于一种比我们的科学更高级的学术（a più alte dottrine che la nostre）。我们必须满足于属于不那么高贵的工作者，他们从探索中获得大理石，而后那有天才的雕刻家才创作那些隐藏在粗糙而不成模样的外貌中的杰作。现在如果你们愿意，就让咱们继续进行吧。[231]

定理 7　命题 7

如果两个斜面的高度之比等于它们的长度平方之比，则从静止开始的物体将在相等的时间滑过它们的长度。

试取长度不同而倾角也不同的斜面 AE 和 AB，其高度为 AF 和 AD；设 AF 和 AD 之比等于 AE 平方和 AB 平方之比，于是我就说，一个从静止开始的物体将在相等的时间内滑过 AE 和 AB。从竖直线开始画水平的平行线 EF 和 DB，后者和 AE 交于 G 点。既然 $FA : DA = DV : EA^2 : BA^2$，[①]而且 $EA : DA = EA : GA$，于是即得 $EA : GA = EA^2 : BA^2$，因此 BA 就是 EA 和 GA 之间的一个比例中项。现在，既然沿 AB 的下降时间和沿 AG 的下降时间之比等于 AB 和 AG 之比，而且沿 AG 的下降时间和沿 AE 的下降时间之比等于 AG 和 AE、AG 之间的一个比例中项之比，也就是和 AB 之比，因此就得到，ex æquali，沿 AB 的下降时间和沿 AE 的下降时间之比等于 AB 和它自己之比，因此两段时间是相等的。　证毕。

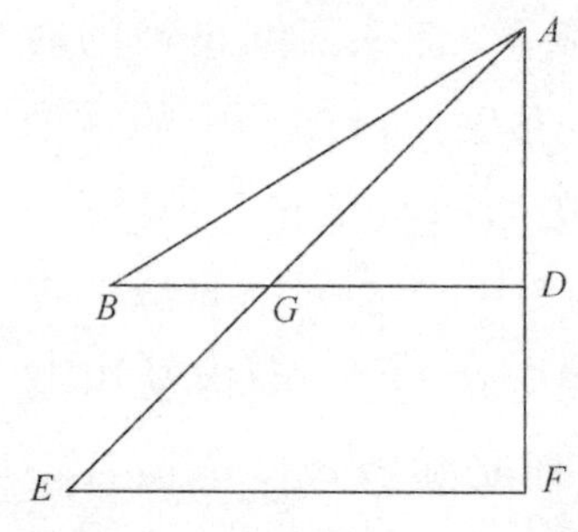

① 原文如此，显然有误，似宜作 $FA : DA = EA^2 : BA^2$，按图中并无 DV。——中译者

定理 8　命题 8

沿着和同一竖直圆交于最高点或最低点的一切斜面的下降时间都等于沿竖直直径的下落时间：对于达不到直径的那些斜面，下降时间都较短；而对于和直径相交的那些斜面，则下降时间都较长。

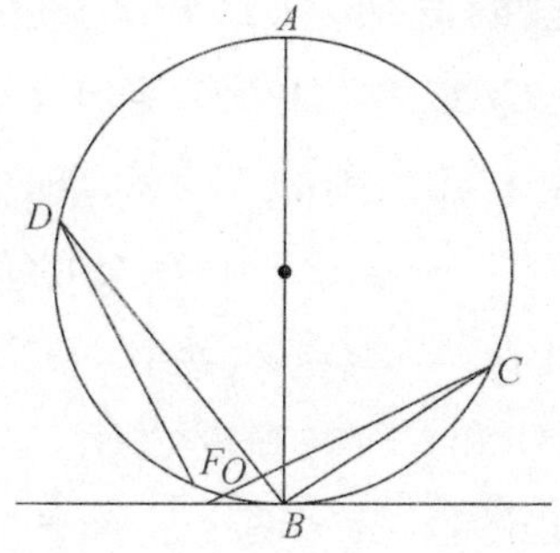

设 AB 为和水平面相切的一个圆的竖直直径。已知证明，在从 A 端或 B 端画到圆周的各个斜面上，下降时间都相等。斜面 DF 没达到直径。为了证明沿该斜面[232]的下降时间较短，我们可以画一斜面 DB，它比 DF 更长，而其倾斜度也较小。由此可知，沿 DF 的下降时间比沿 DB 的下降时间要短，从而也就比沿 AB 下落的时间要短。同样可以证明，在和直径相交的斜面 CO 上，下降时间较长，因为 CO 比 CB 长，而其倾斜度也较小。由此即得所要证明的定理。

定理 9　命题 9

从一条水平线的任意点开始画两个斜面，其倾角为任意值；若两个斜面和一条直线相交，其相交之角各等于另一斜面和水平线的交角，则通过两平面被截出的部分的下降时间相等。

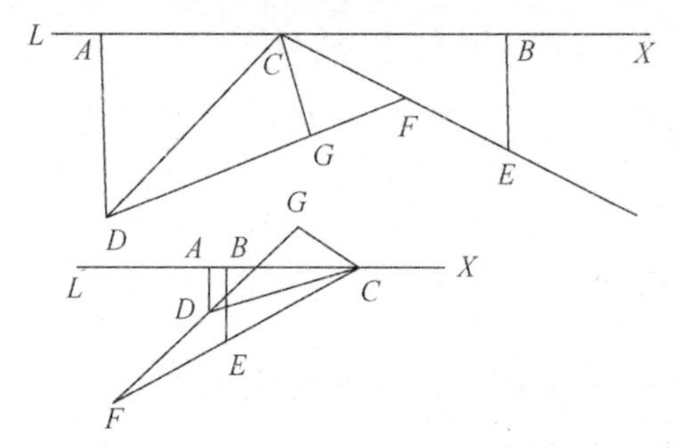

通过水平线上的 C 点画两个斜面 CD 和 CE，其倾角任意；从斜面 CD 上的任一点，画出 $\angle CDF$ 使之等于 $\angle XCE$；设直线 DF 和斜面 CE 相交于 F，于是 $\angle CDF$ 和 $\angle CFD$ 就分别等于 $\angle XCE$ 和 $\angle LCD$，于是我就说，通过 CD 和通过 CF 的下降时间是相等的。现在，既然 $\angle CDF$ 等于 $\angle XCE$，由作图就显然可知 $\angle CFD$ 必然等于 $\angle DCL$，因为，如果把公共角 $\angle DCF$ 从 $\triangle CDF$ 的等于二直角的三个角中减去，则剩下来的三角形中的两个角 $\angle CDF$ 和 $\angle CFD$ 将分别等于两个角 $\angle XCE$ 和 $\angle LCD$（因为在 LX 下边 C 点附近可以画出的

三个角也等于二直角)；但是根据假设，$\angle CDF$ 和 $\angle XCE$ 是相等的，因此，剩下来的 $\angle CFD$ 就等于剩下来的 $\angle DCL$。取 CE 等于 CD；从 D、E 二点画 DA 和 EB 垂直于水平线 XL；并从点 C 作直线 CG 垂直于 DF。现在，既然 $\angle CDG$ 等于 $\angle ECB$，而 $\angle DGC$ 和 $\angle CBE$ 为直角，那么就得到 $\triangle CDG$ 和 $\triangle CBE$ 是等角的。于是就有，$DC : CG = CE : EB$，但是 DC 等于 CE，因此 CG 就等于 EB。[233]既然 $\triangle DAC$ 中 C 处的角和 A 处的角等于 $\triangle CGF$ 中 F 处的角和 G 处的角，我们就有，$CD : DA = FC : CG$，而 permutando，就有，$DC : CF = DA : CG = DA : BE$。于是，等长斜面 CD 和 CE 的高度之比，等于其长度 DC 和 CF 之比，因此，根据命题 6 的推论 I，沿这两个斜面的下降时间将是相等的。　证毕。

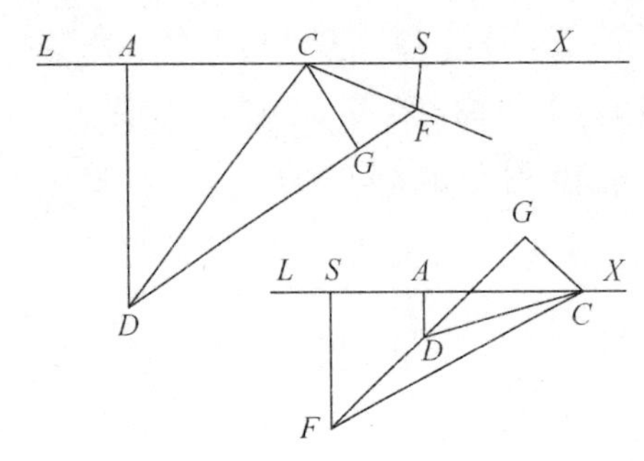

另一种证法如下：画 FS 垂直于水平线 AS。于是，既然 $\triangle CSF$ 和 $\triangle DGC$ 相似，我们就有 $SF : FC = GC : CD$，而既然 $\triangle CFG$ 和 $\triangle DCA$ 相似，我们就有 $FC : CG = CD : DA$。因此，ex æquali，就有 $SF : CG = CG : DA$。因此 CG 是 SF 和 DA 之间的一个比例中项，而 $DA : SF = DA^2 : CG^2$。再者，既然 $\triangle ACD$ 和 $\triangle CGF$ 相似，我们就有 $DA : DC = GC : CF$，从而，permutando，即得 $DA : CG = DC : CF$；另外也有 $DA^2 : CG^2 = DC^2 : CF^2$。但是，前已证明 $DA^2 : CG^2 = DA : FS$，因此，由上面的命题 7，既然斜面 CD 和 CF 的高度 DA 和 FS 之比等于两斜面长度的平方之比，那么就有沿这两个斜面的下降时间将相等。

定理 10　命题 10

沿高度相同、倾角不同的斜面的下降时间之比等于各该斜面的长度之比。而不论运动是从静止开始还是先经历了一次从某一高度的下落，这种比例关系都是成立的。

设下降的路程是沿着 ABC 和 ABD 而到达水平面 DC，以在沿 BD 和 BC 下降之前有一段沿 AB 的下落。于是我就说，沿 BD 的下降时间和沿 BC 的下降时间之比，等于长度 BC 和 BD 之比。画水平线 AF 并

延长 DB 使它和水平线交于 F；设 FE 为[234]DF 和 FB 之间的一个比例中项；画 EO 平行于 DC；于是 AO 将是 CA 和 AB 之间的一个比例中项。如果我们现在用长度 AB 来代表沿 AB 的下落时间，则沿 FB 的下降时间将用距离 FB 来代表，而通过整个距离 AC 的下落时间也将用比例中项 AO 来代表，而沿整个距离 FD 的下降时间则将用 FE 来代表。于是沿剩余高度 BC 的下落时间将用 BO 来代表，而沿剩余长度 BD 的下降时间将用 BE 来代表。但是，既然 $BE:BO=BD:BC$，那就可以推知，如果我们首先允许物体沿着 AB 和 FB 下降，或者同样地沿着公共距离 AB 下落，则沿 BD 和 BC 的下降时间之比将等于长度 BD 和 BC 之比。

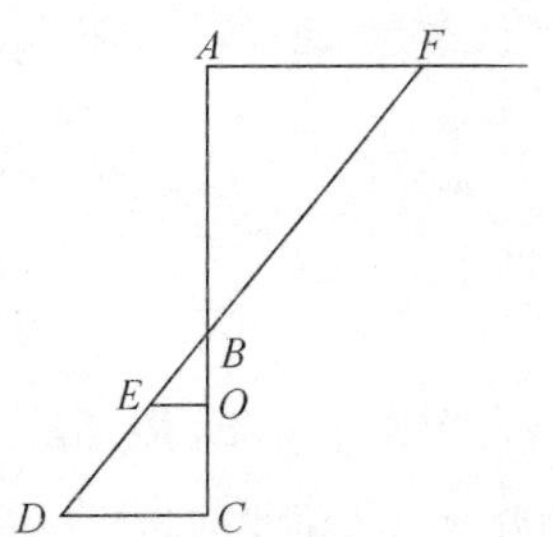

但是我们以前已经证明，在 B 处从静止开始沿 BD 的下降时间和沿 BC 的下降时间之比等于长度 BD 和 BC 的比。因此，沿高度相同的不同斜面的下降时间之比，就等于这些斜面的长度之比，不论运动是从静止开始还是先经历了从一个公共高度上的下落。　　证毕。

定理 11　命题 11

如果一个斜面被分为任意两部分，而沿此斜面的运动从静止开始，则沿第一部分的下降时间和沿其余部分的下降时间之比，等于第一部分的长度和第一部分与整个长度之间的一个比例中项比第一部分超出的超过量之比。

设下落在 A 处从静止开始而通过了整个距离 AB，而此距离在任意 C 处被分成两部分；另外，设 AF 是整个长度 AB 和第一部分 AC 之间的一个比例中项；于是 CF 将代表这一比例中项 FA 比第一部分 AC 多出的部分。现在我说，沿 AC 的下落时间和随后沿 CB 的下落时间之比，等于 AC 和 CF 之比。这是显然的，因为沿 AC 的时间和沿整个距离 AB 的时间之比等于 AC 和比例中项 AF 之比，因此，dividendo，沿 AC 的时间和沿剩余部分 CB 的时间之比，就等于 AC 和 CF 之比。如果我们同意用长度 AC 来代表沿 AC 的时间，则沿 CB 的时间将用 CF 来代表。　　证毕。[235]

A
C
F
B

如果运动不是沿着直线 ACB 而是沿着折线 ACD 到达水平线 BD

的，而且如果我们从 F 画水平线 FE，就可以用相似的方法证明，沿 AC 的时间和沿斜线 CD 的时间之比，等于 AC 和 CE 之比。因为，沿 AC 的时间和沿 CB 的时间之比，等于 AC 和 CF 之比；但是，已经证明，在下降了一段距离 AC 之后，沿 CB 的时间和在下降了同一段距离之后沿 CD 的时间之比，等于 CB 和 CD 之比，或者说等于 CF 和 CE 之比。因此，ex æquali，沿 AC 的时间和沿 CD 的时间之比，就将等于长度 AC 和长度 CE 之比。

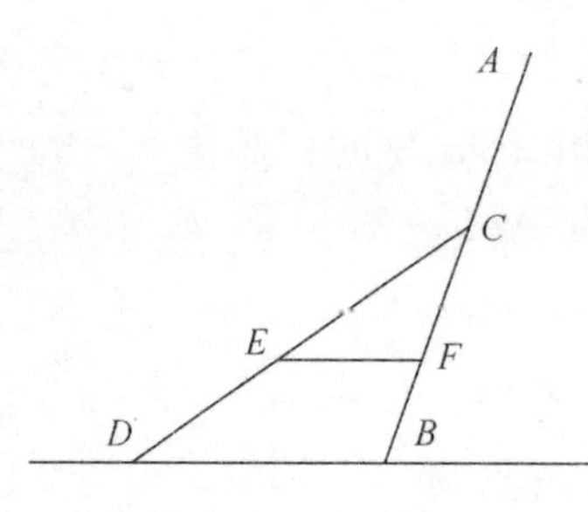

定理 12　命题 12

如果一个竖直平面和任一斜面被两个水平面所限定，如果我们取此二面长度和二面交线与上一水平面之间的两个部分之间的比例中项，则沿竖直面的下降时间和沿竖直面上一部分的下降时间加沿斜面下部的下降时间之比，等于整个竖直面的长度和另一长度之比；后一长度等于竖直面上的比例中项长度加整个斜面和比例中项之差。

设 AF 和 CD 为限定竖直面 AC 和斜面 DF 的两个平面；设后二面相交于 B。设 AR 为 AC 和它的上部 AB 之间的一个比例中项，并设 FS 为 FD 和其上部 FB 之间的一个比例中项。于是我就说，沿整个竖直路程 AC 的下落时间和沿其上半部分 AB 的下落时间加沿斜面的下半部分 BD 的下降时间之比，等于长度 AC 和另一长度之比，该另一长度等于竖直面上的比例中项 AR 和长度 SD 之比，而 SD 即整个斜面长度 DF 及其比例中项 FS 之差。

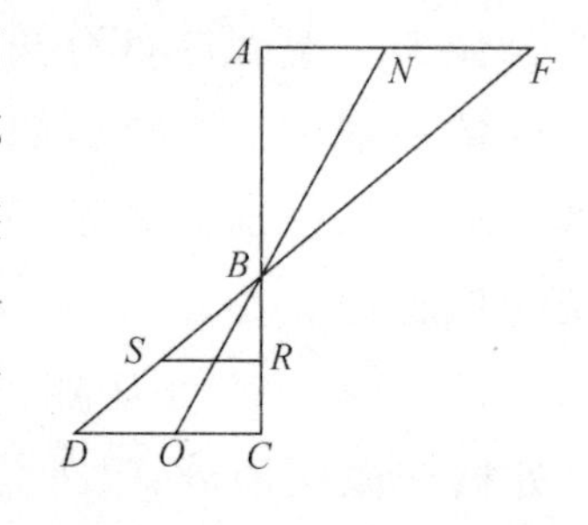

连接 R、S 二点成一水平线 RS。现在，既然通过整个距离 AC 的时间和沿 AB 部分的时间之比等于 CA 和比例中项 AR 之比，那么就有，如果我们同意用距离 AC 来代表通过 AC 的下落时间，则通过距离 AB 的下落时间将用 AR 来代表，而且通过剩余部分 BC 的下落时间将用 RC 来代表。但是，如果沿 AC 的下落时间被认为等于长度 AC，则沿 FD 的时间将等于距离 FD，从而我们可以同样地推知，沿 BD 的下降时间

[236]在经过了沿 FB 或 AB 的一段下降以后，将在数值上等于距离 DS。因此，沿整个路程 AC 下落所需的时间就等于 AR 加 RC，而沿折线 ABD 下降的时间则将等于 AR 加 SD。　　证毕。

如果不取竖直平面而代之以另一个任意斜面，例如 NO，同样的结论仍然成立；证明的方法也相同。

问题 1　命题 13

已给一长度有限的竖直线，试求一斜面，其高度等于该竖直线，而且倾角适当，使得一物体从静止开始沿所给竖线下落以后又沿斜面滑下，所用的时间和它竖直下落的时间相等。

设 AB 代表所给的竖直线；延长此线到 C，使 BC 等于 AB，并画出水平线 CE 和 AG，要求从 B 到水平线 CE 画一斜面，使得一个物体在 A 处从静止开始下落一段距离 AB 以后将在相同的时间内完成沿这一斜面的下滑。画 CD 等于 BC，并画直线 BD，作直线 BE 等于 BD 和 DC 之和；于是我说，BE 就是所求的斜面。延长 EB 使之和水平线 AG 相交于 G。设 GF 是 GE 和 GB 之间的一个比例中项，于是就有 $EF:FB=EG:GF$，以及 $EF^2:FB^2=EG^2:GF^2=EG:GB$。但 EG 等于 GB 的两倍，故 EF 的平方为 FB 平方的两倍，而且 DB 的平方也是 BC 平方的两倍。因此，$EF:FB=DB:BC$，而 componendo et permutando，就有 $EB:(DB+BC)=BF:BC$。但是

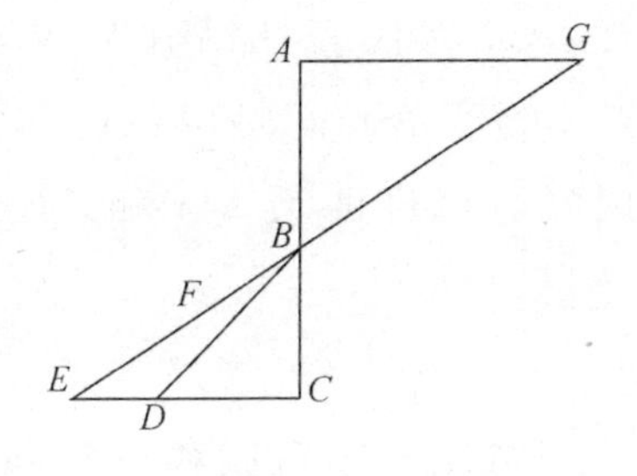

$EB=DB+BC$，由此即得 $BF=BC=BA$。如果我们同意长度 AB 将代表沿线段 AB 下落的时间，则 GB 将代表沿 GB 的下降时间，而 GF 将代表沿整个距离 GE 的下降时间，因此 BF 将代表从 G 点或 A 点下落之后沿此二路径之差即 BE 的下降时间。　　证毕。[237]

问题 2　命题 14

已给一斜面和穿过此面的一根竖直线，试求竖直线上部的一个长度，使得一个物体从静止而沿该长度下落的时间等于物体在上述长度上落下以后沿斜面下降所需的时间。

设 AC 为斜面而 DB 为竖直线。要求找出竖直线 AD 上的一段距离，使得物体从静止下落而通过这段距离的时间和它下落之后沿斜面 AC 下降的时间相等。画水平线 CB，取 AE，使得 $(BA+2AC):AC=AC:AE$；并取 AR，使得 $BA:AC=EA:AR$。从 R 作 RX 垂直于 DB；于是我说，X 就是所求之点。因为，既然 $(BA+2AC):AC=AC:AE$，那么就有，dividendo，$(BA+AC):AC=CE:AE$。而且，既然 $BA:AC=EA:AR$，那么，componendo，就有 $(BA+AC):AC=ER:RA$。但是 $(BA+AC):AC=CE:AE$，于是就有 $CE:EA=ER:RA=$ 前项之和 : 后项之和 $=CR:RE$。于是 RE 就应该是 CR 和 RA 之间的一个比例中项。另外，既然已经假设 $BA:AC=EA:AR$，而且由相似三角形可得 $BA:AC=XA:AR$，因此就有 $EA:AR=XA:AR$，因此 EA 和 XA 相等。但是，如果我们同意通过 RA 的下落时间将用长度 RA 来代表，则沿 RC 的下落时间将由作为 RA 和 RC 之间的比例中项的长度 RE 来代表；同样，AE 将代表在沿 RA 或 AX 下降之后沿 AC 的下降时间。但是，沿 XA 的下落时间是由长度 XA 来代表的，而 RA 则代表通过 RA 的下降时间。已经证明 XA 和 AE 相等。

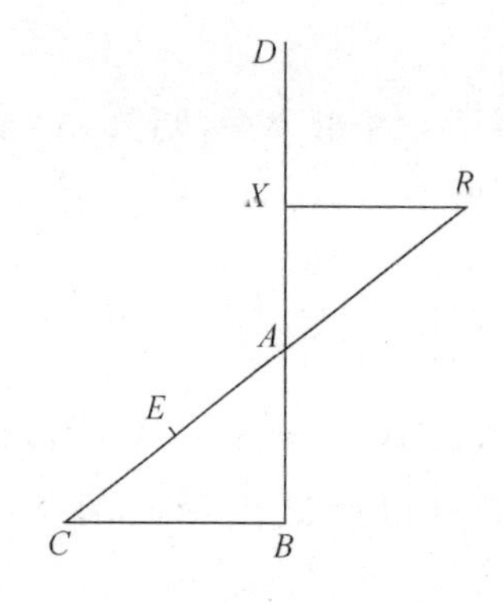

证毕。[238]

问题 3　命题 15

给定一竖直线和一斜面，试在二者交点下方的竖直线上求出一个长度，使它将和斜面要求相等的下降时间；在此两种运动以前，都有一次沿给定竖直线的下落。

设 AB 代表此竖直线而 BC 代表斜面，要求在交点以下的竖直线上找出一个长度，使得在从 A 点下落以后物体将以相等的时间通过该长度或通过 BC。画水平线 AD 和 CB 的延长线相交于 D；设 DE 是[239]CD 和 DB 之间的一个比例中项；取 BF 等于 BE，并设 AG 是 BA 和 AF 的一个第三比例项。于是我说，BG 就是那个距

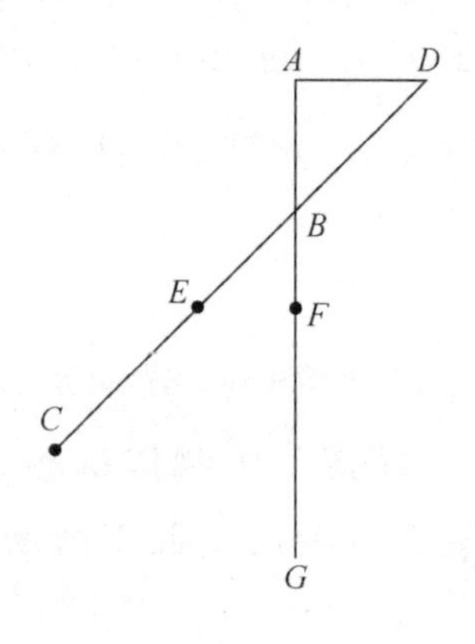

离，即一个物体在通过 AB 下落以后将以和在相同下落之后沿斜面 BC 下降的时间相等的时间内沿该长度下落。因为，如果我们假设沿 AB 的下落时间用 AB 来代表，则沿 DB 的时间将用 DB 来代表。而且，既然 DE 是 BD 和 DC 之间的一个比例中项，那么同一 DE 就将代表沿整个长度 DC 的下降时间，而 BE 则将代表沿二路程之差即 BC 下降所需的时间，如果在每一事例中下落都是在 D 或在 A 从静止开始。同样我们可以推知，BF 代表在相同先期下落以后沿距离 BG 的下降时间，但是 BF 等于 BE。因此问题已解。

定理 13　命题 16

如果从相同一点画一个有限的斜面和一条有限的竖直线，设一物体从静止开始沿此二路程下降的时间相等，则一个从较大高度下落的物体将在比沿竖直线下落更短的时间内沿斜面滑下。

设 EB 为此竖直线而 CE 为此斜面，二者都从共同点 E 开始，而且一个在 E 点从静止开始的物体将在相等的时间沿直线下落或沿斜面下滑；将竖直线向上延长到任意点 A，下落物体将从此点开始。于是我说，在通过 AE 下落以后，物体沿斜面 EC 下滑的时间将比沿竖直线 EB 下落的时间为短。连 CB 线；画水平线 AD，并向后延长 CE 直到它和 AD 相交于 D。设 DF 是 CD 和 DE 之间的一个比例中项，并取 AG 成为 BA 和 AE 之间的一个比例中项。画 FG 和 DG。于是，既然在 E 点从静止开始而沿 EC 或 EB 下降的时间相等，那么，由命题 6 的推论 Ⅱ 就得到，C 处的角是直角，但 A 处的角也是直角，而且 E 处的对顶角

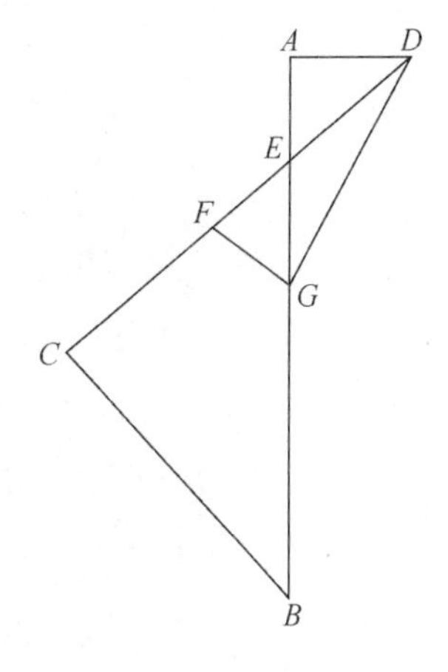

也相等，从而△AED 和△CEB 是等角的，从而其对应边应成比例；由此即得 $BE:EC=DE:EA$，因此长方形 $BE\cdot EA$ 等于长方形 $CE\cdot ED$。而且既然长方形 $CD\cdot DE$ 比长方形 $CE\cdot ED$ 多出一个正方形 ED（即 ED^2），而且长方形 $BA\cdot AE$ 比长方形 $BE\cdot EA$ 多出一个 EA 的平方，那么就有，长方形 $CD\cdot DE$ 比长方形 $BA\cdot AE$ 多出之量，或者说 FD 的平方比 AG 平方多出之量，将等于 DE 的平方比 AE 平方多出之量，

等于 AD 的平方，因此 $FD^2=GA^2+AD^2=GD^2$。由此可见，DF 等于 DG，而且$\angle DGF$ 等于$\angle DFG$，而$\angle EGF$ 小于$\angle EFG$，从而对边 EF 小于对边 EG。如果我们现在同意用长度 AE 来代表通过 AE 的下落时间，则沿 DE 的时间将用 DE 来代表。而且，既然 AG 是 BA 和 AE 之间的一个比例中项，那么就有，AG 将代表沿整个距离 AB 的下落时间，而差量 EG 则将代表在 A 处从静止开始而沿路径差 EB 的下落时间。

同样，EF 代表在 D 处从静止开始或在 A 处下落而沿 EC 下降的时间。但是已经证明 EF 小于 FG，于是即得上述定理。

推论 由这一命题和前一命题可以清楚地看出，一物体在下落一段距离以后再在通过一个斜面所需的时间内继续下降的竖直距离，将大于该斜面的长度，但是却小于不经任何预先下落而在斜面上经过的距离。因为，既然我们刚才已经证明，从较高的 A 点下落的物体将通过前一个

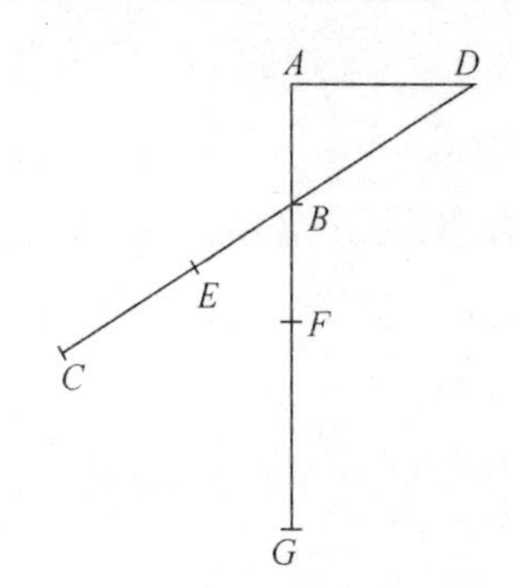

图中的斜面，而所用时间比沿竖直线 EB 继续下落所用的时间为短，那么就很明显，在和沿 EC 下落的时间相等的时间内沿 EB 前进的距离将小于整个距离 EB。但是，现在为了证明这一竖直距离大于斜面 EC 的长度，我们把上一定理中的图重画在这儿，在此图中，在预先通过 AB 下落以后，物体在相等的时间内通过竖直线 BG [240]或斜面 BC。关于 BG 大于 BC，可以证明如下：既然 BE 和 FB 相等，而 BA 小于 BD，那么就有，FB 和 BA 之比将大于 EB 和 BD 之比；于是，componendo，FA 和 BA 之比就大于 ED 和 DB 之比；但是 $FA:AB=GF:FB$（因为 AF 是 BA 和 AG 之间的一个比例中项），而且同样也有 $ED:BD=CE:EB$，因此即得，GB 和 BF 之比将大于 CB 和 BE 之比，因此 GB 大于 BC。

问题 4　命题 17

已给一竖直线和一斜面，要求沿所给斜面找出一段距离，使得一个沿所给竖直线落下的物体沿此距离的下降时间等于它从静止开始沿竖直线的下落时间。

设 AB 为所给竖直线而 BE 为所给斜面。问题就是在 BE 上定出一

段距离，使得一个物体在通过 AB 下落之后将在一段时间内通过该距离，而该时间则恰好等于物体从静止开始沿竖直线 AB 落下所需要的时间。

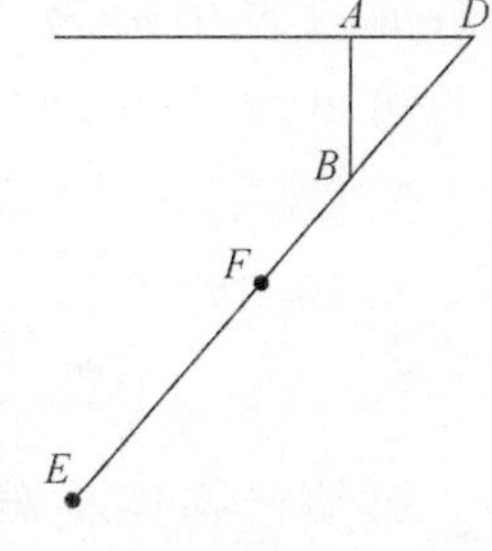

画水平线 AD 并延长斜面至和该线相交于 D。取 FB 等于 BA；并选定点 E 使得 $BD:FD=DF:DE$。于是我说，在通过 AB 下落以后，物体沿 BE 的下降时间就等于物体在 A 处从静止开始而通过 AB 的下落时间。因为，如果我们假设长度 AB 就代表通过 AB 的下落时间，则通过 DB 的下降时间将由长度 DB 来代表；而既然 $BD:FD=DF:DE$，就可以推知，DF 将代表沿整个斜面的下降时间，而 BF 则代表在 D 处从静止开始而通过 BE 部分的下降时间；但是在首先由通过 DB 下降以后沿 BE 的下降时间和在首先通过 AB 下落以后沿 BF 的下降时间相同。因此，在 AB 以后沿 BE 的下降时间将是 BF，而 BF 当然等于在 A 处从静止开始而通过 AB 的下落时间。　　证毕。[241]

问题 5　命题 18

已知一物体将在给定的一个时段内从静止开始竖直下落所通过的距离，并已知一较小的时段，试求出另一相等的竖直距离使物体将在已知较小时段内通过之。

设从 A 开始画此竖直线 AB，使得物体在 A 处从静止开始在所给时段内下落至 B，且即用 AB 代表此时段，要求在上述竖直线上确定一距离等于 AB 而且将等于 BC 的时段内被通过，连接 A 和 C。于是，既然 $BC<BA$，就有 $\angle BAC<\angle BCA$。作 $\angle CAE$ 等于 $\angle BCA$，设 E 为 AE 和水平线的交点，作 ED 垂直于 AE 而和竖直线交于 D，取 DF 等于 BA。于是我说，FD 就是竖直线上的那样一段，即一个物体在 A 处从静止开始将在指定的时段 BC 内通过此距离。因为，如果在直角三角形$\triangle AED$ 中从 E 处的直角画一直线垂直于 AD，则 AE 将是 DA 和 AB 之间的一个比例中项，而 BE 将是 BD 和 BA 之间的一个比例中项。或者说是 FA 和 AB 之间的一个比例中项(因为 FA 等于 DB)；而且既

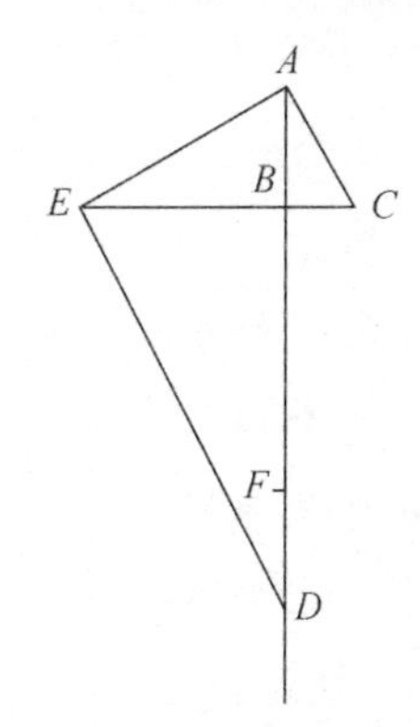

然已经同意用距离 AB 代表通过 AB 的下落时间，那么 AE 或 EC 就将代表通过整个距离 AD 的下落时间，而 EB 就将代表通过 AF 的时间。由此可见剩下的 BC 将代表通过剩余距离 FD 的下落时间。

证毕。[242]

问题 6　命题 19

已知一物体从静止开始在一条竖直线上下落的距离，而且也已知其下落时间；试求该物体在以后将在同一直线的任一地方通过一段相等距离所需的时间。

在竖直线 AB 上取 AC 等于在 A 处从静止开始下落的距离，在同一直线上随意地取一相等的距离 DB。设通过 AC 所用的时间用长度 AC 来代表。要求得出在 A 处从静止开始下落而通过 DB 所需的时间：以整个长度 AB 为直径画半圆 AEB；从 C 开始作 CE 垂直于 AB；连接 A 点和 E 点；线段 AE 将比 EC 更长；取 EF 等于 EC。于是我说，差值 FA 将代表通过 DB 下落所需要的时间。因为，既然 AE 是 BA 和 AC 之间的一个比例中项，而且 AC 代表通过 AC 的下落时间，那就得到，AE 将代表通过整个距离 AB 所需的时间。而且，既然 CE 是 DA 和 AC 之间的一个比例中项（因为 $DA=BC$），那么就有 CE，也就是 FE，将代表通过 AD 的下落时间。由此可见，差值 AF 将代表通过差值 DB 的下落时间。　　证毕。

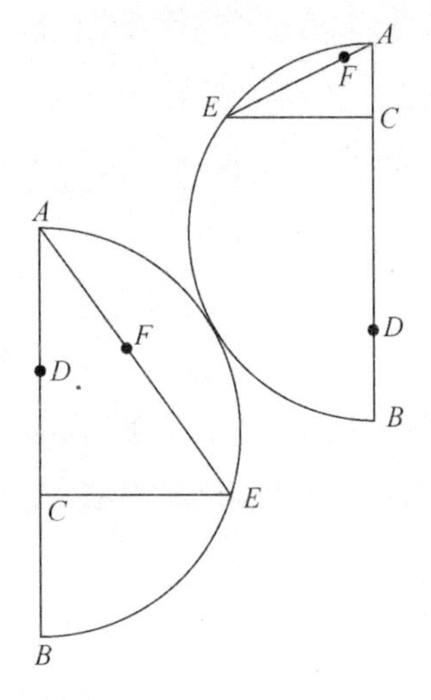

推论　由此可以推断，如果从静止开始通过任一给定距离的下落时间用该距离本身来代表，则在该已给距离被增大了某一个量以后，下落时间将由已增距离和原有距离之间的比例中项比原有距离和所增距离之间的比例中项增多出的部分来代表。例如，如果我们同意 AB 代表在 A 处从静止开始通过距离 AB 的下落时间，而且 AS 是距离的增量，则在通过 SA 下落以后，通过 AB 所需的时间就将由 SB 和 BA 之间的比例中项比 BA 和 AS 之间的比例中项多出的部分来代表。[243]

S
A
B

问题 7　命题 20

已给一任意距离以及从运动开始处量起的该距离的一部分，试确定该距离另一端的一部分，使得它在和通过第一部分所需的相同时间内被通过。

设所给距离为 CB，并设 CD 是从运动开始处量起的该距离的一部分。要求在 B 端求出另一部分，使得通过该部分所需的时间和通过 CD 部分所需的时间相等。设 BA 为 BC 和 CD 之间的一个比例中项，并设 CE 为 BC 和 CA 的一个第三比例项。于是我说，EB 就是那段距离，即物体在从 C 下落以后将在和通过 CD 所需的时间相同的时间内通过该距离。因为，如果我们同意 CB 将代表通过整个距离 CB 的时间，则 BA（它当然是 BC 和 CD 之间的一个比例中项）将代表沿 CD 的时间；而且既然 CA 是 BC 和 CE 之间的一个比例中项，于是就可知，CA 将是通过 CE 的时间。但整个长度 CB 代表的是通过整个距离 CB 的时间，因此差值 BA 将代表在从 C 落下以后沿距离之差落下所需的时间。但同一 BA 就是通过 CD 的下落时间。由此可见，在 A 处从静止开始，物体将在相等的时间内通过 CD 和 EB。　　证毕。[244]

定理 14　命题 21

在一个从静止开始竖直下落的物体的路程上，如果取一个在任意时间内通过的一个部分，使其上端和运动开始之点重合。而且在这一段下落以后，运动就偏向而沿一个任意的斜面进行，那么，在和此前的竖直下落所需的时段相等的时段中，沿斜面而通过的距离将大于竖直下落距离的 2 倍而小于该距离的 3 倍。

设 AB 是从水平线 AE 向下画起的一条竖直线，并设它代表一个在 A 点从静止开始下落的物体的路程；在此路程上任取一段 AC。通过 C 画一个任意的斜面 CG；沿此斜面，运动通过 AC 的下落以后继续进行。于是我说，在和通过 AC 的下落所需的时段相等的时段中，沿斜面 CG 前进的距离将大于同一距离 AC 的 2 倍而小于它的 3 倍。让我们取 CF 等于 AC，并延长斜面 GC 直至与水平线交于 E；选定 G，使得 $CE : EF =$

$EF:EG$。如果现在我们假设沿 AC 的下落时间用长度 AC 来代表，则 CE 将代表沿 CE 的下降时间，而 CF，或者说 CA，则将代表沿 CG 的下降时间。现在剩下来的工作就是证明距离 CG 大于距离 CA 本身的 2 倍而小于它的 3 倍。既然 $CE:EF=EF:EG$，于是就有 $CE:EF=CF:FG$；但是 $EC<EF$；因此 CF 将小于 FG，而 GC 将大于 FC 或 AC 的 2 倍。再者，既然 $FE<2EC$（因为 EC 大于 CA 或 CF），我们就有 GF 小于 FC 的 2 倍，从而也有 GC 小于 CF 或 CA 的 3 倍。　　证毕。

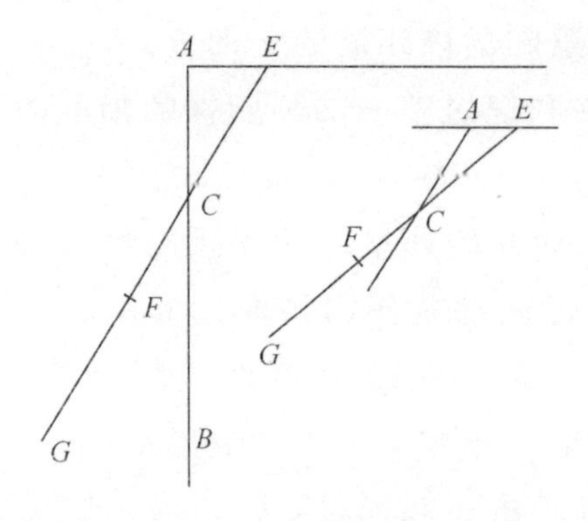

这一命题可以用一种更普遍的形式来叙述：既然针对一条竖直线和一个斜面的事例所证明的情况，对于沿任意倾角的斜面的运动继之以沿倾角较小的任意斜面的运动的事例也是同样正确的，正如由附图可以看到的那样。证明的方法是相同的。[245]

问题 8　命题 22

已知两个不相等的时段，并已知一物体从静止开始在其中较短的一个时段中竖直下落的距离，要求通过竖直线最高点作一斜面，使其倾角适当，以致沿该斜面的下降时间等于所给两时段中较长的一个时段。

设 A 代表两不等时段中较长的一个时段，而 B 代表其中较短的一个时段，并设 CD 代表从静止开始在时段 B 中竖直下落的距离。要求通过 C 点画一斜面，其斜率适足以使物体在时段 A 内沿斜面滑下。

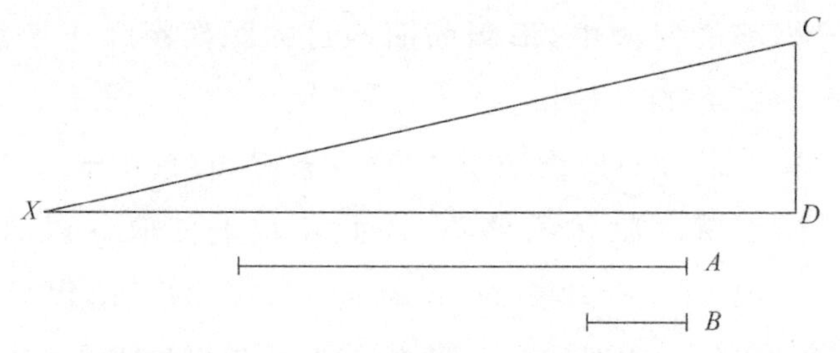

从 C 点向水平线画斜线 CX，使其长度满足 $B:A=CD:CX$。很显然，CX 就是物体将在所给的时间 A 内沿它滑下的那个斜面。因为，已经证明，沿一斜面的下降时间和通过该斜面之竖直高度的下落时间之比，等于斜面的长度和它的竖直高度之比。因此，沿 CX 的时间和沿 CD 的时间之比，等于长度 CX 和长度 CD 之比，也就是等于时段 A 和时段 B 之比；但 B 就是从静止开始通过竖直距离 CD 落下所需的时间，因此 A 就是沿斜面 CX 下降所需的时间。

问题 9　命题 23

已知一物体沿一竖直线下落一定距离所需的时间，试通过落程的末端作一斜面，使其倾角适当，可使物体在下落之后在和下落时间相等的时间内在斜面上下降一段指定的距离，[246]如果所指定的距离大于下落距离的 2 倍而小于它的 3 倍的话。

设 AS 为一任意竖直线，并设 AC 既代表在 A 处从静止开始竖直下落的距离又代表这一下落所需的时间。设 IR 大于 AC 的 2 倍而小于 AC 的 3 倍。要求通过 C 点作一斜面，使其倾角适当，可使物体在通过 AC 下落以后在时间 AC 内在斜面上前进一段等于 IR 的距离：取 RN 和 NM 各等于 AC，通过 C 点画斜线 CE 使之和水平线 AE 交于适当之点 E，满足 $IM : MN = AC : CE$；将斜面延长到 O，并取 CF、FG 和 GO 各自等于 RN、NM 和 MI。于是我说，在通过 AC 下落之后沿斜面通过 CO 所需的时间就等于在 A 处从静止开始通过 AC 下落的时间。因为，既然 $OG : GF = FC : CE$，那么，componendo，就有 $OF : FG = OF : FC = FE : EC$；而既然前项和后项之比等于前项之和和后项之和之比，我们就有 $OE : EF = EF : EC$。于是 EF 是 OE 和 EC 之间的一个比例中项。既已约定用长度 AC 来代表通过 AC 的下落时间，那么就有，EC 将代表沿 EC 的时间，EF 代表沿整个 EO 的时间，而距离 CF 则将代表沿差值 CO 的时间。但是 $CF = CA$，因此问题已解。因为时间 AC 就是在 A 处从静止开始通过 AC 而落下的时间，而 CF（它等于 CA）就是在沿 EC 而下滑或沿 AC 而下落以后通过 CO 而下滑所需的时间。　　证毕。

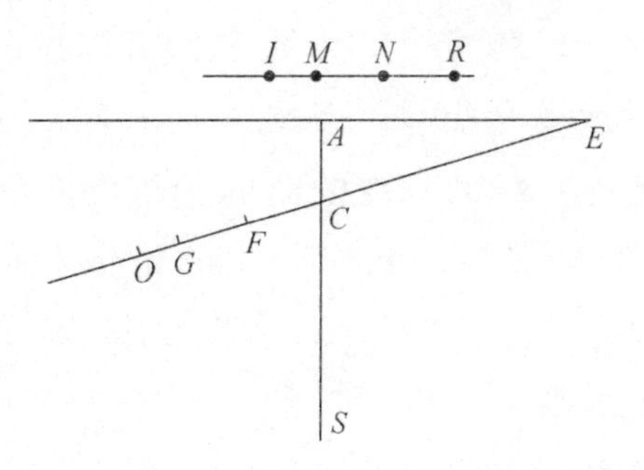

也必须指出[247]，如果早先的运动不是沿竖直线而是沿斜面进行

的，同样的解也成立。这一点可用下面的图来说明，图中早先运动是沿水平线 AE 下的斜面 AS 进行的。证法和以上完全相同。

旁　注

经过仔细注意可以清楚地看出，所给的直线 IR 越接近于长度 AC 的 3 倍，第二段运动所沿的斜面 CO 就越接近于竖直线，而在时间 AC 内沿斜面下降的距离也越接近于 AC 的 3 倍。因为，如果 IR 被取为接近于 AC 的 3 倍，则 IM 将几乎等于 MN，而既然按照作图有 $IM : MN = AC : CE$，那么就有 CE 只比 CA 大一点点；从而点 E 将很靠近 A，而形成很尖锐之角的线段 CO 和 CS 则几乎重合。但是，另一方面，如果所给的线段 IR 只比 AC 的 2 倍稍大一点儿，则线段 IM 将很短；由此可见，和 CE 相比，AC 将是很小的，而 CE 现在则长得几乎和通过 C 而画出的水平线相重合。由此我们可以推断，如果在沿附图中的斜面 AC 滑下以后运动是沿着一条像 CT 那样的水平线继续进行的。则一个物体在和通过 AC 而下滑的时间相等的时间之内所经过的距离，将恰好等于距离 AC 的 2 倍。此处所用的论证和以上的论证相同。因为，很显然，既然 $OE : EF = EF : EC$，那么 FC 就将量度沿 CO 的下降时间。但是，如果长度为 CA 之 2 倍的水平线 TC 在 V 处被分为两个相等的部分，那么这条线在和 AE 的延长线相交之前必须向 X 的方向延长到无限远；而由此可见，TX 的无限长度和 VX 的无限长度之比必将等于无限距离 VX 和无限距离 CX 之比。

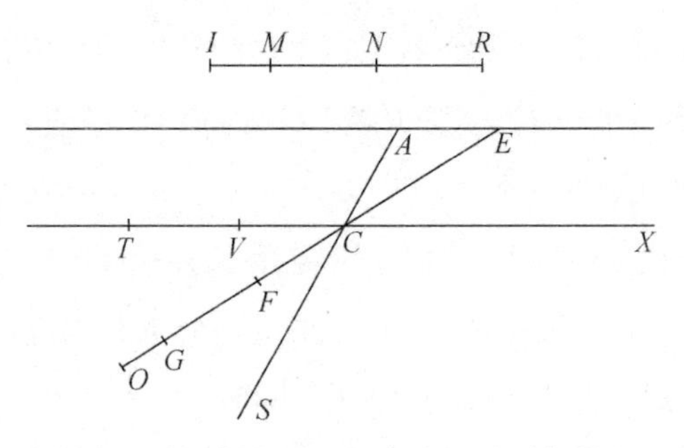

同一结果可以用另一种处理方法求得，那就是回到命题 1 的证明所用的同一推理思路。让我们考虑△ABC；通过画出的平行于它的底边的线，这个三角形可以替我们表示一[248]个和时间成正比而递增的速度；如果这些平行线有无限多条，就像线段 AC 上的点有无限多个或任何时

段中的时刻有无限多个那样，这些线就将形成三角形的面积。现在，让我们假设，用线段 BC 来代替的所达到的最大速度被保持了下来，在和第一个时段相等的另一个时段中不被加速而继续保持恒定的值。按照同样的方式，由这些速度将形成一个四边形 $ADBC$ 的面积，它等于 $\triangle ABC$ 面积的 2 倍；因此，以这些速度在任一给定的时段内通过的距离都将是用三角形来代表的那些速度在相等时段内通过的距离的 2 倍。但是，沿着一个水平面，运动是均匀的，因为它既受不到加速也受不到减速；因此我们就得到结论说：在一个等于 AC 的时段内通过的距离 CD 是距离 AC 的 2 倍；因为后者是由一种从静止开始而速率像三角形中各平行线那样递增的运动完成的，而前者则是由一种用长方形中各平行线来代表的运动完成的，这些为数也是很多的平行线给出一个 2 倍于三角形的面积。

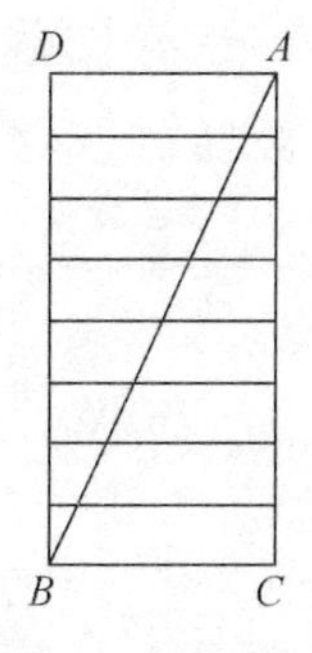

更进一步，我们可以指出，任何一个速度，一旦赋予了一个运动物体，就会牢固地得到保持，只要加速或减速的外在原因是不存在的。这种条件只有在水平面上才能见到，因为在平面向下倾斜的事例中，将不断存在一种加速的原因；而在平面向上倾斜的事例中，则不断地存在一种减速的原因。由此可见，沿平面的运动是永无休止的，如果速度是均匀的，它就不会减小或放松，更不会被消灭。再者，虽然一个物体可能通过自然下落而已经得到的任一速度就其本性(suapte natura)来说是永远被保存的，但是必须记得，如果物体在沿一个下倾斜面下滑了一段以后又转上了一个上倾的斜面，则在后一斜面上已经存在一种减速的原因了；因为在任何一个那样的斜面上，同一物体是受到一个向下的自然加速度的作用的。因此，我们在这儿遇到的就是两个不同状态的叠加，那就是，在以前的下落中获得的速度，如果只有它起作用，它就会把物体以均匀速率带向无限远处，以及由一切物体所普遍具有的那种向下的自然加速度。因此，如果我们想要追究一个物体的未来历史，而那个物体曾经从某一斜面上滑下而又转上了某一上倾的斜面，看来完全合理的就是我们将假设，在下降中得到的最大速度在上升过程中将持续地得到保持。然而，在上升中[249]却加入了一种向下的自然倾向，也就是一种从静止开始而非自然变化率(向下)加速的运动。如果这种讨论或许有点儿含糊不清，下面的图将帮助我们把它弄明白。

让我们假设，下降是沿着下倾的斜面 AB 进行的；从那个斜面上，物体被转到了上倾的斜面 BC 上继续运动。首先，设这两个斜面长度相等，而且摆得和水平线 GH 成相同的角。现在，众所周知，一个在 A 处从静止开始沿 AB 而下降的物体，将获得和时间成正比的速率，

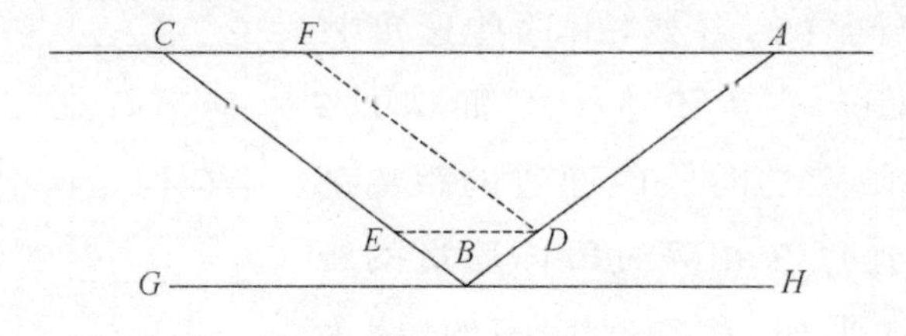

而在 B 处达到最大，而且这个最大值将被物体所保持，只要它不受新的加速或减速的任何原因的影响。我在这儿所说到的加速，是指假若物体的运动沿斜面 AB 的延长部分继续进行时它所将得到的加速，而减速则是当它的运动转而沿上倾斜面 BC 进行时所将遇到的减速度。但是，在水平面 GH 上，物体将保持一个均匀的速度，等于它从 A 点滑下时在 B 点得到的那个速度，而且这个速度使得物体在等于从 AB 下滑时间的一段时间之内将通过一段等于 AB 的 2 倍的距离。现在让我们设想同一物体以同一均匀速率沿着斜面 BC 而运动，而且在这儿，它也将在等于从 AB 滑下时间的一段时间内在 BC 延长面上通过一段等于 AB 的 2 倍的距离；但是，让我们假设，当它开始上升的那一时刻，由于它的本性，物体立即受到当它从 A 点沿 AB 下滑时包围了它的那种相同的影响。就是说，当它从静止开始下降时所受到的那种在 AB 上起作用的加速度，从而它就在相等的时间内像在 AB 上那样在这个第二斜面上通过一段相同的距离。很显然，通过这样在物体上把一种均匀的上升运动和一种加速的下降运动叠加起来，物体就将沿斜面 BC 上升到 C 点，在那儿，这两个速度就变成相等的了。

如果现在我们假设任意两点 D 和 E 与顶角 B 的距离相等，我们就可以推断，沿 BD 的下降和沿 BE 的上升所用的时间相等。画 DF 平行于 BC；我们知道，在沿 AD 下降之后，物体将沿 DF 上升；或者，如果在到达 D 时物体沿水平线 DE 前进，它将带着离开 D 时的相同动量（impetus）而到达 E，因此它将上升到 C 点，这就证明它在 E 点的速度和在 D 点的速度是相同的。

我们由此可以逻辑地推断，沿任何一个斜面下降并继续沿一个上倾

的斜面运动的物体，由于所得到的动量，将[250]上升到离水平面的相同高度；因此，如果物体是沿 AB 下降的，它就将被带着沿斜面 BC 上升到水平线 ACD；而且不论各斜面的倾角是否相等，这一点都是对的，就像在斜面 AB 和 BD 的事例中那样。但是，根据以前的一条假设，通过沿高度相等的不同斜面滑下而得到的速率是相同的。因此，如果斜面 EB 和 BD 具有相同的斜度，沿 EB 的下降将能够把物体沿着 BD 一直推送到 D；而既然这种推动起源于物体达到 B 点时获得的速率，那么就可以推知，这个在 B 点时的速率，不论物体是沿 AB 还是沿 EB 下降都是相同的。那么就很显然，不论下降是沿 AB 还是沿 EB 进行的，物体都将被推上 BD。然而，沿 BD 的上升时间却大于沿 BC 的上升时间，正如沿 EB 的下降要比沿 AB 的下降占用更多的时间一样；另外也已经证明，这些时间之比和斜面的长度之比相同。其次我们必将发现，在相等的时间内沿不同斜度而相同高度的平面通过的长度之间有什么比率；也就是说，所沿的斜面介于相同的两条平行水平线之间。此事的做法如下：

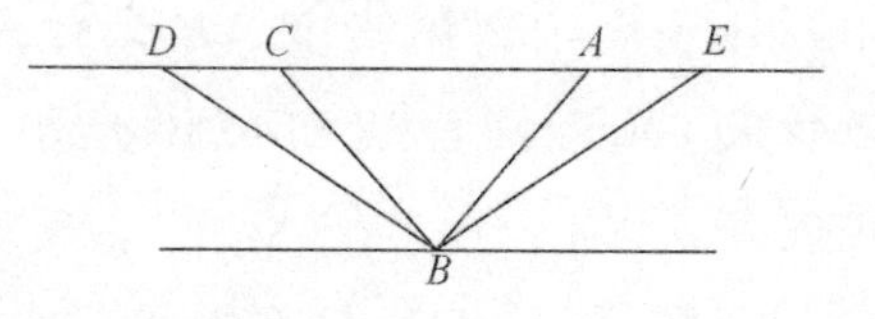

定理 15　命题 24

已给两条平行水平线和它们之间的竖直连线。并给定通过此竖直线下端的一个斜面，那么，如果一个物体沿竖直线自由下落然后转而沿斜面运动，则它在和竖直下落时间相等的时间内沿斜面通过的距离将大于竖直线长度的 1 倍而小于它的 2 倍。

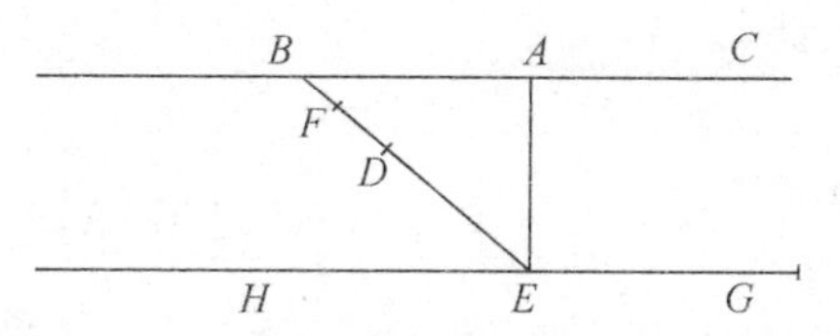

设 BC 和 HG 为两个水平面，由垂直线 AE 来连接；此外并设 EB 代表那个斜面，物体在沿 AE 下落并已从 E 转到 B 后就沿此斜面而运动。于是我说，在等于沿 AE 下降时间的一段时间内，物体将沿斜面通过一段大于 AE 但小于 2 倍 AE 的距离。取 ED 等于[251]AE，并选 F 点使它满足 $EB:BD=BD:BF$。首先我们将证明，F 就是物体在从 E 转到

B 以后将在等于沿 AE 的下落时间的一段时间内被沿斜面带到的那一点；其次我们将证明，距离 EF 大于 EA 而小于 2 倍的 AE。

让我们约定用长度 AE 来代表沿 AE 的下落时间，于是，沿 BE 的下降时间，或者同样也可以说是沿 EB 的上升时间，就将用距离 EB 来代表。

现在，既然 DB 是 EB 和 BF 之间的一个比例中项，而且 BE 是沿整个 BE 的下降时间，那么就可以得到，BD 是沿 BF 的下降时间，而其余的一段 DE 就将是沿剩下来的 FE 的下降时间。但是，在 B 处从静止开始的下落时间和在从 E 以通过 AE 或 BE 的下降而得来的速率反射后从 E 升到 F 的时间相同。因此 DE 就代表物体在从 A 下落到 E 并被反射到 EB 方向上以后从 E 运动到 F 所用的时间。但是，由作图可见，ED 等于 AE。这就结束了我们的证明的第一部分。

现在，既然整个 EB 和整个 BD 之比等于 DB 部分和 BF 部分之比，我们就有，整个 EB 和整个 BD 之比等于余部 ED 和余部 DF 之比。但是 $EB>BD$，从而 $ED>DF$，从而 EF 小于 2 倍的 DF 或 AE。　　证毕。

当起初的运动不是沿竖直线进行而是在一个斜面上进行时，上述的结论仍然成立，证明也相同，如果上倾的斜面比下倾的斜面倾斜度较小，即长度较大的话。

定理 16　命题 25

如果沿任一斜面的下降是继之以沿水平面的运动，则沿斜面的下降时间和通过水平面上任一指定长度所用的时间之比，等于斜面长度的 2 倍和所给水平长度之比。

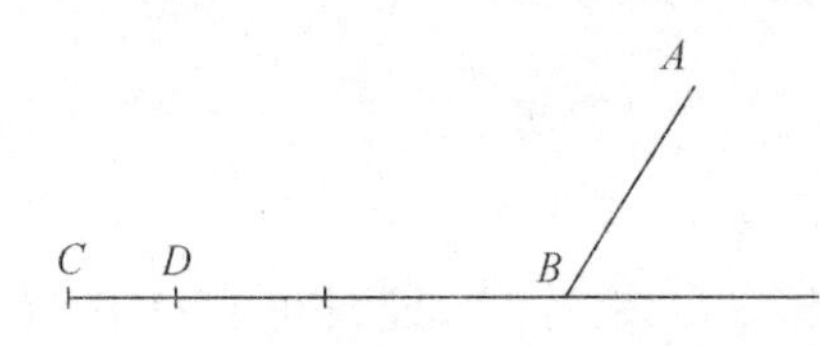

设 CB 为任一水平线而 AB 为一斜面，设在沿 AB 下降以后运动继续通过了指定的水平距离 BD。于是我说，沿 AB 的下降时间和通过 BD 所需的时间之比等于双倍 AB 和 BD 之比。因为，取 BC 等于 2 倍的 AB，于是由前面的一条命题即得，沿 AB 的下降时间等于通过 BC 所需的时间；但是，沿 BC 的时间和沿 DB 的时间之比等于长度 CB 和长度 BD 之比。因此，[252]沿 AB 的下降时间和沿 BD 的时间之比，等于距离 AB

的 2 倍和距离 BD 之比。 证毕。

问题 10 命题 26

已给一竖直高度连接着两条水平的平行线，并已给定一个距离大于这一竖直高度而小于它的 2 倍。要求通过垂线的垂足作一斜面，使得一个物体在通过竖直高度下落之后其运动将转向斜面方向并在等于竖直下落时间的一段时间内通过指定的距离。

设 AB 是两条平行水平线 AO 和 BC 之间的竖直距离，并设 FE 大于 BA 而小于 BA 的 2 倍。问题是要通过 B 而向上面的水平线画一斜面，使得一个物体在从 A 落到 B 以后如果运动被转向斜面就将在和沿 AB 下落的时间相等的时间内通过一段等于 EF 的距离。取 ED 等于 AB，于是剩下来的 DF 就将小于 AB，因为整个长度 EF 小于 2 倍的 AB。另外取 DI 等于 DF，并选择点 X，使得 $EI:ID=DF:FX$，从 B 画斜面 BO 使其长度等于 EX。于是我说，BO 就是那样一个斜面，即一个物体在通过 AB 下落以后将在等于通过 AB 的下落时间的一段时间内在斜面上通过指定的距离。

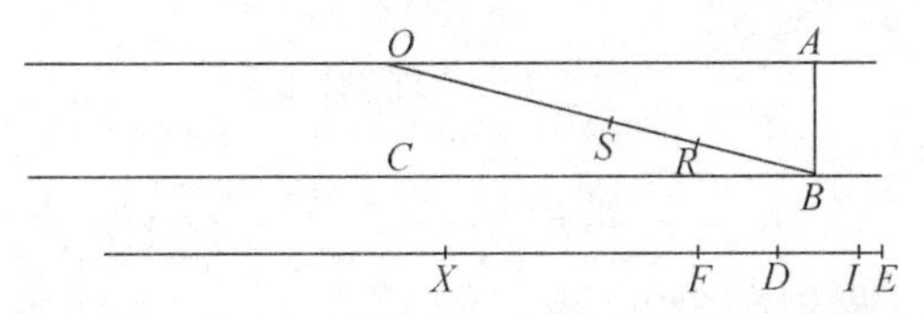

取 BR 和 RS 分别等于 ED 和 DF；于是，既然 $EI:ID=DF:FX$，我们就有，componendo，$ED:DI=DX:XF=ED:DF=EX:XD=BO:OR=RO:OS$。如果我们用长度 AB 来代表沿 AB 的下落时间，则 OB 将代表沿 OB 的下降时间，RO 将代表沿 OS 的时间，而余量 BR 则将代表一个物体在 O 处从静止开始通过剩余距离 SB 所需要的时间。但是在 O 处从静止开始沿 SB 下降的时间等于通过 AB 下落以后从 B 上升到 S 的时间。因此 BO 就是那个斜面，即通过 B，而一个物体在沿 AB 下落以后将在时段 BR 或 BA 内通过该斜面上等于指定距离的 BS。 证毕。[253]

定理 17 命题 27

如果一个物体从长度不同而高度相同的两个斜面上滑下，则在等于它在较短斜面全程下降时间的一个时段中，它在较长斜面下部所通过的

距离将等于较短斜面的长度加该长度的一个部分。而且较短斜面的长度和这一部分之比将等于较长斜面和两斜面长度差之比。

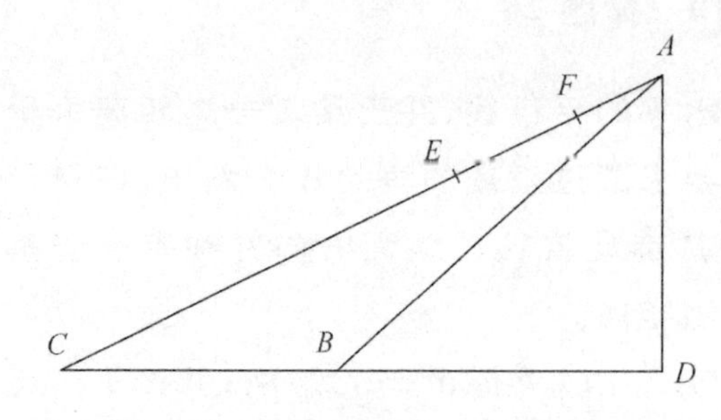

设 AC 为较长斜面而 AB 为较短斜面，而且 AD 是它们的公共高度；在 AC 的下部取 CE 等于 AB。选点 F 使得 CA：$AE=CA$：$(CA-AB)=CE$：EF。于是我说，FC 就是那样一个距离，即物体将在从 A 下滑以后，在等于沿 AB 的下降时间的一个时段内通过它。因为，既然 CA：$AE=CE$：EF，那么就有 EA 之余量：AF 之余量$=CA$：AE。因此 AE 就是 AC 和 AF 之间的一个比例中项。由此可见，如果用长度 AB 来量度沿 AB 的下降时间，则距离 AC 将量度沿 AC 的下降时间；但是通过 AF 的下降时间是用长度 AE 来量度的，而通过 FC 的下降时间则是用 EC 来量度的。现在 $EC=AB$，由此即得命题。[254]

问题 11　命题 28

设 AG 是任一条和一个圆相切的直线；设 AB 是过切点的直径；并设 AE 和 EB 代表两根任意的弦。问题是要确定通过 AB 的下落时间和通过 AE 及 EB 的下降时间之比。延长 EB 使它与切线交于 G，并画 AF 以平分 $\angle BAE$。于是我说，通过 AB 的时间和沿 AE 及 EB 的下降时间之比等于长度 AE 和长度 AE 及 EF 之和的比。因为，既然 $\angle FAB$ 等于 $\angle FAE$，而 $\angle EAG$ 等于 $\angle ABF$，那么就有，整个的 $\angle GAF$ 等于 $\angle FAB$ 和 $\angle ABF$ 之和。但是 $\angle GFA$ 也等于这两个角之和。因此长度 GF 等于长度 GA；而且，既然长方形 $BG\cdot GE$ 等于 GA 的平方，它也将等于 GF 的平方，或者说 BG：$GF=GF$：GE。如果现在我们同意用长度 AE 来代表沿 AE 的下降时间，则长度 GE 将代表沿 GE 的下降时间，而 GF 则代表通过整个直径的

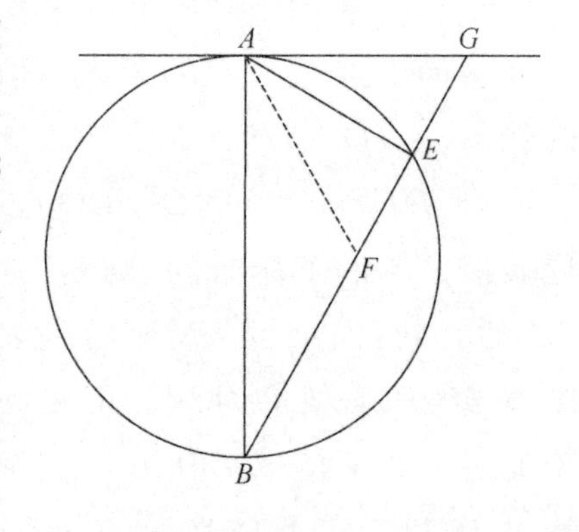

下落时间,而 EF 也将代表在从 G 下落或从 A 沿 AE 下落以后通过 EB 的时间。由此可见,沿 AE 或 AB 的时间和沿 AE 及 EB 的时间之比,等于长度 AE 和 $AE+EF$ 之比。 证毕。

一种更简短的方法是取 GF 等于 GA,于是就使 GF 成为 BG 和 GE 之间的一个比例中项。其余的证明和上述证明相同。

定理 18 命题 29

已给一有限的水平直线,其一端有一竖直线,长度为所给水平线长度之半;于是,一物体从这一高度落下并将自己的运动转向水平方向而通过所给的水平距离,所用的时间将比这一高度有任意其他值时所用的时间为短。[255]

设 BC 为水平面上给定的距离:在其 B 端画一竖直线,并在上面取 BA 等于 BC 的二分之一。于是我说,一个物体在 A 处从静止开始而通过二距离 AB 和 BC 所用的时间,将比通过同一距离 BC 和竖直线上大于或小于 AB 的部分所用的时间为短。

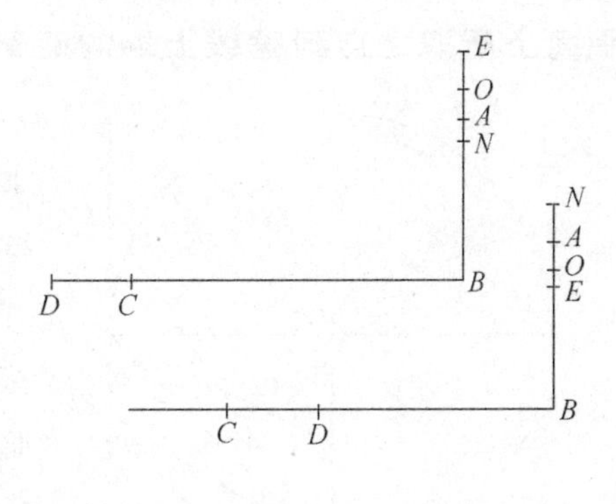

取 EB 大于 AB,如右图上图所示,或小于 AB,如右图下图所示。必须证明,通过距离 EB 加 BC 所需的时间,大于通过距离 AB 加 BC 所需要的时间。让我们约定,长度 AB 将代表沿 AB 的下落时间,于是通过水平部分 BC 所用的时间也将是 AB,因为 $BC=2AB$;由此可见,BC 和 AB 所需要的时间将是 AB 的 2 倍。选择点 O,使得 $EB:BO=BO:BA$,于是 BO 就将代表通过 EB 的下落时间。此外,取水平距离 BD 等于 BE 的 2 倍,于是就可看出,BO 代表在通过 EB 下落后沿 BD 的前进时间。选一点 N,使得 $DB:BC=EB:BA=OB:BN$。现在,既然水平运动是均匀的,而 OB 是在从 E 落下以后通过 BD 所需要的时间,那就可以看出,NB 将是在通过了同一高度 EB 此后沿 BC 的运动时间。因此就很清楚,OB 加 BN 就代表通过 EB 加 BC 所需要的时间,而且既然 2 倍 BA 就是通过 AB 加 BC 所需要的时间,剩下来的就是要证明 OB

$+BN>2BA$ 了。

但是,既然 $EB:BO=BO:BA$,于是就可以推得 $EB:BA=OB^2:BA^2$。此外,既然 $EB:BA=OB:BN$,那就可得,$OB:BN=OB^2:BA^2$。但是 $OB:BN=(OB:BA)(BA:BN)$,因此就有 $AB:BN=OB:BA$;这就是说,BA 是 BO 和 BN 之间的一个比例中项。由此即得 $OB+BN>2BA$。

证毕。[256]

定理 19　命题 30

从一条水平直线的任一点上向下作一垂线;要求通过同一水平线上的另一任意点作一斜面使它与垂线相交,而且一个物体将在尽可能短的时间内沿斜面滑到垂线。这样一个斜面将在垂线上切下一段,等于从水平面上所取之点到垂线上端的距离。

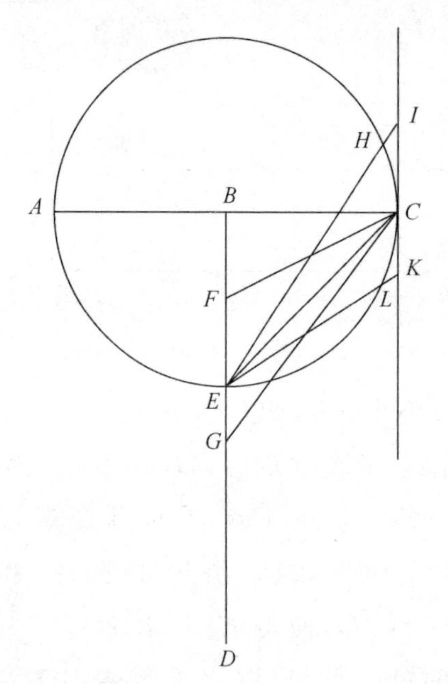

设 AC 为一任意水平线,而 B 是线上的一个任意点;从该点向下作一竖直线 BD。在水平线上另选一任意点 C,并在竖直线上取距离 BE 等于 BC,连接 C 和 E。于是我说,在可以通过 C 点画出的并和垂线相交的一切斜面中,CE 就是那样一个斜面,即沿此斜面下降到垂线上所需的时间最短。因为,画斜面 CF 和竖直线交于 E 点以上的一点 F,并画斜面 CG 和竖直线交于 E 点以下的一点 G,再画一直线 IK 平行于竖直线并和一个以 BC 为半径的圆相切于 C 点。画 EK 平行于 CF 并延长之,使它在 L 点和圆相交以后和切线相交。现在显而易见,沿 LE 的下降时间等于沿 CE 的下降时间;但是沿 KE 的时间却大于沿 LE 的时间,因此沿 KE 的时间大于沿 CE 的时间。但是沿 KE 的时间等于沿 CF 的时间,因为它们具有相同的长度和相同的斜度。同理,也可以得到,斜面 CG 和 IE 既然具有相同的长度和相同的斜度,也将在相等的时间内被通过。而且,既然 $HE<IE$,沿 HE 的时间将小于沿 IE 的时间。因此

也有沿 CE 的时间(等于沿 HE 的时间)将短于沿 IE 的时间。 证毕。

定理 20 命题 31

如果一条直线和水平线成任一倾角。而且,如果要从水平线上的任一指定点向倾斜线画一个最速下降斜面,则那将是一个平分从所给的点画起的两条线之间的夹角的面。[257],其中一条垂直于水平线,而另一条垂直于倾斜线。

设 CD 是一条和水平线 AB 成任意倾角的直线,并从水平线上任一指定点 A 画 AC 垂直于 AB,并画 AE 垂直于 CD,画 $\angle CAE$ 的分角线 FA。

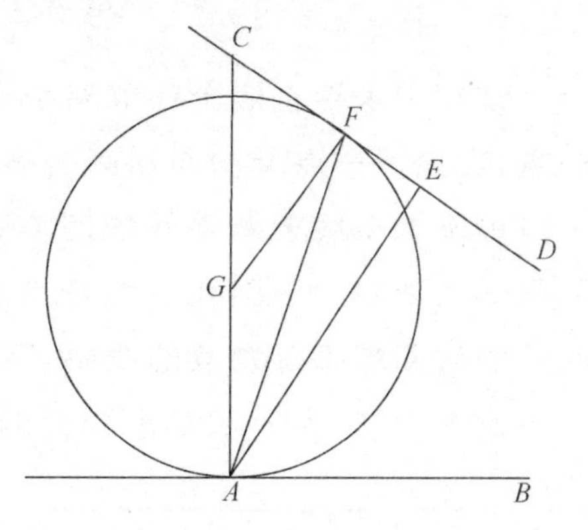

于是我说,在可以通过点 A 画出的和直线 CD 相交于任何角度的一切斜面中,AF 就是最速下降面(in quo tempore omnium brevissimofiat descensus)。画 FG 平行于 AE;内错角 $\angle GFA$ 和 $\angle FAE$ 将相等;并有 $\angle EAF$ 等于 $\angle FAG$。因此 $\triangle FGA$ 的两条边 GF 和 GA 相等。由此可见,如果我们以 G 为圆心、GA 为半径画一个圆,这个圆将通过点 F 并在 A 点和水平线相切且在 F 点和斜线相切,因为既然 GF 和 AE 是平行的,$\angle GFC$ 就是一个直角。因此就很显然,在从 A 向斜线画出的一切直线中,除 FA 外,全都超出于这个圆的周界以外,从而就比 FA 需要更多的时间来通过它们中的任一斜面。 证毕。

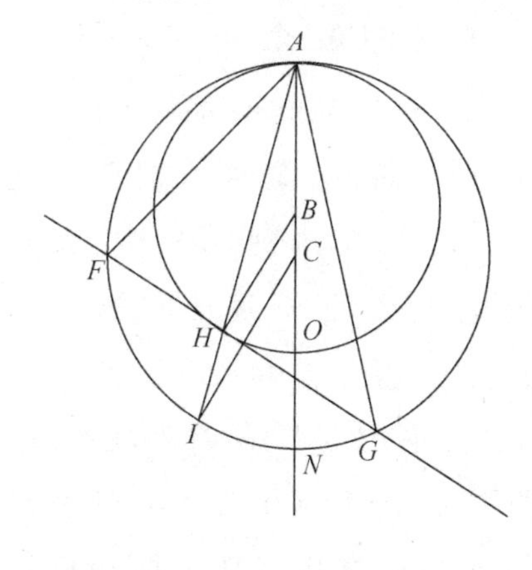

引 理

设内、外二圆相切于一点,另外作内圆的一条切线和外圆交于二点;若从二圆的公切点向内圆的切线画三条直线通到其切点及其和外圆的二交点上,并延长到外圆以外,则此三线在公切点处所夹的二角相等。

设二圆切于一点 A,内圆之心为 B,

外圆之心为 C。画直线 FG 和内圆相切于 H 而和外圆相交于点 F 和 G，另画三直线 AF、AH 和 AG。于是我说，这些线所夹之角 $\angle FAH$ 和 $\angle GAH$ 相等。延长 AH 和外圆交于 I；从二圆心作直线 BH 和 CI；连接二圆心 B 和 C 并延长此线直到公切点 A 并和二圆相交于点 O 和 N。但是现在 BH 和 CI 是平行的，因为 $\angle ICN$ 和 $\angle HBO$ 各自等于 $\angle IAN$ 的 2 倍，从而二者相等。而且，既然从圆心画到切点的 BH 垂直于 FG 而 $\widehat{FI}$ 等于 $\widehat{IG}$，因此 $\angle FAI$ 等于 $\angle IAG$。 证毕。

定理 21 命题 32

设在一水平直线上任取两个点，并在其中一点上画一直线倾向于另一点，在此另一点上向斜线画一直线，其角度适当，使它在斜线上截出的一段等于水平线上两点间的距离，于是，沿所画直线的下降时间小于沿从同一点画到同一斜线上的任何其他直线的下降时间。在其他那些在此线的对面成相等角度的线中，下降时间是相同的。

设 A 和 B 为一条水平线上的两个点；通过 B 画一条斜线 BC，并从 B 开始取一距离 BD 等于 AB，连接点 A 和点 D。于是我说，沿 AD 的下降时间小于沿从 A 画到斜线 BC 的任何其他直线的下降时间。从点 A 画 AE 垂直于 BA；并从点 D 画 DE 垂直于 BD 而和 AE 交于 E。既然在等腰三角形 $\triangle ABD$ 中我们有 $\angle BAD$ 等于 $\angle BDA$，则它们的余角 $\angle DAE$ 和 $\angle EDA$ 也相等。因此，如果我们以 E 为心、以 EA 为半径画一个圆，它就将通过 D 并在点 A 及 D 和 BA 及 BD 相切。现在，既然 A 是竖直线 AE 的端点，沿 AD 的下降时间就将小于沿从端点 A 画到直线 BC 及其圆外延长线上的任何直线的下降时间。这就证明了命题的第一部分。[259]

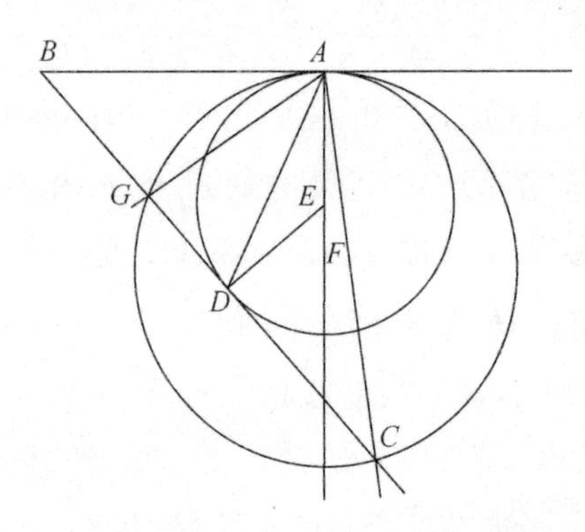

然而，如果我们把垂线 AE 延长，并在它上面取一任意点 F，就可以以 F 为圆心、以 FA 为半径作一圆，此圆 AGC 将和切线相交于点 G 及点 C，画出直线 AG 和 AC。按照以上的引理，这两条直线将从中线 AD 偏

开相等的角。沿此二直线的下降时间是相同的,因为它们从最高点 A 开始而终止在圆 AGC 的圆周上。

问题 12　命题 33

给定一有限的竖直线和一个等高的斜面。二者的顶点相同。要求在竖直线的上方延长线上找出一点,使一物体在该点上从静止开始而竖直落下,并当运动转上斜面时在和下落时间相等的时段内通过该斜面。

设 AB 为所给的有限竖直线而 AC 是具有相同高度的斜面。要求在竖直线 BA 向上的延长线上找出一点。从该点开始,一个下落的物体将在和该物体在 A 处从静止开始通过所给的竖直距离 AB 而下落所需要的时间相等的时间内通过斜面 AC。画直线 DCE 垂直于 AC,并取 CD 等于 AB,连接点 A 和点 D。于是,$\angle ADC$ 将大于 $\angle CAD$,因为边 CA 大于 AB 或 CD。[260] 取 $\angle DAE$ 等于 $\angle ADE$,并作 EF 垂直于 AE;于是 EF 将和向两方延长了的斜面相交于 F。取 AI 和 AG 各等于 CF;通过 G,画水平线 GH。于是我说,H 就是所求的点。

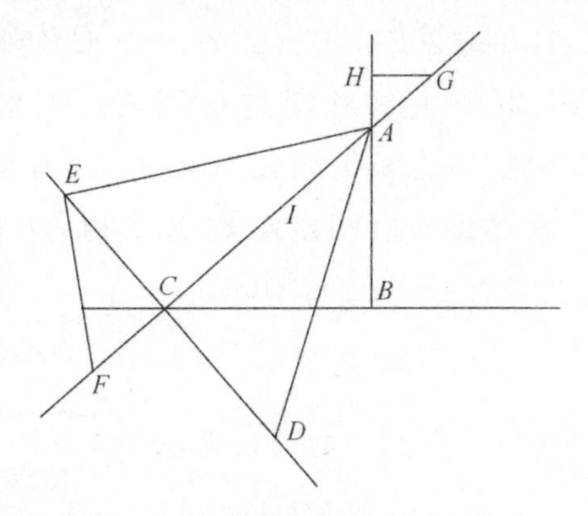

因为,如果我们同意用长度 AB 来代表沿竖直线 AB 的下落时间,则 AC 将同样代表在 A 处从静止开始沿 AC 的下降时间;而且,既然直角三角形$\triangle AEF$ 中的直线 EC 是从 E 处的直角而垂直画到底边 AF,那么就有,AE 将是 FA 和 AC 之间的一个比例中项,而 CE 则将是 AC 和 CF 之间的一个比例中项,亦即 CA 和 AI 之间的比例中项。现在,既然 AC 代表从 A 开始沿 AC 的下降时间,那么就有,AE 将代表沿整个距离 AF 的时间,而 EC 将代表沿 AI 的时间。但是,既然在等腰三角形$\triangle AED$ 中边 EA 等于边 ED,那么就有,ED 将代表沿 AF 的下落时间,而 EC 为沿 AI 的下落时间。因此,CD,即 AB,将代表在 A 处从静止开始沿 IF 的下落时间,这也就等于说 AB 是从 G 或从 H 开始沿 AC 的下落时间。

证毕。

问题 13　命题 34

已给一有限斜面和一条竖直线，二者的最高点相同，要求在竖直线的延线上求出一点，使得一个物体将从该点落下然后通过斜面，所用的时间和物体从斜面顶上开始而仅仅通过斜面时所用的时间相同。

设 AB 和 AC 分别是一个斜面和一条竖直线，二者具有相同的最高点 A。要求在竖直线的 A 点以上找出一点，使得一个从该点落下然后把它的运动转向 AB 的物体将既通过指定的那段竖直线又通过斜面 AB，所用的时间[261]和在 A 处从静止开始只通过斜面 AB 所用的时间相同。画水平线 BC，并取 AN 等于 AC；选一点 L，使得 $AB:BN=AL:LC$，并取 AI 等于 AL；选一点 E，使得在竖直线 AC 延线上取的 CE 将是 AC 和 BI 的一个第三比例项。于是我说，CE 就是所求的距离。这样，如果把竖直线延长到 A 点上方，并取 AX 等于 CE，则从 X 点落下的一个物体将通过两段距离 XA 和 AB，所用的时间和从 A 开始而只通过 AB 所需要的时间相同。

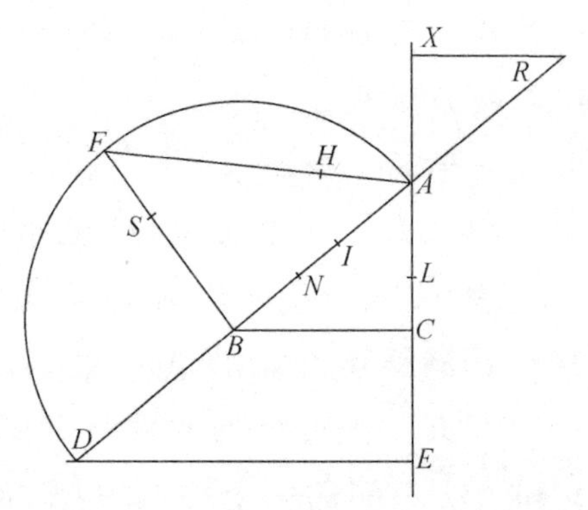

画 XR 平行于 BC 并和 BA 的延长线交于 R；其次画 ED 平行于 BC 并和 BA 的延长线交于 D；以 AD 为直径作半圆，从 B 开始画 BF 垂直于 AD 并延长之直至和圆周相交于 F。很显然，FB 是 AB 和 BD 之间的一个比例中项，而 FA 是 DA 和 AB 之间的一个比例中项。取 BS 等于 BI、FH 等于 FB。现在，既然 $AB:BD=AC:CE$，BF 是 AB 和 BD 之间的一个比例中项，而 BI 是 AC 和 CE 之间的一个比例中项，那么就有 $BA:AC=FB:BS$；而且，既然 $BA:AC=BA:BN=FB:BS$，那么，convertendo，我们就有 $BF:FS=AB:BN=AL:LC$。由此可见，由 FB 和 CL 构成的长方形等于以 AL 和 SF 为边的长方形；而且，这个

长方形 $AL \cdot SF$ 就是长方形[262]$AL \cdot FB$ 或 $AL \cdot BE$ 比长方形 $AL \cdot BS$ 或 $AI \cdot IB$ 多出的部分。而且不仅如此,长方形 $AC \cdot BF$ 还等于长方形 $AB \cdot BI$,因为 $BA : AC = FB : BI$,因此,长方形 $AB \cdot BI$ 比长方形 $AI \cdot BF$ 或 $AI \cdot FH$ 多出的部分就等于长方形 $AI \cdot FH$ 比长方形 $AI \cdot IB$多出的部分;因此,长方形 $AI \cdot FH$ 的两倍就等于长方形 $AB \cdot BI$ 和 $AI \cdot IB$ 之和,或者说,$2AI \cdot FH = 2AI \cdot IB + \overline{BI}^2$。两端加$\overline{AI}^2$,就有 $2AI \cdot IB + \overline{BI}^2 + \overline{AI}^2 = \overline{AB}^2 = 2AI \cdot FH = AI^2$。两端再加$\overline{BF}^2$,就有 $AB^2 + BF^2 = \overline{AF}^2 = 2AI \cdot FH + \overline{AI}^2 + \overline{BF}^2 = 2AI \cdot FH + \overline{AI}^2 + \overline{FH}^2$。但是$\overline{AF}^2 = 2AH \cdot HF + \overline{AH}^2 + \overline{HF}^2$;于是就有 $2AI \cdot FH + \overline{AI}^2 + \overline{FH}^2 = 2AH \cdot HF + \overline{AH}^2 + \overline{HF}^2$。在两端将$\overline{HF}^2$ 消去,我们就有 $2AI \cdot FH + \overline{AI}^2 = 2AH \cdot HF + \overline{AH}^2$。既然现在 FH 是两个长方形中的公因子,就得到 AH 等于 AI;因为假如 AH 大于或小于 AI,则两个长方形 $AH \cdot HF$ 加 HA 的平方将大于或小于两个长方形 $AI \cdot FH$ 加上 IA 的平方,这是和我们刚刚证明了的结果相反的。

现在如果我们同意用长度 AB 来代表沿 AB 的下降时间,则通过 AC 的时间将同样地用 AC 来代表,而作为 AC 和 CE 之间的一个比例中项的 IB 将代表在 X 处从静止开始而通过 CE 或 XA 的时间。现在,既然 AF 是 DA 和 AB 之间,或者说 RB 和 AB 之间的一个比例中项,而且等于 FH 的 BF 是 AB 和 BD 亦即 AB 和 AR 之间的一个比例中项,那么,由前面的一条命题(和命题 19 的推论),就得到,差值 AH 将代表在 R 处从静止开始或是从 X 下落以后沿 AB 的下降时间,而在 R 处从静止开始沿 AB 的下降时间则由长度 AB 来量度。但是刚才已经证明,通过 XA 的下落时间由 IB 来量度,而通过 RA 或 XA 下落以后沿 AB 的下降时间则是 IA。因此,通过 XA 加 AB 的下降时间是用 AB 来量度的,而 AB 当然也量度着在 A 处从静止开始仅仅沿 AB 下降的时间。

证毕。[263]

问题 14　命题 35

已给一斜面和一条有限的竖直线,要求在斜面上找出一个距离,使得一个从静止开始的物体将通过这一距离,所用的时间和它既通过竖直线又通过斜面所需要的时间相等。

设 AB 为竖直线而 BC 为斜面。要求在 BC 上取一距离，使一个从静止开始的物体将通过该距离所用的时间，和它通过竖直线 AB 落下并通过斜面滑下所需的时间相等。画水平线 AD 和斜面 CB 的延长部分

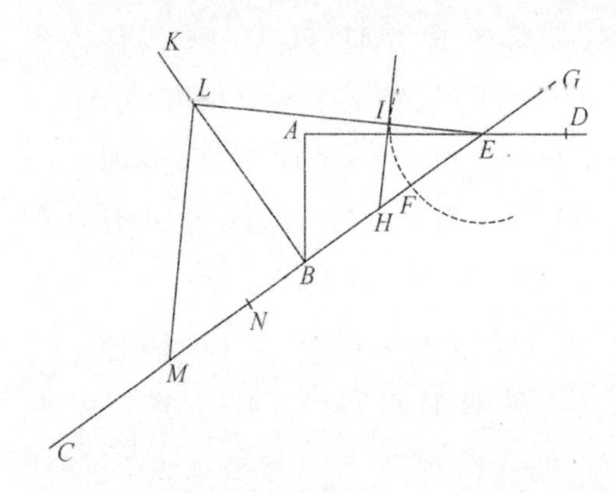

相交于 E；取 BF 等于 BA，并以 E 为心、EF 为半径作圆 FIG。延长 EF 使它和圆周交于 G，选一点 H，使得 $GB:BF=BH:HF$；画直线 HI 和圆切于 I，在 B 处画直线 BK 垂直于 FC 而和直线 EIL 相交于 L；另外，画 LM 垂直于 EL 并和 BC 相交于 M。于是我说，BM 就是那个距离，即一个物体在 B 处从静止开始将通过该距离，所用的时间和在 A 处从静止开始通过两个距离 AB 和 BM 所需的时间相同。取 EN 等于 EL，于是，既然 $GB:BF=BH:HF$，我们就将有，permutando，$GB:BH=BF:HF$，而 dividendo，就有 $GH:BH=BH:HF$。由此可见，长方形 $GH \cdot HF$ 等于以 BH 为边的正方形。但是这同一个长方形也等于以 HI 为边的正方形，因此 BH 等于 HI。但是，在四边形 $ILBH$ 中 HB 和 HI 二边相等，而既然 B 处和 I 处的角是直角，那就得到，边 BL 和边 LI 也相等；但是 $EI=EF$，因此[264]整个长度 LE 或 NE 就等于 LB 和 EF 之和。如果我们消去公共项 FE，剩下来的 FN 就将等于 LB。由作图可见，$FB=BA$，从而 $LB=AB+BN$。如果我们再同意用长度 AB 代表通过 AB 的下落时间，则沿 EB 的下降时间将用 EB 来量度；再者，既然 EN 是 ME 和 EB 之间的一个比例中项，它就将代表沿整个距离 EM 的下降时间。因此，这些距离之差 BM 就将被物体在从 EB 或 AB 落下以后在一段由 BN 来代表的时间内所通过。但是，既已假设距离 AB 是通过 AB 的下落时间的量度，沿 AB 和 BM 的下降时间就要由 $AB+BN$ 来量度。既然 EB 量度在 E 处从静止开始沿 EB 的下落时间，在 B 处从静止开始沿 BM 的时间就将是 BE 和 BM（即 BL）之间的比例中项，因此，在 A 处从静止开始沿 $AB+BM$ 的时间就是 $AB+BN$。但是，在 B 处从静止开始只沿 BM 的时间是 BL；而且既然已经证明 $BL=AB+BN$，那么就得到命题。

另一种较短的证明如下：设 BC 为斜面而 BA 为竖直线，在 B 点画 EC 的垂直线并向两方延长之。取 BH 等于 BE 比 BA 多出的量，使 $\angle HEL$ 等于 $\angle BHE$；延长 EL 至与 BK 交于 L；在 L 画 LM 垂直于 EL，并延长至与 BC 交于 M；于是我说，BM 就是所求的 BC 上的那一部分。因为，既然 $\angle MLE$ 是一个直角，BL 就将是 MB 和 BE 之间的一个比例中项，而 LE 则是 ME 和 BE 之间的一个比例中项；取 EN 等于 LE；于是就有 $NE=EL=LH$，以及 $HB=NE-BL$。但是也有 $HB=ME-(NB+BA)$；因此 $BN+BA=BL$。如果现在我们假设长度 EB 是沿 EB 的下降时间的量度，则在 B 从静止开始沿 BM 的下降时间将由 BL 来代表；但是，如果沿 BM 的下降是在 E 或 A 从静止开始的，则其下降时间将由 BN 来量度；而且 AB 将量度沿 AB 的时间。因此，通过 AB 和 BM 即通过距离 AB 和 BN 之和所需要的时间就等于在 B 从静止开始仅通过 BM 的下降时间。

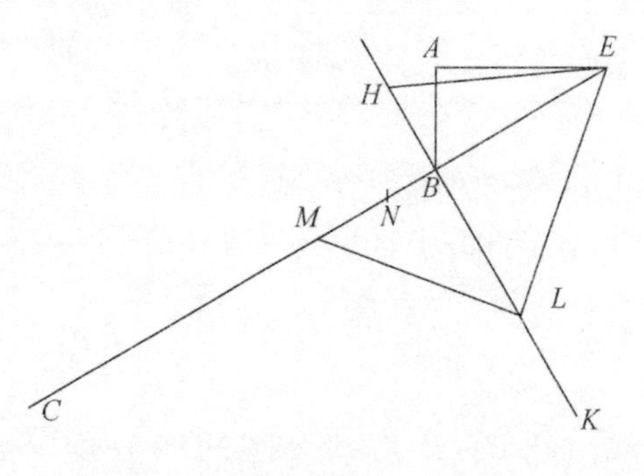

证毕。[265]

引　理

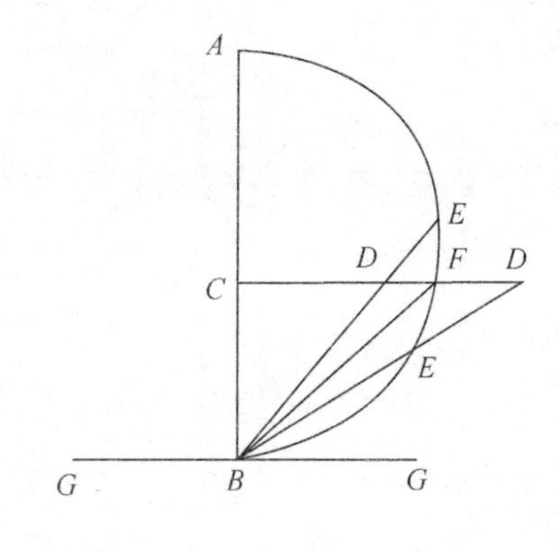

设 DC 被画得垂直于直径 BA；从端点 B 任意画直线 BED；画直线 FB。于是我说，FB 是 DB 和 BE 之间的一个比例中项。连接点 E 和点 F。通过 B 作切线 BG，它将平行于 CD。现在，既然 $\angle DBG$ 等于 $\angle FDB$，而且 $\angle GBD$ 的错角等于 $\angle EFB$，那么就得到，$\triangle FDB$ 和 $\triangle FEB$ 是相似的，从而 $BD:BF=FB:BE$。

引　理

设 AC 为一比 DF 长的直线，并设 AB 和 BC 之比大于 DE 和 EF 之比，于是我说，AB 大于 DE。因为，如果 AB 比 BC 大于 DE 比 EF，则

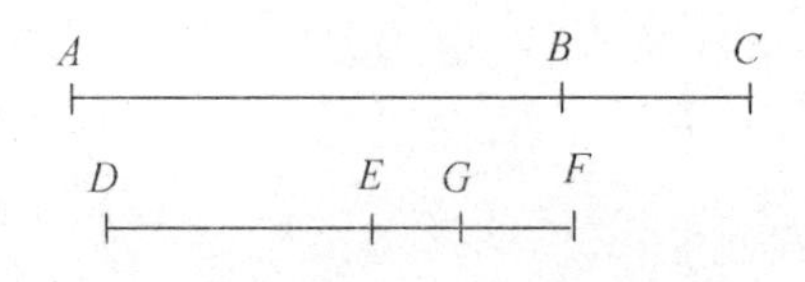

DE 和某一小于 EF 的长度之比将等于 AB 和 BC 之比。设此长度为 EG，于是，既然 $AB:BC=DE:EG$，那么，componendo et convertendo，就有 $CA:AB=GD:DE$。但是，既然 CA 大于 GD，由此即得 BA 大于 DE。

引　　理

设 $ACIB$ 是一个圆的四分之一：由 B 画 BE 平行于 AC；以 BE 上的一个任意点为圆心画一个圆 $BOES$ 和 AB 相切于 B 并和四分之一圆相交于 I。连接点 C 和点 B，画直线 CI 并延长至 S。于是我说，此线(CI)永远小于 CO。画直线 AI 和圆 BOE 相切。于是，如果画出直线 DI，则它将等于 DB。但是既然 DB 和四分之一圆相切，DI 就也将和它相切并将和 AI 成直角，于是 AI 和圆 BOE 相切于 I。而且既然 $\angle AIC$ 大于 $\angle ABC$，因为它张了一个较大的弧，那么就有，$\angle SIN$ 也大于 $\angle ABC$。因此 $\widehat{IES}$ 大于 $\widehat{BO}$，从而靠圆心更近的直线 CS 就比 CB 更长。由此即得 CO 大于 CI，因为 $SC:CB=OC:CI$。[266]

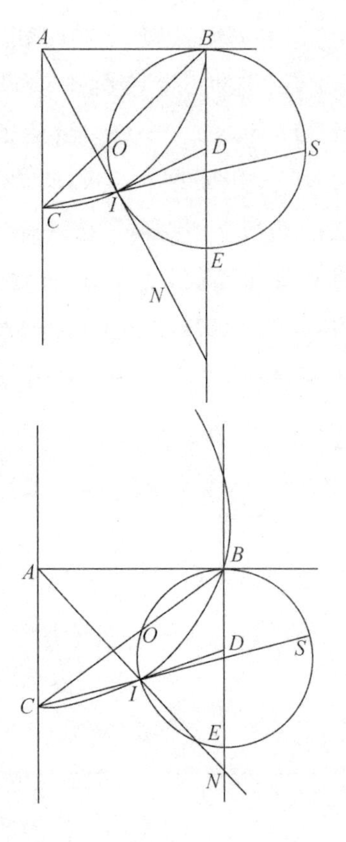

如果像在右图之下图中那样，$\widehat{BIC}$ 小于四分之一圆周，则这一结果将更加引人注意。因为那时垂线 DB 将和圆 CIB 相交，而 $BD=DI$ 也如此；$\angle DIA$ 将是钝角，从而直线 AIN 将和圆 BIE 相交。既然 $\angle ABC$ 小于 $\angle AIC$，而 $\angle AIC$ 等于 $\angle SIN$，但 $\angle ABC$ 仍小于 I 处的切线可以和直线 SI 所成的角，由此可见 $\widehat{SEI}$ 比 $\widehat{BO}$ 大得多，如此等等。　　证毕。[267]

定理 22　命题 36

如果从一个竖直圆的最低点画一根弦，所张的弧不超过圆周的四分

之一，并从此弦的两端画另外两根弦到弧上的任意一点，则沿此二弦的下降时间将短于沿第一弦的下降时间。而且以相同的差值短于沿该二弦中较低一弦的下降时间。

设$\overparen{CBD}$为不超过一个象限的圆弧，取自一个竖直的圆，其最低点为C。设CD是张着此弧的弦(planum elevatum)，并设有二弦从C和D画到弧上的任一点B。于是我说，沿两弦(plana)DB和BC的下降时间小于只沿DC或在B处从静止开始只沿BC的下降时间。通过点D画水平线MDA交CB的延长线于A；画DN和MC垂直于MD，并画BN垂直于BD；绕直角DBN画半圆$DFBN$，交DC于F。选一点O，使得DO将是CD和DF之间的一个比例中项。同样，选V，使得AV成为CA和AB之间的一个比例中项。设长度PS代表沿要求相同时间的整个距离DC或BC的下降时间。取PR，使得$CD:DO=$时间$PS:$时间PR。于是PR就将代表一物体从D开始即将通过距离DF的时间，而RS则量度物体即将通过其余距离FC的时间。但是既然PS也是在B处从静止开始而沿BC的降落时间，而且，如果我们选取点T，使得$BC:CD=PS:PT$，则PT将量度从A到C的下降时间，因为我们已经证明(见引理)DC是AC和CB之间的一个比例中项。最后，选取点G，使得$CA:AV=PT:PG$，则PG将是从A到B的下降时间，而GT将是从A下降到B以后沿BC的剩余下降时间。但是，既然圆DFN的直径DN的一条竖直的线，二弦DF和DB就将在相等的时间内被通过；因此，如果能够证明一个物体在沿DB下降以后通过BC所用的时间短于它在沿DF下降以后通过FC所用的时间，就已经证明了此定理。但是，一物体从D开始沿DB下降以后通过BC所用的时间，和它从A开始沿AB下降所用的时间相同，因为在沿DB或沿AB的下降中，物体将得到相同的动量。[268]因此，剩下来的只要证明，在AB以后沿BC的下降比DF以后沿FC的下降为快。但是我们已经证明，GT代表在AB之后沿BC的时间，以及RS量度在DF之后沿FC的时间。因此，必须证明RS大于

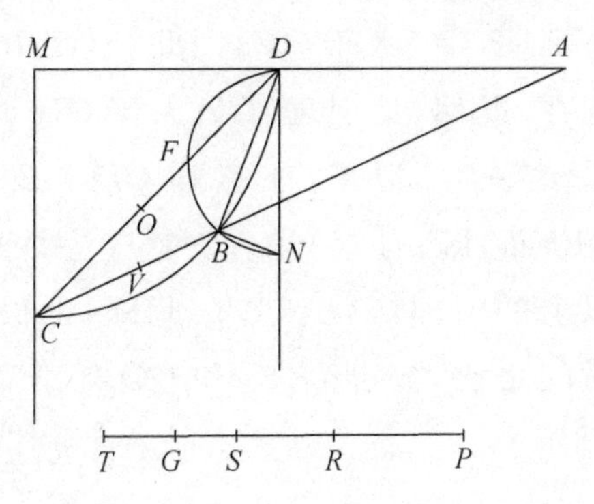

GT。这一点可以证明如下：既然 $SP:PR=CD:DO$，那么，invertendo et convertendo，就有 $RS:SP=OC:CD$；此外又有 $SP:PT=DC:CA$。而且，既然 $TP:PG=CA:AV$，那么，invertendo，就有 $PT:TG=AC:CV$，因此，ex æquoli，就有 $RS:GT=OC:CV$。但是，我们很快就会证明，OC 大于 CV，因此，时间 RS 大于时间 GT。这就是想要证明的。现在，既然(见引理)CF 大于 CB 而 FD 小于 BA，那么就有 $CD:DF>CA:AB$。但是，注意到 $CD:DO=DO:DF$，故有 $CD:DF=CO:OF$，而且还有 $CA:AB=CV^2:VB^2$，因此 $CO:OF>CV:VB$，而按照以上的引理，$CO>CV$。此外，也很显然，沿 DC 的下降时间和沿 DBC 的时间之比，等于 DOC 和 $DO+CV$ 之比。[269]

旁 注

由以上所述可以推断，从一点到另一点的最速降落路程(lationem omnium velocissimam)并不是最短的路程，即直线，而是一个圆弧。[①] 在其一边 BC 为竖直的象限 $BAEC$ 中，将 $\widehat{AC}$ 分成任意数目的相等部分 $\widehat{AD}$、$\widehat{DE}$、$\widehat{EF}$、$\widehat{FG}$、$\widehat{GC}$，并从 C 开始向 A、D、E、F、G 各点画直线，并画出直线 AD、DE、EF、FG、GC。显然，沿路程 ADC 的下降比只沿 AC 或在 D 从静止开始而沿 DC 的下降更快。但是，一个在 A 处从静止开始下降的物体却将比沿路程 ADC 更快地经过 C；而如果它在 A 从静止开始，它就将在一段较短的时间内通过路径 DEC，比只通过 DC 的时间更短。因此，沿三个弦 $ADEC$ 的下降将比沿两个弦 ADC 的下降用时更少。同理，在沿 ADE 的下降以后，通过 EFC 所需的时间，短于只通过 EC 所需的时间。因此，沿四个弦 $ADEFC$ 的下降比沿三个弦 $ADEC$ 的下降更加迅速。而到最后，在沿 $ADEF$ 下降以后，物体将通过两个弦 FGC，比只通过一个弦 FC 更快。因此，沿着五个弦 $ADEFGC$，将比沿着四个弦 $ADEFC$ 下降得更快。结果，内接多边形离圆周越近，

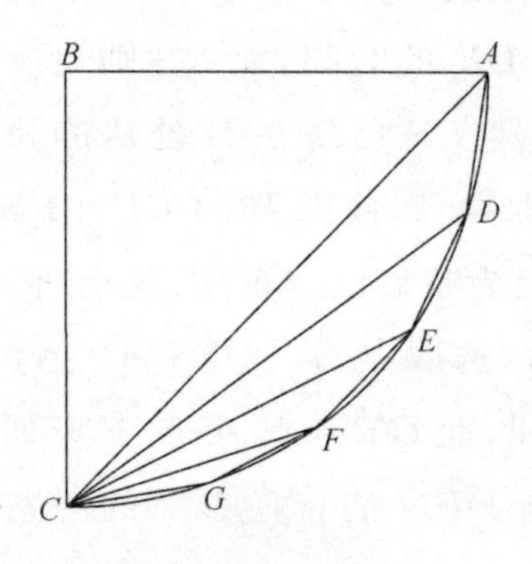

① 众所周知，恒定作用力条件下最速降落问题的最初正确解，是由约翰·伯努利(1667—1748)给出的。——英译者

从 A 到 C 的下降所用的时间也越少。

针对一个象限证明了的结果，对于更小的圆弧也成立，推理是相同的。

问题 15　命题 37

已给高度相等的一根竖直线和一个斜面，要求在斜面上找出一个距离，它等于竖直线而且将在等于沿竖直线下落时间的一段时间内被通过。

设 AB 为竖直线而 AC 为斜面。我们必须在斜面上定出一段等于竖直线 AB 的距离，而且它将被一个在 A 处从静止开始的物体在沿竖直线下落所需的时间内所通过。取 AD 等于 AB，并将其余部分 DC 在 I 点等分。选一点 E，使得 $AC:CI=CI:AE$，并取 DG 等于 AE。显然，EG 等于 AD，从而也等于 AB。而且我说，EG 就是那个

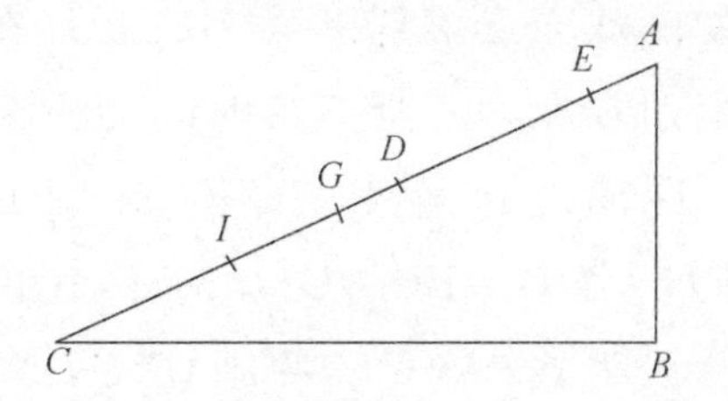

距离，即它将被一个在 A 处从静止开始下落的物体在和通过距离 AB 而落下所需的时间相等的时间内所通过。因为，既然 $AC:CI=CI:AE=ID:DG$，那么，convertendo，我们就有 $CA:AI=DI:IG$。而且既然整个的 CA 和整个的 AI 之比等于部分 CI 和部分 IG 之比，那么就得到，余部 IA 和余部 AG 之比等于整个的 CA 和整个的 AI 之比。于是就看到，AI 是 CA 和 AG 之间的一个比例中项，而 CI 是 CA 和 AE 之间的一个比例中项。因此，如果沿 AB 的下落时间用长度[270]AB 来代表，则沿 AC 的时间将由 AC 来代表，而 CI，或者 ID，则将量度沿 AI 的时间。既然 AI 是 CA 和 AG 之间的一个比例中项，而且 CA 是沿整个距离 AC 的下降时间的一种量度，那么可见 AI 就是沿 AG 的时间，而差值 IC 就是沿差量 GC 的时间，但 DI 是沿 AE 的时间。由此即得，长度 DI 和 IC 就分别量度沿 AE 和 CG 的时间。因此，余量 DA 就代表沿 EG 的时间，而这当然等于沿 AB 的时间。　　证毕。

推论　由此显而易见，所求的距离在每一端都被斜面的部分所限定，该两部分是在相等的时间内被通过的。

问题 16　命题 38

已知两个水平面被一条竖直线所穿过，要求在竖直线的上部找出一点，使得物体可以从该点落到二水平面，当运动转入水平方向以后，将在等于下落时间的一段时间内在二水平面上走过的距离互成任意指定大、小二量之比。

设 CD 和 BE 为水平面，和竖直线 ACB 相交，并设一较小量和一较大量之比为 N 和 FG 之比。要求在竖直线 AB 的上部找出一点，使得一个从该点落到平面 CD 上并在那里将运动转为沿该平面方向的物体将在和它的下落时间相等的一个时段内通过一个距离，而且，如果另一个物体从同点落到平面 BE 上并在那儿把运动转为沿这一平面方向继续运动并在等于其下落时间的一个时段内通过一段距离，而这一距离和前一距离之比等于 FG 和 N 之比。取 GH 等于 N，并选一点 L，使得 $FH:HG=BC:CL$。于是我说，L 就是所求的点。因为，如果我们取 CM 等于 2 倍 CL，并画直线 LM 和平面 BE 交于 O 点，则 BO 将等于 2 倍 BL。而既然 $FH:HG=BC:CL$，componendo et convertendo，就有 $HG:GF=N:GF=CL:LB=CM:BO$。很明显，既然 CM 是距离 LC 的 2 倍，CM 这段距离就是一个从 L 通过 LC 落下的物体将在平面 CD 上通过的；而且，同理，既然 BO 是距离 BL 的 2 倍，那么就很明显，BO 就是一个物体在通过 LB 落下之后在等于它通过 LB 的下落时间的一个时段内所将通过的距离。[271]

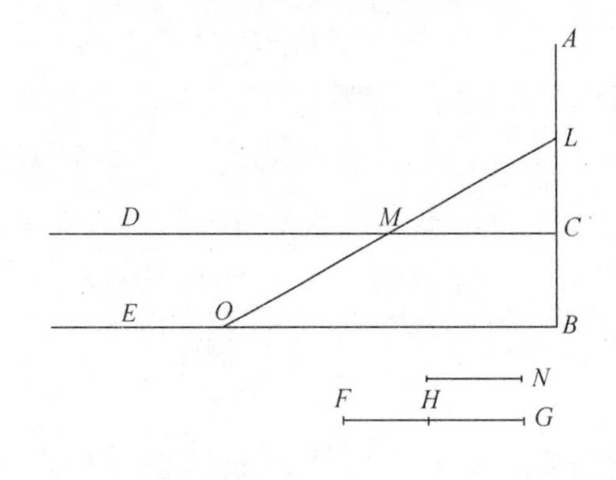

萨格： 确实，我认为，我们可以毫不过誉地同意我们的院士先生的看法，即在他在本书中奠定的原理(principio，指加速运动)上，他已经建立了一门处理很老的问题的新科学。注意到他是多么轻松而清楚地从单独一条原理推导出这么多条定理的证明，我颇感纳闷的是，这样一个问题怎么会逃过了阿基米德、阿波罗尼亚斯、欧几里得和那么多别的数学家以及杰出哲学家的注意，特别是既然有那么多鸿篇巨

制已经致力于运动这一课题。[272]

萨耳：欧几里得的著作中有一片段处理过运动，但是在那里却没有迹象表明他哪怕仅仅是曾经开始考察加速度的性质以及它随斜率而改变的问题。因此我们可以说，门现在被打开了，第一次向着一种新方法打开了：这种新方法带来为数很多的和奇妙的结果，它们在将来将吸引其他思想家的注意。

萨格：我确实相信，例如正像欧几里得在他的《几何原本》(*Elements*)第三卷中证明的圆的几种性质导致了许多更加深奥的其他性质那样，在这本小书中提出的原理，当引起耽于思维的人们的注意时，也将引向许多别的更加惊人的结果。而且应该相信，由于课题的能动性，情况必将如此，这种课题是超出于自然界中任何其他课题之上的。

在今天这漫长而辛苦的一天，我更多地欣赏了这些简单的定理，胜过欣赏它们的证明；其中有许多定理，由于它们完备的概括性，将各自需要一个小时以上的推敲和领会。如果你能把这本书借给我用一下，等咱们读完了剩下的部分以后，我将在有空时开始这种研习；剩下的部分处理的是抛射体的运动，如果你们同意，咱们明天再接着读吧。

萨耳：我一定前来奉陪。

第三天终

[273]

第四天

· *The Forth Day* ·

追求科学，需要有特殊的勇敢，思考是人类最大的快乐。

——伽利略

真理就是具备这样的力量，你越是想要攻击它，你的攻击就愈加充实了和证明了它。

——伽利略

萨耳：又是那样，辛普里修按时到达了，那么，咱们就别拖延了，开始讨论运动问题吧！我们作者的正文如下：

抛射体的运动

在以上的段落中，我们讨论了均匀运动的性质以及沿各种倾角的斜面被自然加速的运动的性质。现在我建议开始考虑一些性质，它们属于一些运动的物体，而那种运动是两种运动的合成，即一种均匀运动和一种自然加速运动的合成，这些很值得了解的性质。我建议用一种可靠的方式来演示，这就是在一个抛射体上看到的那种运动，其根源可以设想如下：

设想任一粒子被沿着一个无摩擦的水平面抛出，于是，根据以上各节已经更充分地解释过的道理，我们知道这一粒子将沿着同一平面进行运动，那是一种均匀的和永久的运动，如果平面是无限的话。但是，如果平面是有限的和抬高了的，则粒子(我们设想它是一个重的粒子)在越过平面边界时，除了原有的均匀而永恒的运动以外，还会由于它自身的重量而获得一种向下的倾向，于是我称之为抛射(projectio)的总运动就是两种运动的合成：一种是均匀而水平的运动，而另一种是竖直而自然加速的运动。现在我们就来演证它的一些性质。第一种性质如下：[274]

定理1　命题1

参加着由一种均匀水平运动和一种自然加速的竖直运动组合而成的运动的一个抛射体，将描绘一条半抛物线。

萨格：喏，萨耳维亚蒂，为了我的，而我相信也为了辛普里修的利益，有必要稍停一下；因为不凑巧我在阅读阿波罗尼亚斯方面走得不是多么远，从而我只知道一件事实，那就是他处理了抛物线和其他圆锥曲线，而不理解这些，我很难想象一个人将能够追随那些依赖于各曲线的

◀伽利略在此建筑中向教皇展示他的望远镜(王直华摄影)。

性质的证明。既然甚至在这第一条美好的定理中作者就发现必须证明抛射体的路程是抛物线；而且，照我想来，我们将只和这一类曲线打交道，那就将绝对有必要进行一种彻底的了解。如果不是彻底熟悉阿波罗尼亚斯所曾证明的一切性质，至少也要熟悉现在的处理所必需的那些性质吧？

萨耳：你实在太谦虚了，假装不知道不久以前还曾自称很明白的那些事实——我指的是当咱们讨论材料的强度并需要用到阿波罗尼亚斯的某条定理时，那并没有给你造成困难。

萨格：我可能碰巧知道它，或是也可能仅仅承认了它，因为对于那种讨论必须如此。但是现在，当我们必须追究有关这种曲线的一切证明时，我们就不能像俗话所说的那样囫囵吞枣儿，因此就必须花费一些时间和精力了。

辛普：喏，即使像我相信的那样，萨格利多对所需要的是有很好的准备的，我却甚至连基本名词也不懂。因为，虽然我们的哲学家们曾经处理过抛射体的运动，但是我却不记得他们曾经描述过抛射体的路程，只除了一般地提到那永远是弯曲的，除非抛射是竖直向上的。但是，如果自从我们以前的讨论以来我所学到的那一点点几何知识不能使我听懂以后的证明，我就不得不只凭诚心来接受它们而不去充分地领会它们了。[275]

萨耳：恰恰相反，我要让你们从作者本人那里理解它们；当他把自己这部著作拿给我看时，作者曾经很热心地为我证明了抛物线的两种主要性质，因为当时我手头没有阿波罗尼亚斯的书。这两种性质就是现在的讨论所唯一需要的，他的证明方式不要求任何预备知识。这些定理确实是由阿波罗尼亚斯给出的，但却是在许多先导的定理以后才给出的，追溯那些定理要费许多时间。我愿意缩短咱们的工作，其方法就是纯粹而简单地根据抛物线的生成方式来导出第一种性质，并根据第一种性质来直接证明第二种性质。

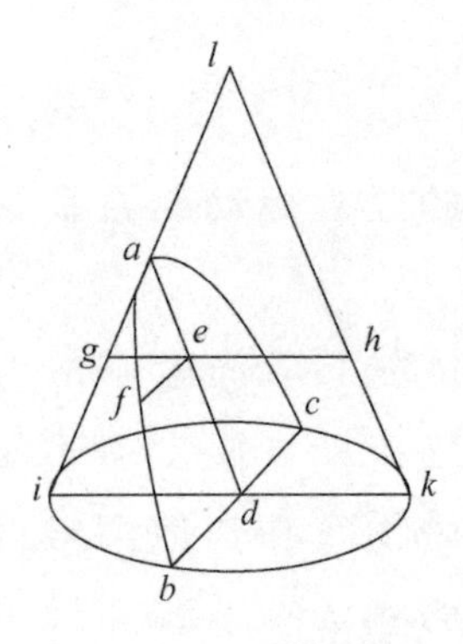

现在从第一种开始。设想有一个正圆锥体直立在底面 $ibkc$ 上，其顶

点在 l。由一个画得平行于 lk 边的平面在圆锥上造成的切口，就是称为抛物线的曲线。这一抛物线的底 bc，和圆 $ibkc$ 的直径 ik 垂直相交，而其轴 ad 则平行于边 lk。现在，在曲线 bfa 上取一任意点，画直线 fe 平行于 bd。于是我说，bd 的平方和 fe 的平方之比，等于轴 ad 和线段 ae 之比。通过点 e 画一平面平行于圆 $ibkc$，就在圆锥上造成一个圆形切口，其直径是线段 geh。既然在圆 ibk 中 bd 是垂直于 ik 的，bd 的平方就等于由 id 和 dk 构成的长方形面积；通过各点 gfh 的上面的圆也是这样，fe 的平方等于由 ge 和 eh 形成的长方形面积。由此即得，bd 平方和 fe 平方之比，等于长方形 $id \cdot dk$ 和长方形 $ge \cdot eh$ 之比。而且，既然直线 ed 平行于 hk，平行于 dk 的 ej 也就等于 dh；因此，长方形 $ge \cdot eh$ 和长方形 $id \cdot dk$ 之比就等于 ge 和 id 之比，也就是等于 da 和 ae 之比。[①] 由此即得长方形 $id \cdot dk$ 和长方形 $ge \cdot eh$ 之比，也就是 bd 平方和 fe 平方之比等于轴 da 和线段 ae 之比。　　证毕。[276]

至于所需要的另一种比例关系，我们证明如下。让我们画一个抛物线，将其轴 ca 向上延长到一点 d；从任一点 b 画直线 bc 平行于抛物线的底；如果现在选一点 d，使得 $da=ca$，那么我就说，通过点 b 和 d 的直线将和抛物线相交于 b。因为，如果可能的话，设想这条直线和抛物线的上部相交或其延长线和抛物线的下部相交，并在线上任一点 g 画直线 fge。而且，既然 fe 的平方大于 ge 的平方，fe 的平方和 bc 平方之比就将大于 ge 平方和 bc 平方之比。而

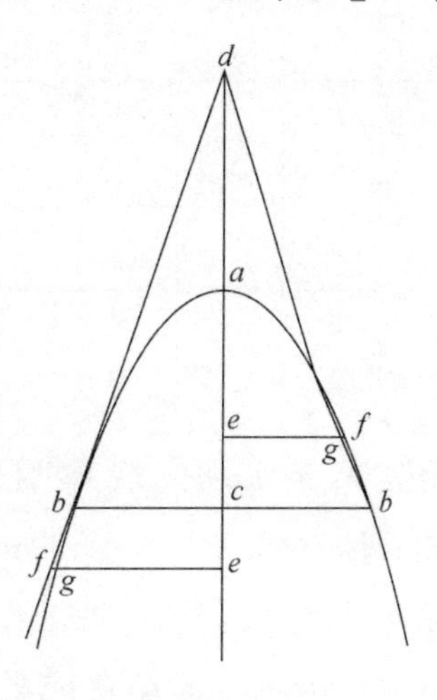

且，既然由前面得到的比例关系，fe 平方和 bc 平方之比，等于线段 ea 和 ca 之比，那么就有，线段 ea 和线段 ca 之比大于 ge 平方和 bc 平方之比，或者说，大于 ed 平方和 cd 平方之比（$\triangle deg$ 和 $\triangle dcb$ 的各边互成比例）。但是，线段 ea 和 ca 或 da 之比，等于 4 倍的长方形 $ea \cdot ad$ 和 4 倍的 ad 平方之比。或者同样也可以说，既然 cd 的平方就是 4 倍的 ad 平方，从而也是 4 倍的长方形 $ea \cdot ad$，那么就有，cd 平方比 ea 平方大于 ed 平方

① 此处叙述似有误。——中译者

比 cd 平方；但是这将使得 4 倍的长方形 $ea \cdot ad$ 大于 ed 的平方，这是不对的。事实恰恰相反，因为直线 ed 的两段 ea 和 ad 是不相等的。因此直线 db 和抛物线相切而并不相交。

辛普：你的证明进行得太快了，而且我觉得，你似乎假设欧几里得的所有定理我都熟悉而能够应用，就像他那些最初的公理一样。[277]这是远远不然的。现在，你突然告诉我们的这件事，即长方形 $ea \cdot ad$ 的 4 倍小于 de 的平方，因为直线 de 的两部分 ea 和 ad 并不相等，却不能使我心悦诚服而是使我颇感怀疑。

萨耳：确实，所有真正的数学家都假设他们的读者至少完全熟悉欧几里得的《几何原本》，而在你的事例中，只要回忆一下其第二卷中的一条命题就可以了。他在那命题中证明了，当一段直线被分成相等的或不等的两段时，由不等的两段形成的长方形小于由相等的两段形成的正方形，其差值为相等和不相等线段之差的平方。由此显然可知，整条线段的平方等于半条线段平方的 4 倍，而大于不相等分段所形成的长方形的 4 倍。为了理解此书的以下部分，记住我们刚刚证明了的这两条关于圆锥截面的基本定理是必要的；而且作者所用到的事实上也只有这两条定理。现在咱们可以回到正文，来看看他怎样证明第一条命题：他在该命题中证明的是，一个以一种合成运动下落的物体将描绘一条半抛物线，该运动是由一种均匀水平运动和一种自然加速(naturale descendente)运动合成的。

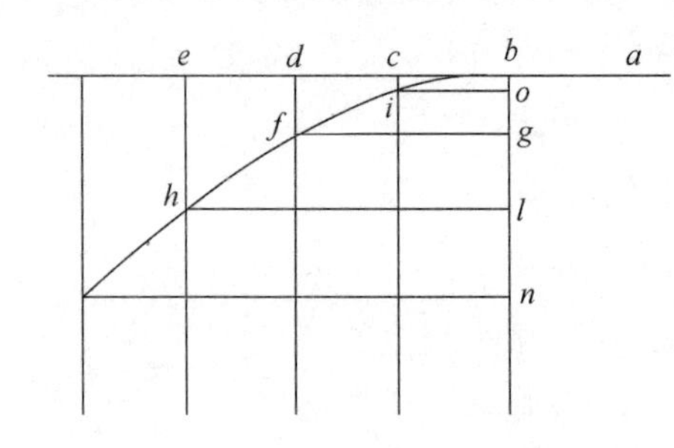

让我们设想一个升高了的水平线或水平面，有一物体以均匀速率沿此线或面从 a 运动到 b。假设这个平面在 b 处突然终止，那么，在这一点上，物体将由于它的重量而获得一种向下的沿垂线 bn 的自然运动，沿平面 ba 画直线 be 以代表时间的流逝或量度；将这条线分成一些线段，bc、cd、de，以代表相等的时段，从各点 b、c、d、e 向下[278]画垂线平行于 bn。在其中第一条线上，取任意距离 ci；在第二条线上，取 4 倍于 ci 的距离 df；在第三条线上，取 9 倍于 ci 的距离 eh。依此类推，正比于 cb、db、eb 的平方，或者我们说，按照同一些线的平方比例。因此我们就看到，在物

体以均匀速度从 b 运动到 c 的同时，它也垂直下落了一段距离 ci，从而在时段 bc 的末尾，它就到达了点 i。同样，在等于 bc 的两倍的时段 bd 的末尾，竖直的下落将是第一个距离的 4 倍。因为在以前的讨论中已经证明，自由下落物体所经过的距离随时间的平方而变化；同样，在时间 be 中通过的距离将 9 倍于 ci。于是很明显，各距离 eh、df、ci 之间的比值将等于各线段 be、bd、bc 的平方之间的比值。现在，从 i、f、h 各点画各直线 io、fg、hl 平行于 be；这些直线 hl、fg、io 分别等于 eb、db 和 cb；而各线段 bo、bg、bl 也分别等于 ci、df 和 eh；hl 的平方和 fg 的平方之比，等于线段 lb 和 bg 之比，而 fg 的平方和 io 的平方之比则等于 gb 和 bo 之比，因此，各点 i、f、h 就位于同一条抛物线上。同理可以证明，如果取一些任意大小的相等时段并设想粒子进行的是同样的合成运动，则粒子在各时段末尾的位置将位于同一条抛物线上。　　证毕。

萨耳： 这一结论可以从以上所给的两条定理中之第一条的逆定理推得。因为，通过 b、h 二点画一条抛物线，任何另外两点 f 和 i，如果不位于线上，就必然或位于线内或位于线外，从而线段 fg 就比终止在曲线上的线段更长一些或更短一些。因此，hl 的平方和 fg 的平方之比就不等于线段 lb 和 bg 之比，而是较大或较小。然而，事实却是，hl 的平方确实和 fg 的平方成这种比例。由此可见，f 点确实位于抛物线上，其他的各点也如此。[279]

萨格： 不能否认这种论证是新颖的、灵妙的和结论性的；它建立在一条假说上，那就是，水平运动保持均匀而竖直运动不断地正比于时间的平方而向下加速，而且这样一些运动和速度互相组合而并不互相改变、干扰和阻挠，[①]因此当运动进行时抛射体的路线并不变成不同的曲线。但是，在我看来，这却是不可能的。因为，我们设想一个下落物体的自然运动是沿着抛物线的轴线进行的，而该轴线则垂直于水平面而终止在地球的中心：而既然抛物线离此轴线越来越远，任何抛射体也就都不能到达地球的中心，或者，如果它像看来必需的那样到达，则抛射体的路线必须变成某种和抛物线很不相同的另一种曲线。

辛普： 在这些困难上面我可以再加上一些别的困难。其中之一就

① 和牛顿第二定律很相近的想法。——英译者

是：我们假设既不上斜也不下倾的水平面用一条直线来代表，就好像这条线上的每一点都离中心同样远近一样。而情况并非如此，因为当你从（直线的）中部出发而向任何一端走去时，你就离（地球的）中心越来越远，从而你是越来越升高的。由此可见，运动不可能在任何距离上保持均匀，而是必将不断地减弱。除此以外，我也看不出怎么可能避免媒质的阻力；这种阻力必然破坏水平运动的均匀性，并改变下落物体的加速规律。这些困难使得从如此不可靠的假说推出的结果很少可能在实践中保持正确。

萨耳： 你们所提出的一切困难和反驳，都是很有根据的，因此是不可能被排除的。在我这方面，我愿意承认所有的一切，而且我认为我们的作者也愿意。我承认，这些在抽象方面证明了的结论当应用到具体中时将是不同的，而且将是不可靠的，以致水平运动也不均匀，自然加速也不按假设的比例，抛射体的路线也不是抛物线，等等。但是，另一方面，我也请求你们不要单独责备我们的作者以那种其他杰出人物也曾假设过的东西，即使那并不是严格正确的。仅凭阿基米德的权威就可以使每人都满足了。在他的《力学》和他的第一次抛物线求积中，他认为是理所当然地把一个天平或杆秤的横臂看成了一根直线，上面的每一点都和所有各重物的公共中心是等距的，而且悬挂重物的那些绳子也被认为是相互平行的。

有的人认为这些假设是可以允许的，因为在实践上，我们的仪器和所涉及的距离比起到地球中心的巨大距离来都非常小，从而我们就可以把很大的圆上的一个很小的弧看成一段直线，并把它两端的垂线看成相互平行。因为，如果在现实的实践中人们必须考虑这样小的量，即就[280]首先必须批评建筑师们，他们利用铅垂线来建造高塔，而预先假设那些塔的边沿是平行的。我还可以提到，在阿基米德和另外一些人的所有讨论中，他们都认为自己是位于离地球中心无限遥远的地方。在那种情况下，他们的假设就都不是错误的，从而他们的结论就都是绝对正确的。当我们想要把我们已证明的结论应用到一些虽然有限但却很大的距离上时，我们就必须根据经过证明的真理来推断，应该针对一个事实做出什么样的改变，那事实就是，我们离地球中心的距离并非真正的无限大，而只不过和我们的仪器的很小尺寸相比是很大而已。其中最大的尺寸是我们的抛射体的射程，而且即使在这儿，我们也只需考虑我们的大炮的射程，而那最多也不超过几英里，而我们离地球中心却是几千英里之遥：而且，既然这些抛射体的路线都是终止在地球的表面上的，它们对抛物线形状的背离也就是很小的，而假如它们终止在地球的中心，则背离将会很大。

至于起源于媒质阻力的干扰，这却是更大一些的，而且由于它的多重形态，它并不遵从什么固定的定律和严格的描述。例如，如果我们只考虑空气对我们所研究的这些运动所作用的阻力，我们就将看到，这种阻力会干扰所有这些运动，而且会以对应于抛射体之形状、重量、速度方面的无限多种变化的无限多种方式来干扰它们。因为，就速度来说，速度越大，空气所引起的阻力也越大；当运动物体比较不那么致密时（men gravi），这种阻力就较大。因此，虽然下落物体应该正比于运动时间的平方而变化其位置（andare accelerandosi），但是，不论物体多么重，如果它从一个相当大的高度下落，空气的阻力都将阻止其速率不断地增大，而最终将使运动变成均匀运动，而且，按照运动物体的密度的反比，这种均匀性对轻（men grave）物体将更早得多地在下落不久以后达成。甚至当没有阻力时将是均匀而恒定的水平运动，也会因为空气的阻力而变化并最终停止；而且在这儿也是那样，物体的比重越小（piu leggiero），这种变化过程也越快。[281]对于这些不可胜数的重量的、速度的和形状（figura）的性质（accidenti），是不可能给出任何确切的描述的；因此，为了用一种科学的方法处理问题，就必须从这些困难中脱身出去，而既已在无阻力的情况下发现并证明了一些定理，就在经验即将证明的限度下使用它们和应用它们。而且这种办法的好处不会很小：因为抛射体的材料和形状可以被选得尽可能的致密和圆滑，以便它们在媒质中遇到最小的阻力。空间和速度的问题一般说来不会很大，但我们也将能够很容易地改正它们。

我们使用的那些抛射体或是用沉重的（grave）材料制成而形状圆滑，用投石器发射，或是用轻材料制成而形状圆柱，例如用弓弩发射的箭；在这些抛射体的事例中，对确切抛物线的偏离是完全不可觉察的。确实，如果你们可以给我以较大的自由，我就可以用两个实验来向你们证明，我们的仪器太小了，以致那些外在的和偶然的阻力（其中最大的是媒质的阻力)是几乎无法观察的。

现在我开始进行对通过空气的运动的考虑,因为正是对这些运动我们现在特别关切。空气的阻力以两种方式显示出来:一种是通过对较轻的物体比对较重的物体作用较大的阻滞,另一种是通过对较快运动中的物体比对较慢运动中的同一物体作用较大的阻力。

关于其中的第一种,试考虑具有相同尺寸的两个球,但是其中一个球的重量却为另一球的重量的10倍或12倍。譬如说一个球用铅制成,而另一个球用橡木制成,两个球都从150或200腕尺的高处落下。

实验证明,它们将以相差很小的速率落地;这就向我们表明,在两种事例中,由空气引起的阻力都是很小的。因为,如果两个球同时开始从相同的高度处下落,而且假如铅球受到很小的阻力而木球受到颇大的阻力,则前者应比后者超前一段很大的距离,因为它重了十来倍。但是这种情况并未出现。事实上,一个球比另一个球的超前距离还不到全部落差的百分之一。而在一个石球的事例中,其重量只有铅球重量的三分之一或一半,二球落地的时间之差是几乎无法觉察的。现在,既然一个铅球在从200腕尺的高处落下时获得的速率(impeto)是那样的巨大,以致假如运动保持为均匀,则此球在等于下落时间的一个时段内将通过400腕尺,而且,我们除了用火箭以外,用弓或其他机器所能给予我们的抛射体的速率都比这一速率小得多,那么就可以推知,我们可以认为以下即将在不考虑媒质阻力的条件下加以证明的那些命题是绝对正确的,而不致造成可觉察的误差。[282]

现在过渡到第二种事例。我们必须证明,空气对一个迅速运动物体的阻力并不比对一个缓慢运动物体的阻力大许多。充足的证明由下述实验给出:用两根等长的线,譬如说4码或5码长,系住两个相等的铅球,把它们挂在天花板下。现在把它们从竖直线拉开,一个拉开80°或更多,另一个则只拉开4°或5°。这样,当放开以后,一个球就下落,通过竖直位置并描绘很大的但慢慢减小的160°,150°,140°,…的弧;而另一个球则沿着很小的而且也是慢慢减小的10°,8°,6°,…的弧往返摆动。

首先必须指出,一个摆通过它的180°,160°,…的弧而来回摆动,另一个摆则通过它的10°,8°等等的弧而摆动,所用的时间是相同的;由此可见,第一个球的速率是第二个球的速率的16倍、18倍。因此,如果空气对高速运动比对低速运动阻力较大，沿大弧180°或160°等等的振动频率就应该比沿小弧10°、8°、4°等等的频率为低，而且甚至比沿2°或1°弧的频率更低。但是这样预见并没有得到实验的证实。因为，如果两个人开始数振动次数，一个人数大振动的次数；另一个人数小振动的次数，他们将会发现，在数到10次乃至100次时，他们甚至连一次振动也不差，甚至连几分之一次振动也不差。[283]

这种观察证实了下述的两条命题，那就是，振幅很大的振动和振幅很小的振动全都占用相同的时间，而且空气并不像迄今为止普遍认为的那样对高速运动比对低速运动影响更大。

萨格：恰恰相反，既然我们不能否认空气对这两种运动都有阻力，两种运动都会变慢而最后归于消失，我们就必须承认阻滞在每一事例中都是按相同的比例发生的。但是怎么？事实上，除了向较快的物体比向较慢的物体传递较多的动量和速率（impeto e veltocità）以外，对一个物体的阻力怎么可能比对另一个物体的阻力更大呢？而且如果是这样，物体运动的速率就同时是它所遇到的阻力的原因和量度（cagione e misura）。因此，所有的运动，快的或慢的，就都会按相同的比例受到阻力而减小。这种结果，在我看来重要性绝非很小。

萨耳：因此，在这第二种事例中，我们就能够断言，略去偶然的误差，在我们的机械的事例中，我们即将演证的结果的误差是很小的。而在我们的机械的事例中，所用到的速度一般是很大的，而其距离则和地球的半径或其大圆相比是可以忽略的。

辛普：我愿意听听你把火器的，即应用火药的抛射体分人和用弓、弩和投石器发出的抛射体不同的另一类中的理由。你的根据是，它们所遭受的改变和空气阻力有所不同。

萨耳：我是被这种抛射体在发射时的那种超常的，也可以说是超自然的猛烈性引到了这种看法的。因为，确实，在我看来，可以并不夸张地说，从一枝毛瑟枪或一尊炮发出的子弹的速率，是超自然的。因为，如果允许这样一颗子弹从某一很大的高度上落下来，由于空气的阻力，它的速率并不会不断地无限制地增大。出现在密度较小而通过短距离下落的物体上的情况，即它们的运动退化成均匀运动的那种情况，也会在一个铁弹或铅弹下落了几千腕尺以后发生在它的身上。这种终端速率(terminata velocità)就是这样一个重物体在通过空气而下落时所能得到的最大速率。我估计,这一速率比火药传给它的速率要小得多。

一个适当的实验将可以证明这一事实。从100腕尺或更大的高度竖直向下对着铺路石发射一枝装有铅丸的枪(archibuso),用一支同样的枪在1腕尺或2腕尺的距离处射击一块同样的石头,并观察两颗枪弹中哪一个被碰得更扁。现在,如果发现从高处射下的那颗子弹碰扁程度较小,这就表明,空气曾经阻滞并减小了起初由火药赋予子弹的那个速率,并表明空气不允许一颗子弹获得一个那么大的速度,不论它从多高的地方掉下来。因为,如果火药传给子弹的速率并不超过它从高处自由下落(naturalmente)所获得的速率,则它的向下的打击应该较大而不是较小。[284]

这个实验我没有做过,但我的意见是,一颗毛瑟枪弹或一发炮弹从随便多高的地方掉下来并不能给出一次沉重的打击,像它在几腕尺以外向一堵石墙发射时那样。也就是说,在那么短的距离上,空气的分裂和复合并不足以以枪弹夺走火药给予它的那样超自然的猛烈性。

这些猛烈射击的巨大动量(impeto),可能造成弹道的某些畸变,使得抛物线的起头处变得比结尾处更加平直而不太弯曲。但是,就我们的作者来说,这是一种在实际操作方面没多大重要性的问题;那种操作中的主要问题就是针对高仰角的发射编制一个射程表,来作为仰角的函数给出炮弹所能达到的距离。而既然这种发射是用小装填量的臼炮(mortari)进行的,从而并不会造成超自然的动量(impeto sopranaturale),因此它们就很精确地遵循了它们的预定轨道。

但是现在让我们开始进入一种讨论,即我们的作者把我带入了一个物体的运动(impeto del mobile)的研究和考察,而这时的运动是由两种其他运动合成的。而首先的一个事例就是两种运动都是均匀运动的事例,其中一种运动是水平的,而另一种则是竖直的。[285]

定理2　命题2

当一个物体的运动是一个水平的均匀运动和另一个竖直的均匀运

动的合运动时,合动量的平方等于分动量的平方之和。[①]

让我们想象任一物体受到两种均匀运动的促进。设 *ab* 代表竖直的位移,而 *bc* 代表在同一时段内在一个水平方向上发生的位移。那么,如果距离 *ab* 和 *bc* 是在同一时段内以均匀运动被通过的,则对应的动量之间的比例将等于距离 *ab* 和 *bc* 之间的比例,但是,在这两种运动的促进之下的物体,却描绘对角线 *ac*,其动量正比于 *ac*,而 *ac* 的平方也等于 *ab* 和 *bc* 的平方和。由此即得,合动量的平方等于两个动量 *ab* 和 *bc* 的平方之和。

证毕。

辛普: 这里只有一个小小的困难需要解决,因为在我看来刚才得到的这个结论似乎和前面的一个命题相矛盾。[②] 在那个命题中,宣称一个物体从 *a* 到 *b* 的速率(impeto)等于从 *b* 到 *c* 的速率,而现在你却断言 *c* 处的速率大于 *b* 处的速率。

萨耳: 辛普里修,两个命题都是对的,不过它们之间还是有一种很大的区别的。在这里,我们谈的是一个物体受到单独一种运动的促进,而该运动是两个均匀运动的合运动。在那儿,我们谈的是两个物体各自受到一种自然加速运动的促进,一种运动沿着竖直线 *ab*,而另一种则沿着斜面 *ac*。此外,在那儿,时段并没有被假设为相等,沿斜面 *ac* 的时段大于沿竖直线 *ab* 的时段。但是我们现在谈到的这些运动,那些沿 *ab*、*bc*、*ac* 的运动都是均匀的和同时的。[286]

辛普: 对不起,我满意了,请接着讲下去吧。

萨耳: 我们的作者其次就开始解释,当一个物体受到由两种运动合成的运动的促进时将会出现什么情况:这时一种运动是水平的均匀运动,而另一种则是竖直的自然加速运动。由这两个分量,就能得出抛射体的路线,这是一条抛物线。问题是要确定抛射体在每一点的速率(impeto)。为此目的,我们的作者在开始时采用了沿一种路线量度这种速率(impeto)的方式或方法,那路线就是一个从静止开始而以自然加速运

---

① 在原文书中,此定理的叙述如下:

"Si aliquod mobile duplici motu ęquabili moveatur, nempe orizontali et perpendiculari, impetus seu momentum, lationis ex utroque motu compositae erit potentia ęqualis ambobus momentis priorum motuum."

关于"potentia"一词译法的理由以及形容词"resultant"(合)的用法,参见下文。——英译者

② 见上文。——英译者

动下落的重物体所采取的路线。

定理3　命题3

设运动在 a 处从静止开始沿直线 ab 进行。在此直线上，取任意一点 c，令 ac 代表物体通过 ac 下落所需的时间，或时间的量度，令 ac 也代表在沿距离 ac 的一次下落中在 c 点获得的速度(impetus seu momentum)；在直线 ab 上选另外任一点 b。现在问题是确定一个物体在通过距离 ab 的下落中在 b 点获得的速度并用在 c 点的速度把它表示出来，而 c 点速度的量度就是长度 ac。取 as 为 ac 和 ab 之间的一个比例中项。我们将证明，b 处的速度和 c 处的速度之比，等于长度 as 和长度 ac 之比。画水平线 cd，其长度为 ac 长度的两倍；[287]并画 be，长度为 ba 的两倍。于是，由以上的定理就得到，一物体沿距离 ac 落下并转而沿水平线 cd 而以等于在 c 点获得之速率的均匀速度继续运动，将在等于从 a 到 c 加速下落所需时间的一个时段内通过距离 cd。同样，be 将在和 ba 相同的时间内被通过。但是，通过 ab 的下降时间是 as，因此水平距离 be 也是在时间 as 内被通过。取一点 l，使得时间 as 和时间 ac 之比等于 be 和 bl 之比；既然沿 be 的运动是均匀的，如果距离 bl 是以在 b 处获得的速率(momentum celeritatis)而被通过的，就将需用时间 ac，但是在同一时段 ac 内，距离 cd 是以在 c 点获得的速率而被通过的。现在，两个速率之比等于在相等的时段内被通过的距离之比，因此，在 c 处的速率和在 b 处的速率之比就等于 cd 和 bl 之比。但是，既然 dc 和 be 之比等于它们一半之比，即等于 ca 和 ba 之比：而既然 be 比 bl 等于 ba 比 sa，那么就得到，dc 比 bl 等于 ca 比 sa。换句话说，c 处的速率和 b 处的速率之比等于 ca 和 sa 之比，也就是和通过 ab 的下落时间之比。

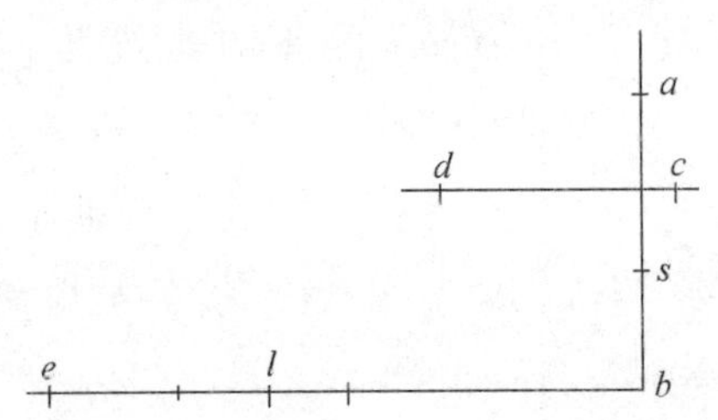

于是，沿着物体的下落方向来量度其速率的方法就清楚了：速率被假设为正比于时间而增大。

但是，在进一步讨论下去之前，还要做些准备工作。既然这种讨论是要处理由一种均匀的水平运动和一种加速的竖直向下的运动合成的运动——讨论抛射体的路线，即抛物线，就有必要确定一种共同的标准，以便我们用来评估这两种运动的速度或动量（velocitatem，impetum seu momentum）；而且，既然在不计其数的均匀速度中只有一个，而且不是可以随便选取的一个，是要和一个通过自然加速运动而得到的速度合成的，我想不出选择和量度这一速度的更简单的方法，除了假设另一个同类的速度以外。[①] 为了清楚起见，画竖直线 ac 和水平线 bc 相交。此外，ac 是半抛物线 ab 的高度，而 bc 是它的幅度，半抛物线是两种运动的合成结果，一种是一个物体在 a 点从静止开始通过距离 ac 而以自然加速度下落的运动，而另一种是沿水平线 ad 的均匀运动。[288]通过沿距离 ac 下落而在 c 点获得的速率由高度 ac 来确定，因为从同一高度落下的物体的速率永远是相同的；但是沿着水平方向，人们却可以给予一个物体以无限多个均匀速率。然而，为了可以用一种完全确定的方式从无限多个速率中选出一个并把它和其他速率区别开来，我将把高度 ca 向上延长到 e，使之适足以满足需要，并将称这一距离 ae 为"至高"（sublimity）。设想有一物体在 e 点从静止开始下落，很显然，我们可以把它在 a 点的终端速率弄得和同一物体沿水平线 ad 前进的速率相同。这一速率将是这样的：在沿 ea 下落的时间之内，物体将描绘一个两倍于 ea 的水平距离。这种预备性的说明看来是有必要的。

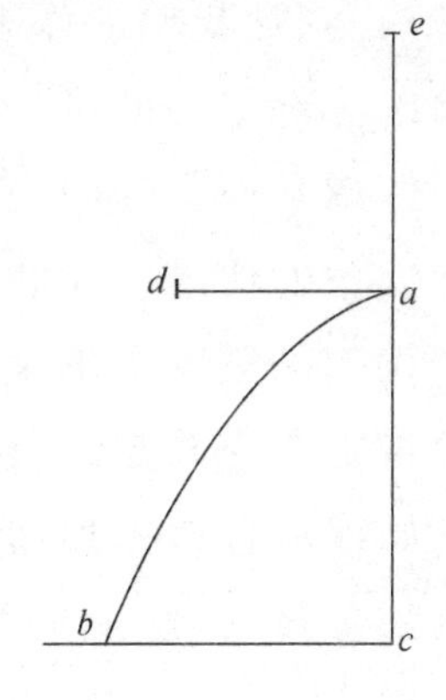

我们提醒读者，在以上，我曾经把水平线 cb 称为半抛物线 ab 的"幅度"，把轴 ac 称为它的"高度"，而把我按照沿它的下落来确定水平速率的那个线段 ea 称为"至高"。说明了这些问题，我现在进行证明。

萨格： 请允许我插一句话，以便我可以指出我们的作者的思想和柏拉图关于各天体之各种均匀的转动速率之起源的观点之间的美好一致。柏拉图偶然得到一个概念，认为一个物体不能从静止过渡到一个给定的速率并保持它为均匀，除非是通过历经介于所给速率和静止之间的一切大小的速率值。柏拉图想，上帝在创造了各天体以后，就给它们指定了

① 伽利略在这儿建议利用一个物体从一个给定高度下落后的终端速度来作为测量速度的标准。——英译者

适当的均匀的速率，使它们以这种速率永远运转，而且上帝还使它们从静止开始在一种像控制着地上物体之运动的那种加速度一样的自然的直线加速度作用之下在确定的距离上运动。柏拉图并且说，一旦这些天体获得了固有的和永久的速率，它们的直线运动就被转化成了圆周运动，这是能够保持均匀性的唯一的运动，在这种运动中，物体运转，既不从它们所追求的目标后退也不向那个目标靠近。这个概念确实亏了柏拉图能够想到，而且得到了越来越高的赞赏，因为其基本原理一直隐藏着，直到被我们的作者所发现，他揭去了这些原理的面具和诗样的衣裳而以一种正确的科学眼光揭示了概念。[289]在行星轨道的大小，这些天体离它们运转中心的距离以及它们的速度方面，天文科学给了我们如此完备的信息。注意到这一事实，我不禁想到，我们的作者(对他来说，柏拉图的概念并不是未知的)有一种好奇心，想要发现能否给每一个行星指定一个确定的"至高"，使得如果该行星在这个特定的高度上从静止开始以一种自然加速运动沿一条直线落下，然后把如此得来的速率转化为均匀运动，它们的轨道大小和运转周期会不会就像实际上观察到的那样。

萨耳：我想我记得他曾经告诉我说，有一次他进行了计算，并且求得了和观察结果的满意符合。但是他不愿意谈论这事，因为，考虑到他的许多新发现已经给他带来的许多非难，这种结果只怕更会火上加油呢。但是，如有任何人想要得到这种信息，他就可以到现在这本著作所提出的理论中去自己寻索。

现在我们开始进入当前的问题，那就是要证明：

问题 1　命题 4

试确定一个抛射体在所给抛物线路线的每一特定点上的动量。

设 bec 是半抛物线，其幅度为 cd 而其高度为 db。此高度后来向上延长而和抛物线的切线 ca 相交于 a，通过顶点画水平线 bi 平行于 cd。现在，如果幅度 cd 等于整个的高度 da，则 bi 将等于 ba 并且也等于 bd；而且，如果我们取 ab 作为通过距离 ab 而下落所需要的时间的量度，并且也作为由于在 a 处从静止开始通过 ab 下落而在 b 处得到的动量的量度，那么，如果我们把在通过 ab 的下落中得到的动量(impetum ab)转入一个水平的方向，则在相同的时段内通过的距离将由 dc 来代表，而 dc 是 bi 的 2 倍。但是，一个在 b 处从静止开始沿线段 bd 下落的物体在相同的时段内将落过抛物线的高度 bd。[290]由此可见，一个在 a 处从静止开始下落并以速率 ab 转入水平方向的物体将通过一个等于 dc 的距离。现在，如果在这一运动上叠加一个沿 bd 下落而在抛物线被描绘的时间内通过其高度 bd 的运动，则物体在端点 c 上的动量就是一个其值用 ab 来代表的均匀水平动量和另一个由于从 b 落到端点 d 或 c 而得到的动量的合动量。这两个分动量是相等的。因此，如果我们取 ab 来作为其中一个动量的量度，譬如作为均匀水平动量的量度，则等于 bd 的 bi 将代表在 d 点或 c 点得到的动量，而 ia 就代表这两个动量的合动量，这就是抛射体沿抛物线而运动到 c 时的总动量。

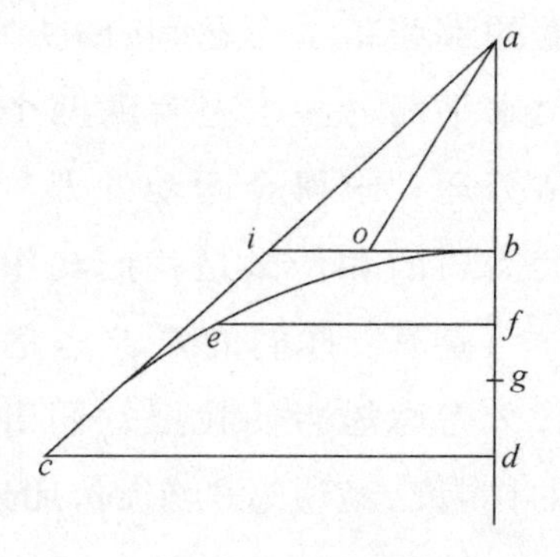

记住这一点，让我们在抛物线上任取一点 e，并确定抛射体在经过这一点时的动量。画水平线 ef，并取 bg 为 bd 和 bf 之间的一个比例中项。现在，既然 ab 或 bd 被假设为在 b 点从静止开始通过距离 bd 下落的时间和获得的动量(momentum velocitatis)的量度，那么就得到，bg 将量度从 b 下落到 f 的时间和在 f 获得的动量(impetus)的量度。因此，如果我们取 bo 等于 bg，则连接 a 和 o 的对角线将代表在 e 点上的动量，因为长度 ab 已被假设为代表 b 点上的动量，此动量在转入一个水平方向以后就保持为恒定；而且因为 bo 量度的是在 b 处从静止开始通过高度 bf 下落而在 f 或 e 获得的动量。但是，ao 的平方等于 ab 和 bo 的平方和。由此即得所求的定理。

萨格：你这种把这些不同的动量组合起来以得到它们的合动量的方法使我感到如此的新颖，以致我的头脑被弄得颇为混乱了。我不是指两个均匀运动的合成，即使那是两个不相等的运动，而且一个运动沿水平方向进行，而另一个是沿竖直方向进行的；因为在那种事例中我完全相信合运动是那样的运动，其平方等于两个分运动的平方和。混乱出现在当你开始把一种均匀的水平运动和一种自然加速的竖直运动组合起来的时候。因此我相信，咱们可以更仔细地讨论讨论这个问题。[291]

辛普：而且我甚至比你还更需要这种讨论，因为关于某些命题所依据的那些基本命题，我的头脑还不是像应该做到的那样清楚。即使在一个水平而另一个竖直的两个均匀运动的事例中，我也希望更好地理解你从分运动求得合运动的那种方式。现在，萨耳维亚蒂，你知道什么是我们需要的和什么是我们渴望得到的了吧？

萨耳：你们的要求是完全合理的，而且我将试试我关于这些问题的长久考虑能否使我把它们讲清楚。但是，如果在讲解中我重述许多我们的作者已经说过的东西，那还得请你们多多原谅。

谈到运动和它们的速度或动量(movimenti e lor velocità o impeti)，不论是均匀的还是自然加速的，人们都不能说得很确切，直到他们建立了对此种速度和对时间的一种量度。关于时间，我们有已经广泛采用了的小时、第一分钟和第二分钟。对于速度，正如对于时段那样，也需要一种公共的标准，它应该是每个人都懂得和接受的，而且应该对所有人来说是相同的。正如前面已经谈过的那样，作者认为一个自由下落物体的速度就能适应这种要求，因为这种速度在世界的各个部分都按照相同的规律而增长：例如，一个1磅重的铅球从静止开始竖直下落而经过例如1矛长的高度所得到的速率，在任何地方都是一样大小的，因此它就特别适于用来表示在自然下落事例中获得的动量(impeto)。

我们仍然需要发现一种在均匀运动事例中测量动量的方法，使得所有讨论这一问题的人都能对它的大小和快慢(grandezza e velocità)形成相同的概念。这种方法应该阻止一个人把它想象得比实际情况更大，而另一个人则把它想象得比实际情况更小。这样，当把一个给定的均匀运动和一个加速运动组合起来时，不同的人才不会得出不同的合运动。为了确定并表示这样一个动量，[292]特别是速率(impeto e velocità particolare)，我们的作者不曾发现更好的方法，除了应用一个物体在自然加速运动中获得的动量以外。一个用这种方式获得了动量的物体，当转入均匀运动时，其速率将确切地保持一个值，即在等于下落时间的时段内将使物体通过一个等于两倍下落高度的距离。但是，既然这在我们的讨论中是一个基本问题，最好还是利用某一具体的例子来把它完全弄清楚。

让我们考虑一个物体在下落一个譬如说1矛长(picca)的高度中获

得的速率和动量；按照情况的需要，这可以被用作测量速率和动量的标准。例如，假设这样一次下落所用的时间是 4 秒（minuti secondi d'ora）；现在，为了测量通过另外较大或较小的另一高度的下落而获得的速率，人们不应该得出结论说这些速率彼此之比等于相应的下落高度之比。例如，下落一个给定高度的 4 倍的高度，并不会给出 4 倍于下落 1 倍给定高度时所获得的速率，因为自然加速运动的速率并不和时间成正比。[①] 正如上面已经证明的那样，距离之比等于时间比的平方。

那么，如果就像为了简单而常做的那样，我们取同一有限的线段作为速率和时间的量度，也作为在该时间内经过的距离的量度，那就会得到：下落时间和同一物体在通过任一其他距离时所得到的速率并不能用这第二段距离来代表，而是要用两段距离之间的一个比例中项来代表。我可以用一个例子来更好地说明这一点。在竖直线 ac 上，取一线段 ab 来代表一个以加速运动自由下落的物体所通过的距离，下落时间可以用任何有限线段来代表。但是为了简单，我们将用相同的长度 ab 来代表它，这一距离也可以用作在运动过程中获得的动量和速率的量度。总而言之，设 ab 是这种讨论所涉及的不同物理量的一种量度。[293]

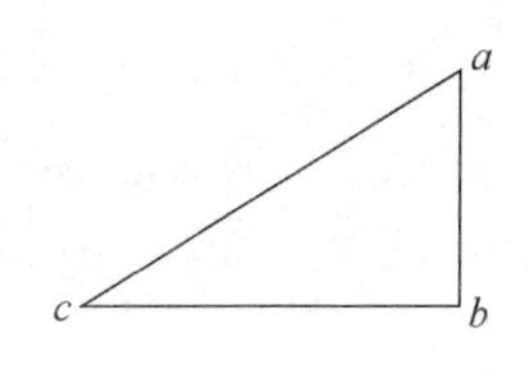

既已随意约定用 ab 作为三个不同的量即空间、时间和动量的量度，我们的下一个任务就是求出通过一个给定竖直距离 ac 而下落所需要的时间，并求出在终点 c 上得到的动量，二者都要用 ab 所代表的时间和动量表示出来。这两个所求的量都要通过取 ad 等于 ab 和 ac 之间的一个比例中项来得出。换句话说，从 a 到 c 的下落时间，在和我们所约定的用 ab 代表从 a 到 b 的下落时间的同样尺度下用 ad 来代表。同样我们可以说，在 c 处获得的动量（impeto o grado di velocità）和在 b 处获得的动量的关系，与线段 ad 和 ab 之间的关系相同，因为速度是和时间成正比而变化的。在命题 3 中作为假说而被应用过的一个结论在这儿被作者推广了。

这一点既已明白而确立，我们现在转而考虑两种合成运动的事例中

---

① 从现代眼光来看，这句话是有问题的，但这里讨论的并不完全是这个问题。伽利略似乎有时把"速率"和"距离"混为一谈。——中译者

的动量(impeto),其中一种是由一个均匀的水平运动和一个均匀的竖直运动合成,而另一种是由一个均匀的水平运动和一个自然加速的竖直运动合成。如果两个分量都是均匀的,而且一个分量垂直于另一个分量,我们就已经看到,合动量的平方通过各分动量平方的相加来求得,正如从下面的例证可以清楚地看出的那样。

让我们设想,一物体沿竖直线 ab 以一个等于 3 的均匀动量而运动,而在达到 b 时就以一个等于 4 的动量(velocità ed impeto)向 c 运动,于是在相同的时段中,它将沿着竖直线前进 3 腕尺而沿着水平线前进 4 腕尺。但是,一个以合速度(velocità)运动的粒子将在相同的时间内通过对角线 ac,它的长度不是 7 腕尺[即 ab(3)和 bc(4)之和],而是 5 腕尺。这就是说,3 和 4 的平方相加得 25,这就是 ac 的平方,从而它等于 ab 的平方和 bc 的平方之和。由此可见,ac 是由面积为 25 的正方形的边——或称为根——5 来代表的。

对于由一个水平、一个竖直的两个均匀动量合成的动量,[294]计算它的固定法则如下:求每一动量的平方,把它们加在一起并求和数的平方根,这就是由两个动量合成的合动量的值。例如,在上面的例子中,由于它的竖直运动,物体将以一个等于 3 的动量(forza)达到水平面;由于水平运动,将以一个等于 4 的动量达到 c 点。但是,如果物体以一个作为二者之合动量的动量来到达,那就将是一个动量(velocità e forza)为 5 的粒子的到达,而且这样一个值在对角线 ac 上的所有各点上都是相同的,因为它的各分量永远是相同的,既不增大也不减小。

现在让我们过渡到关于一个均匀水平运动和一个从静止开始自由下落物体的竖直运动的合成的考虑。立刻就很清楚的是,代表这二者之合成运动的对角线不是一条直线,而却像已经证明的那样是一条半抛物线,在线上,动量(impeto)是永远增大着的,因为竖直分量的速率(velocità)是永远增大着的。因此,为了确定抛物对角线上任一给定点处的动量(impeto),必须首先注意均匀的水平动量(impeto),然后把物体看成一个自由下落的物体,再来确定所给点处的竖直动量。这后一动量只有通过把下落时间考虑在内才能定出,这种考虑在两个均匀运动的合成中是并不出现的,因为那里的各个速度和各个动量是永远不变的,而在这儿,其中一个分运动却有一个初值零,而且它的速率(velocità)是和时间成正比而增大的。由此可见,时间必将确定指定点处的速率(velocità)。剩下的工作只是(像在均匀运动的事例中那样)令合动量的平方等于分动量的平方和了。但是在这儿,最好还是用一个例子来说明问题。

在竖直线 ac 上取任意一段 ab,我们将用这一线段作为一个沿竖直线自由下落的物体所通过的距离的量度,同样也作为时间和速率的量度(grado di velocità),或者说也作为动量(impeti)的量度,立刻就能显然看出,如果一个物体在 a 点从静止开始落下以后在 b 点的动量[295]被转为沿水平线 bd 的方向而进行均匀运动,则它的速率将使它在时段 ab 之内通过一段用线段 bd 来代表的距离,而且这段距离等于 ab 的 2 倍。现在选一点 c,使得 bc 等于 ab,并通过 c 作直线 ce 平行并等于 bd;通过点 b 和点 e 画抛物线 bei。既然在时段 ab 之内等于长度 ab 的 2 倍的水平距离 bd 或 ce 是以动量 ab 被通过的,而且在相等的时段内竖直距离 bc 被通过,而物体在 c 点获得一个用同一水平线 bd 来代表的动量,那么就可以得出,在时间 ab 之内,物体将从 b 沿抛物线 be 运动到 e,并将以一个动量到达 c,该动量是由两个动量合成的,其中每一动量都等于 ab。而且,既然其中一个动量是水平的而另一动量是竖直的,合动量的平方等于这两个动量的平方和,也就是等于其中一个动量的平方的 2 倍。

因此,如果我们取距离 bf 等于 ba,并画对角线 af,就可以得到,e 处的动量(impeto e percossa)和物体从 a 下落以后在 b 点的动量之比。或者同样可以说,是和沿 bd 的水平动量(percossa dell'impeto)之比,等于 af 和 ab 之比。

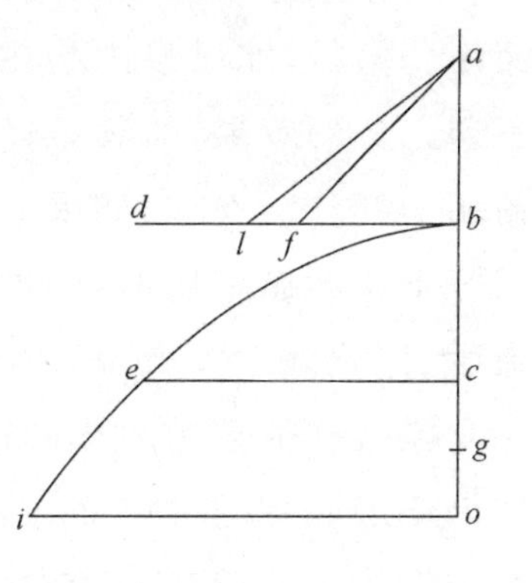

现在,假设我们取一个并不等于而是大于 ab 的距离 bo 作为下落高度,并假设 bg 代表 ba 和 bo 之间的一个比例中项,那么,仍然保留 ba 作为在 a 点从静止开始下落到 b 的下落距离的量度,并且也作为时间和下落物体在 b 点得到的动量的量度,那就可以得到,bg 将是物体从 b 下落到 o 的时间和所获得的动量的量度。同样,正如动量 ab 在时间 ab 内把物体沿水平方向带过一个等于 2 倍 ab 的距离那样,现在,在时段 bg 之内,物体也将沿

水平方向通过一个较大的距离，其超量之比为 bg 和 ba 之比。取 lb 等于 bg，并画对角线 al，由此我们就得到一个量，由两个速度(impeti)，即一个水平速度和一个垂直速度合成，它们确定着抛物线。水平而均匀的速度是从 a 下落到 b 时得到的那个速度。而竖直速度就是物体在由线段 bg 来量度的时间内通过距离 bo 而下落在 o 点得到的，或者我们也可以说是在 i 点得到的速度。[296]同样，通过取两个高度之间的比例中项，我们也可以确定抛物线终点处的动量(impeto)，那里的高度是小于至高 ab 的；这一比例中项应该沿水平方向画在 bf 处，而且也在 af 处另外画一条对角线，它将代表抛物线终点处的动量。

除了已经谈到的关于一个抛射体的动量、撞击、打击的种种问题以外，我们还要谈到另一种很重要的考虑。为了确定冲击的力和能(forza ed energia della percossa)，只考虑抛射体的速率是不够的，我们还必须把靶子的性质及条件考虑在内，这些性质和条件在不小的程度上决定着打击的效率。首先，众所周知，靶子受到抛射体的速率(velocità)的强力作用，和它部分地或完全地阻止的运动成比例。因为，如果打击落在一个目的物上，它对冲击(velocità del percuziente)退让而不抵抗，这样的打击就会没有效果；同样，当一个人用长矛去刺他的敌人，矛头所到之处敌人正以相同的速率逃走，则那样的攻击算不得攻击，只是轻轻的一触而已。但是，如果轰击落在一个目的物上，它只是部分地退让，打击就达不到充分的效果，而其破坏力则正比于抛射体的速率超过物体后退速率的那一部分。例如，如果炮弹以一个等于 10 的速率到达靶子，而靶子则以等于 4 的速率后退，则冲击和碰撞(impeto e perossa)将用 6 来表示。最后，只就抛射体来说，冲击将最大，当靶子如果可能的话毫不后退而是完全抵抗并阻止抛射体的运动时。我曾经提到“只就抛射体来说”，因为如果靶子迎着抛射体而运动，则碰撞的冲击(colpo e l’incontro)将比只有抛射体在运动时的冲击更大，其超出的程度正比于二速率之和。

另外也应注意到，靶子的退让程度不仅依赖于材料的品质，例如在硬度方面要看它是铁质、铅质还是木质，等等，而且也依赖于它的位置。如果位置恰足以使子弹[297]垂直地射中靶子，则打击所传递的动量(impeto del colpo)将最大。但是，如果运动是倾斜的，打击就会较弱一些，而且随着倾斜度的增大而越来越弱。因为，不论这样摆放的靶子是用多硬的材料制成的，子弹的整个动量（impeto e moro）也不会被消耗和阻住，抛射体将滑过，并将在某种程度上沿着对面物体的表面继续运动。

以上关于抛射体在抛物线终点上的动量大小的一切论述，必须理解为指的是在所给点处一条垂直于抛物线的直线上或是一条抛物线的切线上接受到的打击。因为，尽管运动有两个分量，一个水平分量和一个竖直分量，但是不论是沿水平方向的动量还是垂直于水平方向的平面上的动量都不会是最大的，因为其中每一个动量都是被倾斜地接受的。

萨格：你提到这些打击或冲击，在我的心中唤醒了力学中的一个问题或疑问。对于这个问题，没有任何人提出过解答或说过任何足以减少我的惊讶乃至部分地解脱我的思想负担的话。

我的困难和惊异在于不能看出作为一次打击而出现的能量和巨大力量（energia e forza immensa）是从何而来以及根据什么原理而得来。例如，我们看到一个不过八九磅重的锤子的一次简单的打击所克服的抵抗力，如果不是捶打而只靠压迫产生的动量，则即使用几百磅重的物体也未必能够克服。我希望能够发现一种测量这样一次冲击的力量（forza）的方法，我很难设想它是无限大的，而是颇为倾向于一种想法，即认为它是有自己的限度的，而且是可以利用别的力来加以平衡和量度的。例如利用重物或利用杠杆或螺旋或其他增大力量的机械装置并按照我能满意地理解的方式来平衡和量度它。

萨耳：对这种效应感到惊讶或对这种惊人性质的原因感到迷惘的，不止你一人。我自己也研究了这个问题一些时候而没有效果。但是我的迷惘有增无减，直到最后遇见了我们的院士先生，我从他那里得到了[298]很大的慰安。首先他告诉我，他也在黑暗中摸索了很久，但是后来他说，在冥思苦想了几千个小时以后，他终于得到了一些和我们早先的想法相去甚远的，而且其新颖性是惊人的概念。而既然我知道你们很愿意听听这些新颖的概念，我就将不等你们请求而答应你们，当我们讨论完了抛射体以后，我就会根据所能记起的我们院士先生的叙述来向你们解释所有的这些异想天开也似的问题。在此之前，让我们继续讨论本书作者的命题。

问题 2　命题 5

已知一抛物线，试在其轴线向上的延长线上求出一点，使得一个粒

子为了描绘这同一抛物线，必须从该点开始下落。

设 ab 为所给的抛物线，hb 为它的幅度。问题要求找出点 e，一粒子必须从该点开始下落，才能当它在 a 点获得的动量转入水平方向以后描绘抛物线 ab。画水平线 ag 平行于 bh，取 af 等于 ah；画直线 bf，它将是抛物线在 b 点的一条切线，并将和水平线 ag 相交于 g；选一点 e，使得 ag 成为 af 和 ae 之间的一个比例中项。现在我说，e 就是以上所要求的点。也就是说，如果一个物体在这个 e 点上从静止开始落下，而且如果它在 a 点获得的动量被转入水平方向并和在 a 点从静止开始而下落到 h 点时获得的动量相组合，则此物体将描绘抛物线 ab。因为，如果我们把 ea 理解为从 e 到 a 的下落时间的量度，并且也把它理解为在 a 点获得的动量的量度，则 ag（它是 ea 和 af 之间的一个比例中项）将代表从 f 到 a 或者也可以说是从 a 到 h 的时间和动量，而且，既然一个从 a 下落的物体将在时间 ea 内由于在 a 点获得的动量而以均匀速率通过一个等于 2 倍 ea 的水平距离，那么就得到，如果受到同样动量的推动，物体就将在时段 ag 内通过一段等于 2 倍 ag 的距离，而 ag 就是 bh 的一半。这是确实的，因为在均匀运动的事例中，所经过的距离和时间成正比。而且同理，如果[299]运动是竖直的并从静止开始，则物体将在时间 ag 内通过距离 ah。由此可见，幅度 bh 和高度 ah 是由一个物体在相同的时间内通过的。因此，抛物线 ab 就将由一个从至高点 e 下落的物体所描绘。　　证毕。

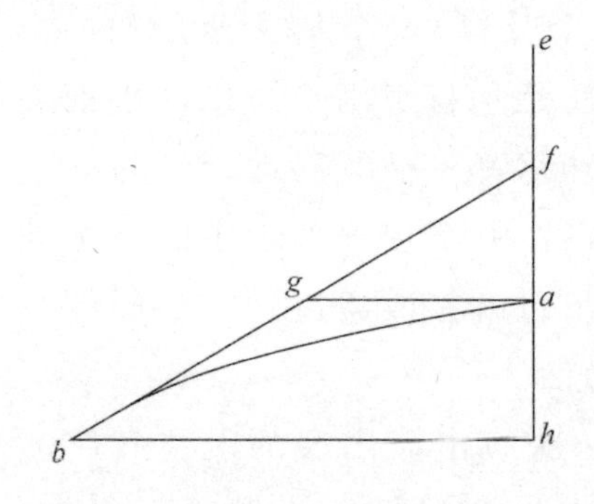

推论　由此可见，半抛物线的底线或幅度的一半（即整个幅度的四分之一）是抛物线高度和至高之间的一个比例中项，从至高下落的一个物体将描述这同一条抛物线。

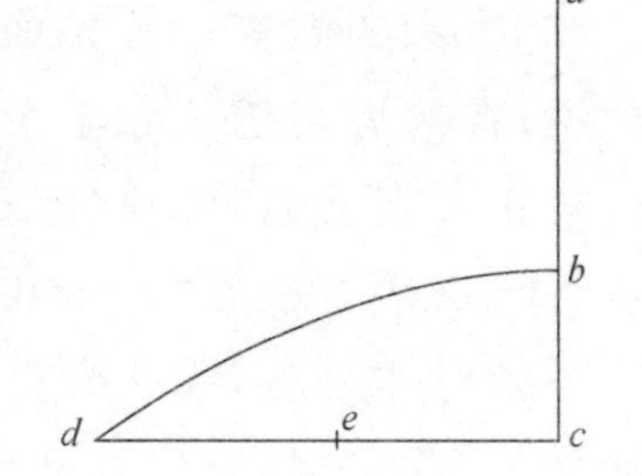

问题 3　命题 6

已知一抛物线的至高和高度，试求其幅度。

设已知的高度 cb 和至高 ab 所在的直线 ac 垂直于水平线 cd。问题

要求找出按至高 ba 和高度 bc 画出的半抛物线的沿水平线的幅度。取 cd 等于 cb 和 ba 之间的比例中项的两倍,则由上面的命题可知 cd 就是所求的幅度。

定理 4　命题 7

如果各抛射体所描绘的半抛物线具有相同的幅度,则描绘其幅度等于其高度的 2 倍的那条半抛物线的那一物体的动量小于任何其他物体的动量。

设 ba 为一条半抛物线,其幅度 cd 为其高度 cb 的 2 倍;在它的轴线向上的延长线上,取 ba 等于它的高度 bc。画直线 ad,这将是抛物线在 d 点的切线,并将和水平线 be 交于 e,使得 be 既等于 bc 也等于 ba。显然,这一抛物线将由一个抛射体来描绘,它的均匀水平动量将是它在 a 点由静止开始下落至 b 时所获得的动量,而其自然加速的竖直动量则是在 b 处从静止开始下落至 c 时所获得的动量。由此可得,终点 d 处的由这两个动量合成的动量用对角线 ae 代表,其平方等于这两个分动量的平方和。现在设 gd 为任一其他抛物线,具有相同的幅度 cd,但其高度 cg 却大于或小于高度 bc。设 hd 为和通过 g 的水平[300]线交于 k 的切线,选一点 l,使得 $hg：gk=gk：gl$。于是,由前面的命题(5)即得,gl 就是一个物体为了描绘抛物线 gd 而将由之下落的那个高度。

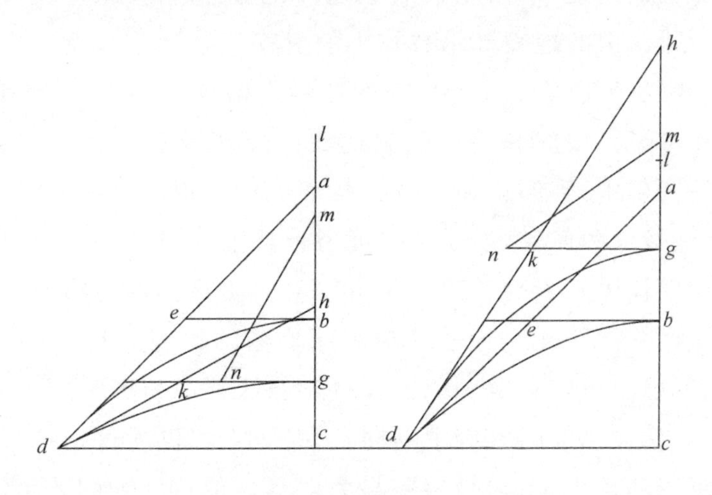

设 gm 是 ab 和 gl 之间的一个比例中项,于是 gm 就代表(命题 4)从 l 到 g 的下落时间和在 g 获得的动量,因为 ab 已被假设为时间和动量的

量度。再者，设 gn 为 bc 和 cg 之间的一个比例中项，那么它就将代表物体从 g 下落到 c 的时间和它在 c 所获得的动量。如果我们把 m 和 n 联结起来，则这一线段 mn 将代表描绘抛物线 dg 的抛射体在 d 点的动量；我说，大于沿抛物线 bd 运动的那个抛射体，其量度由 ae 来给出的动量。因为，既然 gn 已被取为 bc 和 gc 之间的一个比例中项，而且 bc 等于 be 而也等于 kg（其中每一个都等于 dc 的一半），那么就得到，$cg : gn = gn : gk$；而且 cg（或 hg）比 gk 等于 $\overline{ng}^2$ 比 $\overline{gk}^2$。但是，由作图可见，$hg : gk = gk : gl$，由此即得 $\overline{ng}^2 : \overline{gk}^2 = gk : gl$。但是 $gk : gl = \overline{gk}^2 : \overline{gm}^2$，因为 gm 是 kg 和 gl 之间的一个比例中项。因此，ng、kg、mg 三个平方就形成一个连比式 $\overline{gn}^2 : \overline{gk}^2 = \overline{gk}^2 : \overline{gm}^2$。而且二端项之和等于 mn 的平方，是大于 gk 平方的 2 倍，但是 ae 的平方却等于 gk 平方的 2 倍。因此，mn 的平方就大于 ae 的平方，从而长度 mn 就大于长度 ae。

证毕。[301]

推论 反过来看也很显然，从终点 d 发射一个抛射体使它沿抛物线 bd 运行，所需的动量也必小于使它沿任何其他抛物线运行所需的动量；那些其他抛物线的仰角或大于或小于 bd 的仰角，而 bd 在 d 点的切线和水平线的夹角则为 45°。由此也可以推知，如果从终点 d 发射一些抛射体，其速率全都相同，但各自有不同的仰角，则当仰角为 45°时将得到最大的射程。也就是说，半抛物线或全抛线的幅度将为最大，用较大或较小的仰角发射出去的炮弹都将有较小的射程。

萨格： 只有在数学中才能出现的这种严格证明的力量，使我心中充满了惊讶和喜悦。根据炮手们的叙述我已经知道事实，就是说，在加农炮和臼炮的使用中，当仰角为 45°时，按照他们的说法是在象限仪的第六点上，将得到最大的射程，也就是炮弹射得最远。但是，了解事情为什么会如此却比仅仅由别人的试验乃至由反复的实验得来的知识重要得多。

萨耳： 你说得很对。通过发现一件事实的原因而得到的关于它的知识，使人的思想可以有准备地去理解并确认其他的事实而不必借助于实验，恰恰正像在当前的事例中一样。在这里，仅仅通过论证，作者就确切地证明了当仰角为 45°时就得到最大射程。他这样证明的事情也许从来还不曾在实验中被观察过，就是说，对于仰角大于或小于 45°的其他发射来说，若超过或不足于 45°的度数相同，则射程也相等。因此，如果一个炮弹是在第七点发射的，而另一个炮弹是在第五点发射的，则它们会落在水平面上同样距离处；如果炮弹是在第八点和第四点，在第九点和第三点等等上发射的，情况也相同。现在让我们听听此事的证明吧。[302]

定理5　命题8

以相同速率但仰角分别大于和小于45°相同度数而发射的两个抛射体，所描绘的抛物线的幅度是相等的。

在△mcb中，设在c点成直角的水平边bc和竖直边cm相等；于是∠mbc将为半直角；将直线cm延长至d，对这个点来说，在b点处的对角线上方和下方的两个角即∠mbe和∠mbd相等。现在要证明的是，从b发射的两发炮弹，其速率相同，其仰角分别为∠ebc和∠dbc，则它们所描绘的抛物线的幅度将相等。现在，既然外角∠bmc等于二内角∠mbd和∠dbm之和，我们就可以令∠mbc等于它们；但是，如果我们把∠dbm代换成∠mbe，则同一角∠mbc等于两倍∠mbe，我们得到余角∠bdc等于余角∠ebc，因此两个△dcb和△bce是相似的。将直线dc和ec中分于点h和f，画直线hi和fg平行于水平线cb，并选一点l，使得$dh:hi=ih:hl$。于是△ihl将和△ihd相似，而且也和△egf相似；既然ih和gf是相等的，二者都是bc的一半，那么就得到hl等于fe从而也等于fc。于是，如果我们在这些量上加上公共部分fh，就能看到ch等于fl。

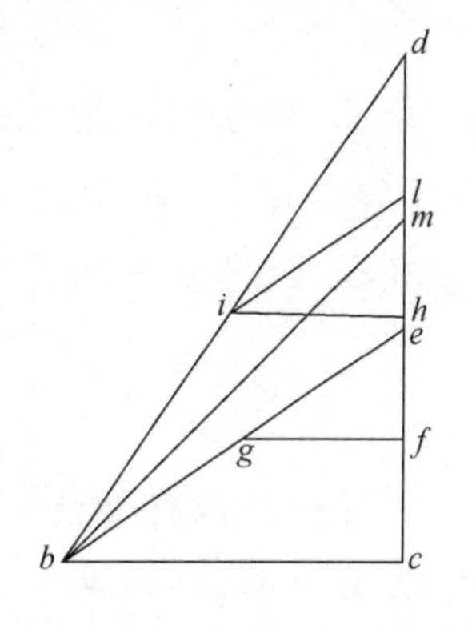

现在让我们想象通过点h和b画一条抛物线，其高度为hc，而其至高为hl。它的幅度将为cb，此量为hi的2倍，因为hi是dh(或ch)和hl之间的一个比例中项。直线db是抛物线在b点的切线，因为ch等于hd。如果我们再设想通过点f和b画一条抛物线，其至高为fl而其高度为fc，二者的比例中项为fg，或者说为cb的一半。于是，和以前一样，cb将是幅度，而直线eb是b点上的切线，因为ef等于fc。[303]但是两个角∠dbc和∠ebc，即两个仰角，和45°之差是相等的。由此即得命题。

定理6　命题9

当两条抛物线的高度和至高画成反比时，它们的幅度是相等的。

设抛物线 fh 的高度 gf 和抛物线 bd 的高度 cb 之比等于其至高 ba 和至高 fe 之比，于是我说，幅度 hg 等于幅度 dc。因为，既然第一个量 gf 和第二个量 cb 之比等于第三个量 ba 和第四个量 fe 之比，由此就有，长方形面积 $gf \cdot fe$ 等于长方形面积 $cb \cdot ba$。因此，等于各长方形面积的正方形面积也彼此相等。但是（由命题6），gh 之一半的平方等于长方形 $gf \cdot fe$，而 cd 之一半的平方等于长方形 $cb \cdot ba$。因此，两个正方形以它们的边长以及它们的边长的2倍也都两两相等，但是最后两个量就是幅度 gh 和 cd。由此即得命题。

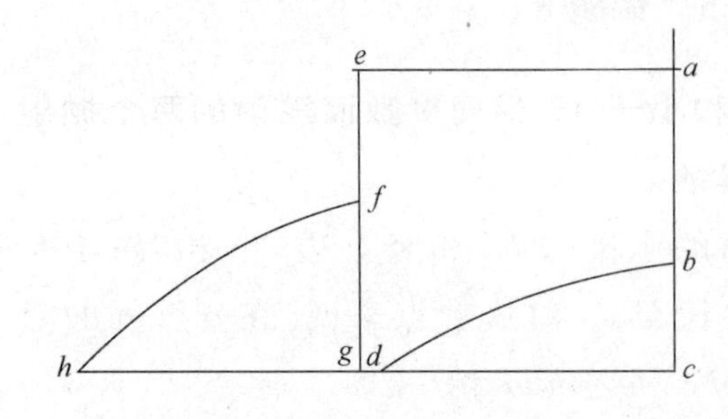

下一命题的引理

若一直线在随便一点上被分为两段，并取全线长和两部分之间的两个比例中项，则这两个比例中项的平方和等于全线长的平方。

设直线 ab 在 c 点被分断。于是我说，ab 和 ac 之间的比例中项的平方加上 ab 和 cb 之间的比例中项的平方等于整条直线 ab 的平方。只要我们在整条直线 ab 上画一个半圆，这一点就可以立即看清了。在 c 上画垂线 cd，并画 da 和 db。因为，da 是 ab 和 ac 之间的一个比例中项，而 db 是 ab 和 bc 之间的一个比例中项；而既然内接于半圆内的三角形的 $\angle adb$ 是直角，直线 da 和 db 的平方和就等于整条直线 ab 的平方。由此即得所证。[304]

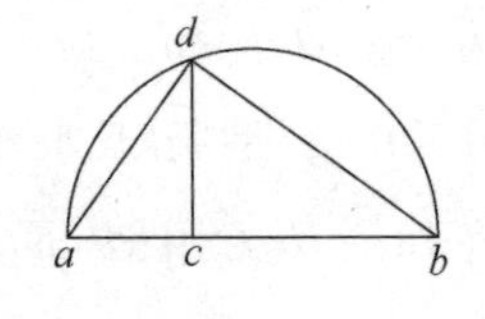

定理7　命题10

一粒子在任一半抛物线终点上得到的动量（impetus seumomentum），等于它通过一段竖直距离下落时所将得到的动量；该距离等于该

半抛物线的至高和高度之和。①

设 ab 为一条半抛物线，其至高为 da 而高度为 ac，二者之和即竖直线 dc。现在我说，粒子在 b 点上的动量，和它从 d 自由下落到 c 所将获得的动量相同。让我们取 dc 的长度本身作为时间和动量的量度，并取 cf 等于 cd 和 da 之间的比例中项；再取 ce 为 cd 和 ca 之间的比例中项。现在 cf 是在 d 从静止开始通过距离 da 的下落时间和获得的动量的量度：而 ce 则是在 a 从静止开始通过距离 ca 的下落时间和动量；同样，对角线 ef 也代表一个动量，即二者的合动量，从而也就是在抛物线终点 b 上的动量。

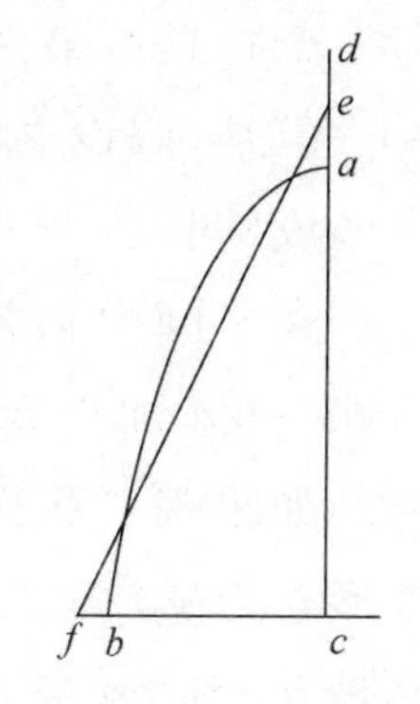

既然 dc 曾经在某点 a 被分断，而 cf 和 ce 则是整条直线 cd 和它的两个部分 da 和 ac 之间的两个比例中项，那么，由上述引理即得，这两个比例中项的平方和等于整条直线的平方。但是 ef 的平方也等于同样这些平方之和，由此可见，线段 ef 等于线段 dc。

因此，一个从 d 下落的粒子在 c 得到的动量和沿抛物线 ab 而在 b 得到的动量相同。 证毕。

推论 由此即可得到，对于所有至高和高度之和为一恒量的抛物线，在其终点的动量也为一恒量。[305]

问题 4 命题 11

已知半抛物线的幅度和终点的粒子速率(impetus)，求其高度。

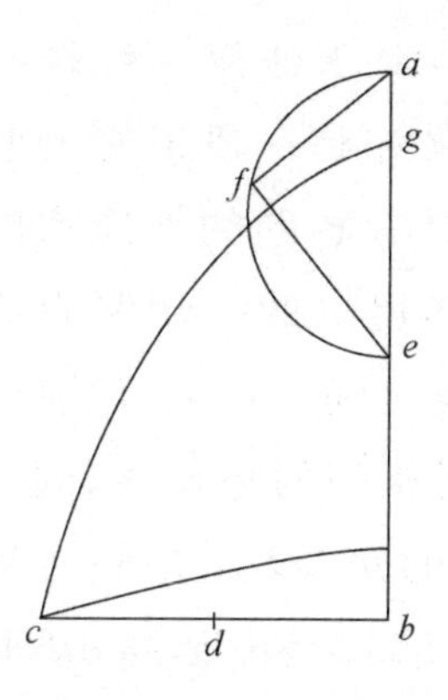

设所给的速率用竖直线段 ab 来代表，而其幅度则用水平线段 bc 来代表；要求得出其终点速率为 ab 而幅度为 bc 的半抛物线的高度。由以上所述(命题 5 的推论)显然可知，[306]幅度 bc 的一半是抛物线的高度和至高之间的一个比例中项；而按照上面的命题，该抛物线终点的粒子速率则等于一个物体在 a 点从静止自由下落而通过距离 ab 时得到的速率。因此，线段 ba 必须在一点处被分

① 在近代力学中，这一众所周知的定理形式如下：抛射体在任意点上的速率，是由沿准线的下落引起的。——英译者

断，使得由其两部分形成的长方形等于 bc 之半所形成的正方形，亦即 bd 的平方。因此，bd 必然不超过 ba 的一半，因为在由一条直线的两段所形成的长方形中，面积最大的是两段直线相等的事例。设 e 为直线 ab 的中点。现在，如果 bd 等于 be，问题就解决了，因为 be 将是抛物线的高度而 ea 将是它的至高。（我们必须顺便指出已经证明的一个推论，那就是，对于由一个给定的终点速率来描述的一切抛物线来说，仰角为 45°的那一个将具有最大的幅度。）

但是，假设 bd 小于 ba 的一半，则 ba 应该适当分段，使得由其两线段形成的长方形等于由 bd 形成的正方形。以 ea 为直径画一个半圆 efa，在半圆中画弦 af 等于 y，连接 fe 并取距离 eg 等于 fe。于是长方形 $bg \cdot ga$ 加正方形$\overline{eg}^2$ 将等于正方形$\overline{ea}^2$，因此也等于 af 和 fe 的平方和。如果现在我们消去相等的 fe 的平方和 ge 的平方，剩下来的就是长方形 $bg \cdot ga$ 等于af 的平方，也就是等于 bd 的平方，而 bd 是一条直线，它是 bg 和 ga 之间的比例中项。由此显然可见，其幅度为 bc 而其终点速率(impetus)由 ba 来代表的半抛物线具有高度 bg 和至高 ga。

然而，如果我们取 bi 等于 ga，则 bi 将是半抛物线 ic 的高度而 ia 将是它的至高。由以上的证明，我们就能够解决下面的问题。

问题 5　命题 12

试计算并列表表示以相同的初速率(impetus)发射的抛射体所描绘的一切半抛物线的幅度。

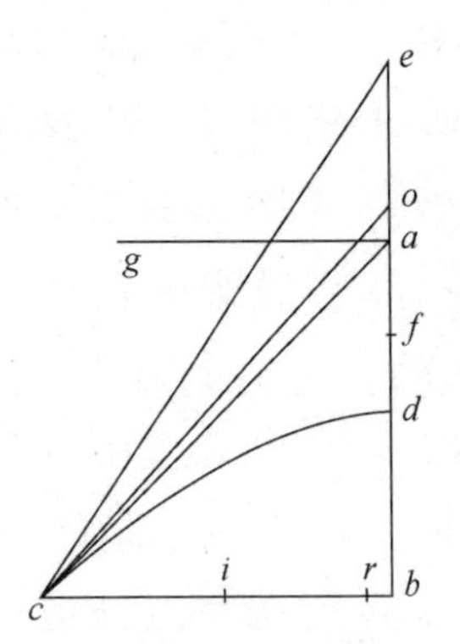

从以上的论述可以看到，对于任何一组抛物线，只要它们的高度和至高之和是一段恒定的竖直高度，这些抛物线就是由具有相同的初速率的抛射体所描绘的。因此，这样得出的一切竖直高度，就介于两条平行的水平线之间。设 cb 代表一条水平线而 ab 代表一条长度相同的竖直线；画对角线 ac；$\angle acb$ 将是一个 45°的角；设 d 是竖直线 ab 的中点。于是，半抛物线 dc 就是由至高 ad 和高度 db 所确定的那条半抛物线，而其在 c 点的终点速率就是一个粒子在 a 处从静止开始下落到 b 时所获得的速率。现在，如果画 ag 平行于

bc,则对于具有相同终点速率的任何其他半抛物线来说,高度和至高之和将按照上述的方式而等于平行线 *ag* 和 *bc* 之间的距离。另外,既然已经证明,当两条半抛物线仰角分别大于和小于 45°一个相同的度数时,它们的幅度将相同,那么就可推知,应用于较大仰角的计算对较小仰角也适用。让我们假设仰角为 45°的抛物线的最大幅度为 10000,这就是直线 *ba* 和半抛物线 *dc* 之幅度的长度。选用 10000 这个数,是因为我们在这些计算中应用了一个正切表,表中 45°角的正切为 10000。现在回到本题,画直线 *ce*,使锐角∠*ecb* 大于∠*acb*;现在的问题是画出半抛物线,使直线 *ec* 是它的一条切线,而且对它来说,至高和高度之和为距离 *ba*。从正切表上查出正切 *be* 的长度,①利用∠*bce* 作为变量;设 *f* 为 *be* 的中点,其次求出 *bf* 和 *bi*(*bc* 的一半)的一个第三比例项,它必然大于 *fa*。②把这一第三比例项称为 *fo*。现在我们已经发现,内接于△*ecb* 中的抛物线具有切线 *ce* 和幅度 *cb*,其高度为 *bf* 而其至高为 *fo*。但是 *bo* 的总长度却超过[307]平行线 *ag* 和 *cb* 之间的距离,而我们的问题却是使它等于这一距离,因为所求的抛物线和抛物线 *dc* 是由在 *c* 点用相同速率发射的抛射体来描绘的。现在,既然在∠*bce* 中可以画出无限多条大大小小的相似抛物线,我们必须找出另一条抛物线,它也像 *cd* 一样,其高度和至高之和即高度 *ba* 等于 *bc*。

为此目的,取 *cr*,使得 *ob* ∶ *ba*=*bc* ∶ *cr*;于是,*cr* 就将是一条半抛物线的幅度,该半抛物线的仰角为∠*bce*,而其高度和至高之和正像所要求的那样等于平行线 *ga* 和 *cb* 之间的距离。因此,过程就是这样的:先画出所给∠*bce* 的正切直线,取这一正切直线的一半,在所得值上加上 *fo* 这个量,该量是半正切直线和半 *bc* 的一个第三比例项;于是所求的幅度 *cr* 就可以由比例式 *ob* ∶ *ba*=*bc* ∶ *cr* 求出。例如,设∠*ecb* 是一个 50°的角;它的正切是 11918,其一半,即 *bf*,为 5959;*bc* 的一半为 5000;此二者的第三比例项为 4195;把它和 *bf* 相加,即得 *bo* 之值为 10154。再者,*ob* 和 *ab* 之比,即 10154 和 10000 之比,等于 *bc* 即 10000(即 45°角的正切)和 *cr* 之比,而 *cr* 就是所要求的幅度;求得的值是 9848,而最大幅度为

---

① 读者可注意,此处"tangent"一词有两种用法。"切线 *ec*"是在 *c* 点和抛物线相切的一条直线,而此处的"正切 *eb*"是直角三角形中角 *ecb* 的对边,它的长度和该角的正切成正比。——英译者

② 这一点的证明见以下的第三段。——英译者

10000。整个抛物线的幅度是这些值的2倍，分别为19696和20000。这也是仰角为40°的抛物线的幅度，因为它的仰角也和45°差5°。

萨格： 为了彻底地弄懂这种证明，请告诉我 bf 和 bi 的第三比例项怎么会像作者所指出的那样必然大于 fa。[308]

萨耳： 我想，这一结果可以得出如下：二线段之间的比例中项的平方，等于该二线段所形成的长方形(的面积)。因此，bi 的平方(或与之相等的 bd 的平方)必然等于由 fb 和所求的第三比例项所形成的长方形。这个第三比例项必然大于 fa，因为由 bf 和 fa 形成的长方形比 bd 的平方小一个量，该量等于 df 的平方；证明见《欧几里得》，Ⅱ，1。另外也应注意到，作为正切直线 eb 之中点的 f 点，一般位于 d 点上方，只有一次和 a 点重合。在此事例中，一目了然的就是，对正切直线之半和对至高 bi 而言的第三比例项完全位于 a 点以上。但是作者曾经考虑了一种事例，那时并不能清楚地看出第三比例项永远大于 fa，因此当在 f 点以上画出时，它就延伸到了平行线 ag 之外。

现在让我们接着讲下去。利用表格另外计算一次来求出由相同初速率的抛射体所描述的半抛物线的高度是有好处的。表格如下：[309]

仰角	以相同初速率描绘的半抛物线的幅度	仰角	仰角	以相同初速率描绘的半抛物线的高度	仰角	以相同初速率描绘的半抛物线的高度
45°	10000		1°	3	46°	5173
46°	9994	44°	2°	13	47°	5346
47°	9976	43°	3°	28	48°	5523
48°	9945	42°	4°	50	49°	5698
49°	9902	41°	5°	76	50°	5868
50°	9848	40°	6°	108	51°	6038
51°	9782	39°	7°	150	52°	6207
52°	9704	38°	8°	194	53°	6379
53°	9612	37°	9°	245	54°	6546
54°	9511	36°	10°	302	55°	6710
55°	9396	35°	11°	365	56°	6873
56°	9272	34°	12°	432	57°	7033
57°	9136	33°	13°	506	58°	7190
58°	8989	32°	14°	585	59°	7348
59°	8829	31°	15°	670	60°	7502
60°	8659	30°	16°	760	61°	7049
61°	8481	29°	17°	855	62°	7796

续表

仰角	以相同初速率描绘的半抛物线的幅度	仰角	仰角	以相同初速率描绘的半抛物线的高度	仰角	以相同初速率描绘的半抛物线的高度
62°	8290	28°	18°	955	63°	7939
63°	8090	27°	19°	1060	64°	8078
64°	7880	26°	20°	1170	65°	8214
65°	7660	25°	21°	1285	66°	8346
66°	7431	24°	22°	1402	67°	8474
67°	7191	23°	23°	1527	68°	8597
68°	6944	22°	24°	1685	69°	8715
69°	6692	21°	25°	1786	70°	8830
70°	6428	20°	26°	1922	71°	8940
71°	6157	19°	27°	2061	72°	9045
72°	5878	18°	28°	2204	73°	9144
73°	5592	17°	29°	2351	74°	9240
74°	5300	16°	30°	2499	75°	9330
75°	5000	15°	31°	2653	76°	9415
76°	4694	14°	32°	2810	77°	9493
77°	4383	13°	33°	2967	78°	9567
78°	4067	12°	34°	3128	79°	9636
79°	3746	11°	35°	3289	80°	9698
80°	3420	10°	36°	3456	81°	9755
81°	3090	9°	37°	3621	82°	9806
82°	2756	8°	38°	3793	83°	9851
83°	2419	7°	39°	3962	84°	9890
84°	2079	6°	40°	4132	85°	9924
85°	1736	5°	41°	4302	86°	9951
86°	1391	4°	42°	4477	87°	9972
87°	1044	3°	43°	4654	88°	9987
88°	698	2°	44°	4827	89°	9998
89°	349	1°	45°	5000	90°	10000

问题 6　命题 13

根据上表所给之半抛物线的幅度，试求出以相同初速率描绘的每一抛物线的高度。

设 bc 代表所给的幅度，并用高度和至高之和 ob 作为看成保持恒定的初速率的量度；其次我们要找出并确定高度。我们的做法是：适当分割 ob，使它的两部分所形成的长方形将等于幅度 bc 之一半的平方。设

f 代表这一分割点，而 d 和 i 分别代表 ob 和 bc 的中点。于是 ib 的平方等于长方形 $bf \cdot fo$，但是 do 的平方等于长方形 $bf \cdot fo$ 和 fd 平方之和。因此，如果我们从 do 的平方中减去等于长方形 $bf \cdot fo$ 的 bi 平方，剩下的就将是 fd 的平方。现在，所求的高度 bf 就可以通过在这一长度 fd 上加上直线 bd 来求得。于是过程就有如下述：从已知的 bo 之一半的平方中减去也为已知的 bi 的平方；求出余数的平方根并在它上面加上已知长度 db，于是就得到所求的高度 bf。

例题：试求仰角为 55°的半抛物线的高度。由上表可见，其幅度为 9396，其一半即 4698，而此量的平方为 22071204；bo 之半的平方永远是 25000000。当从此值减去上一值时，余数就是 2928796，其平方根近似地等于 1710。把此值加在 bo 之一半即 5000 上，我们就得到 bf 的高度 6710。[311]

在此引入第三个表来给出幅度为恒定的各抛物线的高度和至高，是有用处的。

萨格：看到这样一个表我将很高兴。因为我将从这个表上了解到用我们所说的臼炮的炮弹得到相同的射程所要求的速率和力(degl'impeti e delle forze)的差异。我相信，这种差异将随着仰角而大大变化，因此，例如，如果想用一个 3°或 4°或 87°或 88°的倾角而仍使炮弹达到它在 45°仰角(我们已经证明在那一仰角下初速率为最小)下所曾达到的同一射程，我想所需要的力的增量将是很大的。

萨耳：阁下是完全对的，而且您将发现，为了在一切仰角下完全地完成这种动作，您将不得不大步地走向无限大。现在让我们进行表格的考虑。

[312]按每度仰角算出的恒定幅度(10000)下的各抛物线的高度和至高。

仰角	高度	至高	仰角	高度	至高
1°	87	286533	8°	702	35587
2°	175	142450	9°	792	31565
3°	262	95802	10°	881	28367
4°	349	71531	11°	972	25720
5°	437	57142	12°	1063	23518
6°	525	47573	13°	1154	21701
7°	614	40716	14°	1246	20056

续表

仰角	高度	至高	仰角	高度	至高
15°	1339	18663	53°	6635	3765
16°	1434	17405	54°	6882	3632
17°	1529	16355	55°	7141	3500
18°	1624	15389	56°	7413	3372
19°	1722	14522	57°	7699	3247
20°	1820	13736	58°	8002	3123
21°	1919	13024	59°	8332	3004
22°	2020	12376	60°	8600	2887
23°	2123	11778	61°	9020	2771
24°	2226	11230	62°	9403	2658
25°	2332	10722	63°	9813	2547
26°	2439	10253	64°	10251	2438
27°	2547	9814	65°	10722	2331
28°	2658	9404	66°	11230	2226
29°	2772	9020	67°	11779	2122
30°	2887	8659	68°	12375	2020
31°	3008	8336	69°	13025	1919
32°	3124	8001	70°	13237	1819
33°	3247	7699	71°	14521	1721
34°	3373	7413	72°	15388	1624
35°	3501	7141	73°	16354	1528
36°	3631	6882	74°	17437	1433
37°	3768	6635	75°	18660	1339
38°	3906	6395	76°	20054	1246
39°	4049	6174	77°	21657	1154
40°	4196	5959	78°	23523	1062
41°	4346	5752	79°	25723	972
42°	4502	5553	80°	28356	881
43°	4662	5362	81°	31569	792
44°	4828	5177	82°	35577	702
45°	5000	5000	83°	40222	613
46°	5177	4828	84°	47572	525
47°	5363	4662	85°	57150	437
48°	5553	4502	86°	71503	349
49°	5752	4345	87°	95405	262
50°	5959	4196	88°	143181	174
51°	6174	4048	89°	286499	87
52°	6399	3906	90°	infinita	

[313]

命 题 14

试针对每一度仰角求出幅度恒定的各抛物线的高度和至高。

问题是很容易地解决了的。因为,如果我们假设一个恒定的幅度10000,则任意仰角的正切之半将是高度。例如,一条仰角为30°而幅度为10000的抛物线,将具有一个高度2887,这近似地等于正切的一半。而现在,高度既已求得,至高就可以如下推出:既然已经证明半抛物线的幅度之一半是高度和至高之间的一个比例中项,而且高度已经求得,而且幅度之半是一个恒量,即5000,那么就得到,如果将半幅度的平方除以高度,我们就能够得到所求的至高。于是,在我们的例子中,高度已被求出为2887,5000的平方是25000000,除以2887,即得至高的近似值为8659。

萨耳:[①]在此我们看到:首先,前面的说法是多么的正确,那就是说,就不同的仰角来说,不论是较大还是较小,和平均值差得越大,将抛射体送到相同的射程所需要的初速率(impeto e violenza)就越大。因为,既然这里的速率是两种运动合成的结果,即一种水平而均匀的运动和一种竖直而自然加速的运动的合成的结果;而且,既然高度和至高之和代表这一速率,那么,从上表就可以看到,对于45°的仰角,这个和数是最小值,那时高度和至高相等,即都是5000,而其和为10000。但是,如果我们选一个较大的仰角,例如50°,我们就发现高度为5959,而至高为4196,得到的和为10155。同样,我们将发现,这正好也是仰角为40°时的速率值,这两个仰角和平均值的差是相等的。

其次,要注意的是:尽管对于和平均值差值相等的两个仰角所要求的速率是相同的,但是二者之间却有一种奇特的不同,那就是,较大仰角下的高度和至高是与较小仰角下的至高和高度交叉对应的。例如,在上述的例子中,[314] 50°的仰角给出的高度是5959,至高是4196;而40°的仰角对应的高度为4196,至高为5959。而且这种情况是普遍成立的。但是必须记得,为了避免麻烦的计算,这里没有计及分数,它们的影响比整数的影响要小。

① 以上的叙述本来就是萨耳维亚蒂的言论,但那被假设为"我们的作者"的见解,而从此处起则是萨耳维亚蒂的补充。——中译者

萨格：在初速率(impeto)的两个分量方面，我也注意到了一点，那就是，发射越高，水平分量就越小，而竖直分量就越大；另一方面，在较低的仰角下，炮弹只达到较小的高度，从而初速率的水平分量就必然很大。在仰角为90°的发射的事例中，我完全理解世界上所有的力(forza)都不足以使炮弹离开竖直线一丝一毫，从而它必然会落回起始的位置。但是在零仰角的事例中，当炮弹水平发射时，我却不敢准说某一个并非无限大的力不会把炮弹送到某一距离处，例如，甚至一尊加农炮也不能沿完全水平的方向射出一个炮弹。或者像我们所说的“指向空白”，即完全没有仰角，这里我承认有某些怀疑的余地。我并不直接否认事实，因为有另外一种表现上也有很可惊异的现象，而我是有那种现象的结论性证据的。这种现象就是把一根绳子拉得既是直的而同时又是和水平面相平行的那种不可能性。事实是，绳索永远下垂而弯曲，任何的力都不能把它完全拉直。

萨耳：那么，萨格利多，在这个绳子的事例中，你不再对现象感到惊奇，因为你有了它的证明了；但是，如果我们更仔细地考虑考虑它，我们就可能发现炮的事例和绳子的事例之间的某种对应性。水平射出的炮弹的路线的曲率显现为起源于两个力，一个力(起源于炮)水平地推进它，而另一个力(它自己的重量)则把它竖直地向下拉。在拉绳子时也是这样，你有沿水平方向拉它的力以及向下作用的它自己的重量。因此，在这两种事例中，情况是颇为相似的。于是，如果你认为绳子有一种本领和能量(possanza ed energia)足以反抗和克服随便多大的拉力，为什么你否认炮弹有这种本领呢？[315]

除此以外，我还必须告诉一件事情，这会使你又惊奇又高兴，那就是，一条或多或少拉紧的绳子显出一种与抛物线很相近的曲线形状：如果你在一个竖直平面上画一条抛物线，然后把它倒过来，使它的顶点在底下而它的底线则保持水平，就能清楚地看到这种相似性。因为，当在底线下挂一条锁链而两端位于抛物线的两个端点时，你就会看到，当把锁链或多或少松开一点时，它就弯曲并和抛物线相贴近，而且，抛物线画得越是曲率较小，或者越是挺直，这种符合性就越好。因此，在以小于

45°的仰角画出的抛物线上，锁链几乎和它的抛物线符合。[①]

萨格：如此说来，用一条轻锁链就能够很快地在一个平面上画出许多条抛物线了。

萨耳：当然，而且好处不小，正如等一下我将演示给你看的那样。

辛普：但是在接着讲下去以前，我急于想能相信你说有其严格证明的那个命题是真的：我指的是那种叙述，即不论用多大的力也不能把一根绳子拉得百分之百的直和水平。

萨格：我将看看我能不能记起那种证明。但是为了理解它，辛普里修，你有必要承认一件关系机器的事，即事实不仅从经验上来看，而且从理论考虑上来看也是显然的；那就是，一个运动物体的速度(velocità del movente)，即使当它的力(forza)很小时也能够克服一个缓慢运动物体所作用的很大阻力，只要运动物体的速度和阻挡运动的物体的速度之比大于阻挡物体的阻力(resistenza)和运动物体的力(forza)之比。[316]

辛普：这一点我知道得很清楚，因为它已由亚里士多德在《力学问题》(*Questions in Mechanics*)中证明过了，而且也在杠杆和杆秤的情况下清楚地看到了。在那里，一个不超过4磅的秤砣将挂起400磅的重物，如果秤砣离支点的距离比货物离支点的距离远100多倍的话。这是正确的，因为秤砣在下降中经过的距离比货物在相同时间内上升的距离要大100多倍：换句话说，小小的秤砣是用比货物的速度大100多倍的速度运动的。

萨格：你是完全对的。你毫不迟疑地承认，不论运动物体的力(forza)是多么小，它都会克服随便多么大的阻力，如果它在速度方面的优势大于它在力和重量(vigore e gravità)方面的不足的话。现在让我们回到绳子的事例。在下面的附图中，ab代表一条通过a、b二固定点的直线；在此线的两端，你们看到，挂了两个大砝码c和d，它们用很大的力拉这条线，使它保持在真正直的位置上，因为这只是一条没有重量的线。现在我愿意指出，我们可以把此线的中点叫做e，如果在这个点上挂一个小砝码h，则[317]此线将下垂到f点，而由它的增长，将迫使大砝码c和d上升。此情况我将如下表述：以a、b二点为心各画四分之一个圆eig和

① 前面一个英译者注中已经提到，在伽利略的时代，人们还不知道“悬链线”。——中译者

圆 elm；现在，既然两个半径 ai 和 bl 等于 ae 和 eb，余量 fi 和 fl 就是二线段 af 和 bf 比 ae 和 eb 多出的部分：因此它们就确定了砝码 c 和 d 的升高，这时当然假设砝码 h 已经采取了位置 f。但是，每当代表 h 之下降 ef 和砝码 c 及 d 的上升 fi 之比大于两个大物体的重量和物体 h 的重量之比时，砝码 h 就将取位置 f，即使当 c 和 d 的重量很大而 h 的重量很小时，这种情况也会发生，因为 c 和 d 的重量不会比 h 的重量大那么多，以致切线 ef 和线段 ft 之比不会更大。这一点可以证明如下：画一个直径为 gai 的圆；画直线 bo，使它的长度和另一直线 $c(c>d)$ 之比等于 c 及 d 的重量和 h 的重量之比。既然 $c>d$，bo 和 d 之比就大于 bo 和 c 之比。取 be 为 ob 和 d 的第三比例项；延长直径 gi 至一点 f，使得 $gi:if=oe:eb$；并从 f 点作切线 fn；于是，既然我们已有 $oe:eb=gi:if$，通过比率组合，我们就有 $ob:eb=gf:if$。但是 d 是 ob 和 be 之间的一个比例中项，而 nf 是 gf 和 fi 之间的一个比例中项。

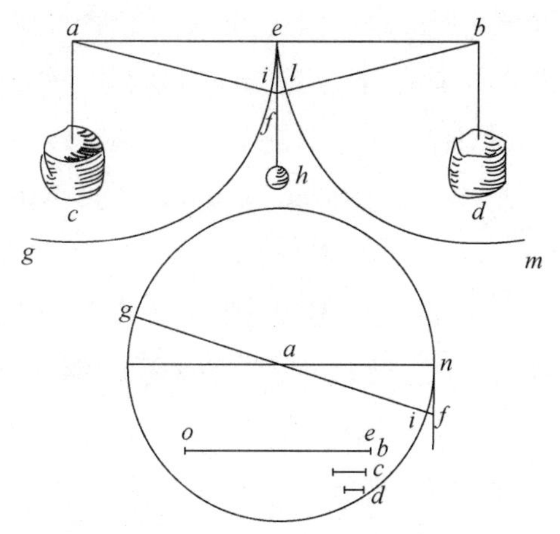

由此即得，nf 比 fi 就等于 cb 比 d；这一比值大于 c 及 d 的重量和 h 的重量之比。那么，既然砝码 h 的下降或速度和砝码 c 及 d 的上升或速度之比大于物体 c 及 d 的重量和 h 的重量之比，那就很明显，砝码 h 就下降，而线 ab 就不再是直的和水平的了。而且，喏，当把任何一个小砝码 h 加在无重量的绳子 ab 的 e 点上时出现的情况，当绳子是用有重量的材料制成而却没加什么砝码时也是会出现的，因为在这种事例中，绳子的材料的作用和加挂的一个砝码的作用相同。

辛普：我完全满意了。因此现在萨耳维亚蒂可以像他所许诺的那样解释这样一条锁链的好处，然后就提出我们的院士先生关于冲击力

(forza della percossa)这一课题的那些思索了。

萨耳:今天就讨论到这里吧。天色已经不早了,剩下来的时间也不允许我们把所提的那些课题讲完了。因此,我们将把我们的聚会推迟到另一个更加合适的时机。[318]

萨格:我同意你的意见,因为在和我们院士先生的亲密朋友们进行了各种交谈以后,我已经得到结论认为,这个冲击力的问题是很深奥的,而且我想,迄今为止,那些曾经处理过这一课题的人们谁也没能够弄清楚它那些几乎超出于人类想象力之外的黑暗角落。在我听别人表述过的各式各样的观点中,有一种奇思妙想式的观点还留在我的记忆中,那就是说,冲击力即使不是无限大的也是不确定的,因此让我们等到萨耳维亚蒂认为合适的时候吧。在此期间,请告诉我们在关于抛射体的讨论以后还讲什么。

萨耳:这是关于固体的重心的一些定理,是由我们的院士先生在年轻时发现的。他从事此一工作是因为他认为菲德里哥·康曼狄诺(Federigo Comandino)的处理有些不够完备。你们面前的这些命题是他认为将能补康曼狄诺的书的不足的。这些研究是在马尔奎斯·归亦德·乌巴耳道·达耳·芒特(Marquis Guid'Ubaldo Dal Monte)的范例下进行的;后者是他那个时代的一位很杰出的数学家,正如他的各式各样的著作所证实的那样。我们的院士先生曾把自己的书送给那位先生,希望把研究扩展到康曼狄诺不曾处理过的其他固体。但是不久以后他偶然拿到了伟大的几何学家卢卡·瓦勒里奥(LucaValerio)的书,并发现书中对这个课题的处理是那样的完备,以致他就放弃了自己的研究,尽管他所发展起来的方法是和瓦勒里奥的方法完全不同的。

萨格:请你发发善心把这本书留在我这里,直到我们下次的聚会,以便我可以按照书中的次序来阅读和学习这些命题。

萨耳:我很乐于遵从你的要求,我只希望你对这些命题将深感兴趣。

第四天终

附　录

·*Appendix*·

科学的唯一目的是减轻人类生存的苦难，科学家应为大多数人着想。——伽利略

生命犹如铁砧，愈被敲打，愈能发出火花。——伽利略

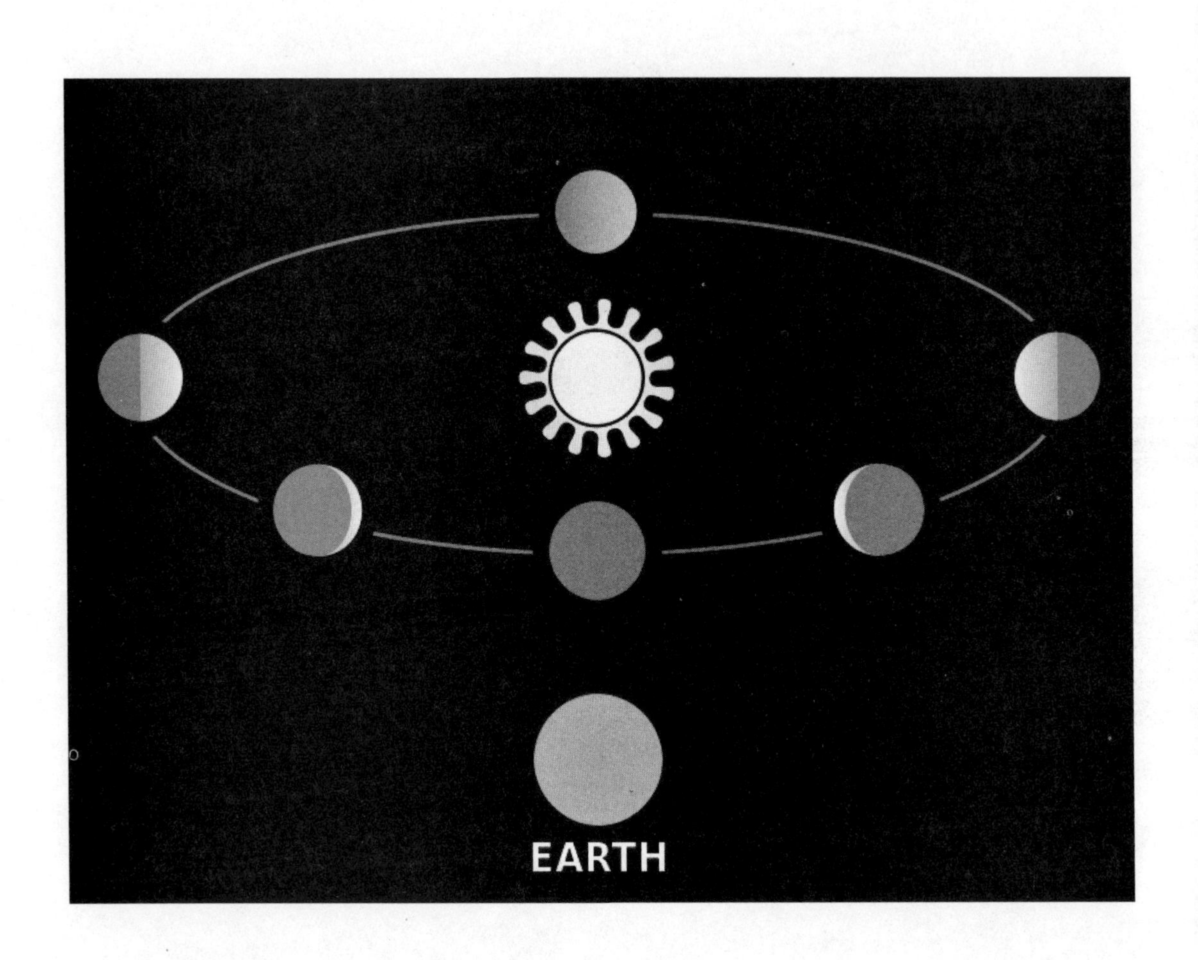
EARTH

伽利略生平大事记

1564 年 2 月 15 日——生于意大利比萨城。

1581 年 9 月——进比萨大学学医。

1583 年——发现摆动定律。

1585 年——离开比萨大学，转回佛罗伦萨居住。

1587 年——初游罗马，结识许多重要人物。

1589 年——被聘为比萨大学数学教授。

1591 年——在比萨斜塔作落体实验，次年离开比萨大学。

1592 年——被聘为帕多瓦大学教授。

1594 年——初患关节炎病。

1606 年——《比例规使用法》出版。

1609 年——夏季制造望远镜，并首先用以观察天象。秋季用望远镜观察月亮，证明月光是日光的反射。

1610 年——1 月，发现木星的四颗卫星。3 月，将望远镜里的发现写成《星际使者》出版。秋季，被聘为杜斯干宫廷数学教授，回佛罗伦萨居住。发现金星的位相，认为是哥白尼学说的证据。

1611 年——访问罗马，极受尊重，加入兰塞学院。

1615 年 12 月—1616 年 2 月——三访罗马，受到教会法庭禁止宣传哥白尼学说的警告。

1624 年——四访罗马，见到新教皇，经其许可讨论哥白尼学说；但需陈述赞成和反对双方的理由。

1632 年——2 月《关于两大世界体系的对话》出版。

8 月《关于两大世界体系的对话》禁止发行。

1633 年——2 月至 6 月，在罗马教会法庭受审，被判终身监禁于阿

◀1610 年，伽利略所观察到的金星相位。

塞特里家中。

1637 年——失明，成为盲人。

1638 年——《关于两大新科学的对谈》出版于荷兰来顿。

1642 年 1 月 8 日——在阿塞特里村逝世。

科学元典丛书

1	天体运行论	［波兰］哥白尼
2	关于托勒密和哥白尼两大世界体系的对话	［意］伽利略
3	心血运动论	［英］威廉·哈维
4	薛定谔讲演录	［奥地利］薛定谔
5	自然哲学之数学原理	［英］牛顿
6	牛顿光学	［英］牛顿
7	惠更斯光论（附《惠更斯评传》）	［荷兰］惠更斯
8	怀疑的化学家	［英］波义耳
9	化学哲学新体系	［英］道尔顿
10	控制论	［美］维纳
11	海陆的起源	［德］魏格纳
12	物种起源（增订版）	［英］达尔文
13	热的解析理论	［法］傅立叶
14	化学基础论	［法］拉瓦锡
15	笛卡儿几何	［法］笛卡儿
16	狭义与广义相对论浅说	［美］爱因斯坦
17	人类在自然界的位置（全译本）	［英］赫胥黎
18	基因论	［美］摩尔根
19	进化论与伦理学(全译本)(附《天演论》)	［英］赫胥黎
20	从存在到演化	［比利时］普里戈金
21	地质学原理	［英］莱伊尔
22	人类的由来及性选择	［英］达尔文
23	希尔伯特几何基础	［德］希尔伯特
24	人类和动物的表情	［英］达尔文
25	条件反射：动物高级神经活动	［俄］巴甫洛夫
26	电磁通论	［英］麦克斯韦
27	居里夫人文选	［法］玛丽·居里
28	计算机与人脑	［美］冯·诺伊曼
29	人有人的用处——控制论与社会	［美］维纳
30	李比希文选	［德］李比希
31	世界的和谐	［德］开普勒
32	遗传学经典文选	［奥地利］孟德尔 等
33	德布罗意文选	［法］德布罗意
34	行为主义	［美］华生
35	人类与动物心理学讲义	［德］冯特
36	心理学原理	［美］詹姆斯
37	大脑两半球机能讲义	［俄］巴甫洛夫
38	相对论的意义	［美］爱因斯坦
39	关于两门新科学的对谈	［意大利］伽利略
40	玻尔讲演录	［丹麦］玻尔
41	动物和植物在家养下的变异	［英］达尔文
42	攀援植物的运动和习性	［英］达尔文
43	食虫植物	［英］达尔文

44　宇宙发展史概论　〔德〕康德
45　兰科植物的受精　〔英〕达尔文
46　星云世界　〔美〕哈勃
47　费米讲演录　〔美〕费米
48　宇宙体系　〔英〕牛顿
49　对称　〔德〕外尔
50　植物的运动本领　〔英〕达尔文
51　博弈论与经济行为（60周年纪念版）　〔美〕冯·诺伊曼 摩根斯坦
52　生命是什么（附《我的世界观》）　〔奥地利〕薛定谔
53　同种植物的不同花型　〔英〕达尔文
54　生命的奇迹　〔德〕海克尔
55　阿基米德经典著作　〔古希腊〕阿基米德
56　性心理学　〔英〕霭理士
57　宇宙之谜　〔德〕海克尔
58　圆锥曲线论　〔古希腊〕阿波罗尼奥斯
　　化学键的本质　〔美〕鲍林
　　九章算术（白话译讲）　张苍 等辑撰，郭书春 译讲

即将出版

动物的地理分布　〔英〕华莱士
植物界异花受精和自花受精　〔英〕达尔文
腐殖土与蚯蚓　〔英〕达尔文
植物学哲学　〔瑞典〕林奈
动物学哲学　〔法〕拉马克
普朗克经典文选　〔德〕普朗克
宇宙体系论　〔法〕拉普拉斯
玻尔兹曼讲演录　〔奥地利〕玻尔兹曼
高斯算术探究　〔德〕高斯
欧拉无穷分析引论　〔瑞士〕欧拉
至大论　〔古罗马〕托勒密
超穷数理论基础　〔德〕康托
数学与自然科学之哲学　〔德〕外尔
几何原本　〔古希腊〕欧几里得
希波克拉底文选　〔古希腊〕希波克拉底
普林尼博物志　〔古罗马〕老普林尼

科学元典丛书（彩图珍藏版）

自然哲学之数学原理（彩图珍藏版）　〔英〕牛顿
物种起源（彩图珍藏版）（附《进化论的十大猜想》）　〔英〕达尔文
狭义与广义相对论浅说（彩图珍藏版）　〔美〕爱因斯坦
关于两门新科学的对话（彩图珍藏版）　〔意大利〕伽利略

扫描二维码，收看科学元典丛书微课。